·

Mecánica clásica y caos

Libro 1 de Física a partir de la máxima emanación de información , una serie de física de siete libros.

Mecánica clásica y caos

por

Stephen Winters-Hilt

Dedicación

Este libro está dedicado a mi familia que me ayudó en este largo camino de descubrimiento: Cindy, Nathaniel, Zachary, Sybil, Eric, Joshua, Teresa, Steffen, Hannah, Anders, Angelo, John y Susan.

Contenido

x

Prefacio a la traducción de la serie de física sobre:
Física a partir de la máxima emanación de información

Para el Libro #1, en:
Mecánica clásica y caos

Este libro fue traducido de la versión en inglés mediante Google Translate por el autor y sus hijos Nathaniel Winters-Hilt y Zachary Winters-Hilt. Los esfuerzos para validar la traducción consistieron principalmente en volver a traducir al inglés y verificar la coherencia. El traductor de Google hace un trabajo notablemente bueno, como verá. Tenga en cuenta que la traducción cambia la paginación, lo que requiere que el índice se ajuste en consecuencia, y así se hizo.

Prefacio a la Serie de Física sobre:

Física a partir de la máxima emanación de información

"El Camino sigue y sigue
Desde la puerta donde comenzó. Ahora el Camino ha
avanzado mucho, Y debo seguirlo, si puedo, Persiguiéndolo
con pies ansiosos, Hasta que se una a un camino más grande
Donde se encuentran muchos caminos y recados .¿Y adónde
entonces? No puedo decir"

- JRR Tolkien, La Comunidad del Anillo

Variación, propagación y emanación

Esta es una serie de Física de siete libros que comienza con la Mecánica
Clásica (Libro 1 [46]), luego la Teoría de Campos Clásica, como el
electromagnetismo (Libro 2 [40]), luego la Dinámica Múltiple, como la
Relatividad General (Libro 3 [41]). El cambio a una descripción de la
mecánica cuántica se da en el Libro 4 [42], y a una teoría cuántica de
campos, QED en particular, en el Libro 5 [43]. Una 'teoría de la variedad
cuántica' sería el siguiente paso obvio, excepto que no se puede hacer (no
existe una teoría de campo renormalizable para la gravitación). En
cambio, en el Libro 6 [44] se considera una teoría de la variedad cuántica
térmica, así como la termodinámica de los agujeros negros en general. El
Libro 7 [45] describe una nueva teoría, la Teoría del Emanador, que
proporciona una construcción matemática más profunda que sustenta la
teoría cuántica, al igual que se puede demostrar que la teoría cuántica
proporciona una construcción matemática más profunda (complejizada)
basada en la teoría clásica.

Esta es una exposición moderna donde las sutilezas de la teoría del caos
se describen en el Libro 1, de la Invariancia de Lorentz en el Libro 2, de
las Derivadas Covariantes (Relatividad General) y de las Derivadas
Covariantes de Gauge (Teoría de Campo de Yang-Mills) en el Libro 3. El
Libro 4 sobre Mecánica Cuántica proporciona una revisión extensa de
QM, luego considera un análisis autoadjunto completo sobre la solución
relativista general completa al sistema de caída de capas esféricas (un
resultado transferido del Libro 3). El Libro 5 considera los conceptos
básicos de QFT en detalle, junto con vacíos alternativos en escenarios
específicos. El libro 6 considera la termodinámica desde los conceptos
básicos hasta la termodinámica hamiltoniana de algunos sistemas de

agujeros negros. En todo momento se observa la extraña recurrencia del parámetro alfa. En el Libro 7 analizamos una formulación matemática más profunda de la cual resultaría la formulación de la Integral de la Ruta Cuántica, además de explicar los extraños parámetros y estructuras que se han descubierto (como alfa y la invariancia de Lorentz).

La descripción física comienza con las formulaciones clásicas del movimiento de partículas puntuales. El primer método para hacer esto es utilizar ecuaciones diferenciales (primera ^{y} segunda $^{ley\ de\ Newton}$); el segundo es utilizar una formulación de función variacional para seleccionar la ecuación diferencial (variación lagrangiana); el tercero es utilizar una formulación funcional variacional (formulación de acción) para seleccionar la formulación de la función variacional. Históricamente, no se comprendió hasta mucho más tarde que existen dos dominios para el movimiento en muchos sistemas: no caótico; y caótico.

En una descripción del movimiento de partículas, asumiendo que no está en un dominio de parámetros con movimiento caótico, se encuentra que existen varios límites importantes. Los ejemplos incluyen: las constantes universales del fenómeno del caos antes mencionado, que todavía se encuentran en regímenes no caóticos si se los lleva "al borde del caos". Se encuentran límites donde la dispersión se define en el límite asintótico y la teoría de la perturbación está bien definida en el sentido de que es convergente. En general, si la evolución se describe como un "proceso", a menudo se trata de un proceso Martingala, que tiene límites bien definidos. Por lo tanto, tenemos descripciones del movimiento, típicamente reducibles a una ecuación diferencial ordinaria (EDO), y para las cuales normalmente se encuentra que existen soluciones (que requieren definiciones límite).

La descripción física luego compite con la dinámica de campo en 2D, 3D y 4D (en el Libro 3 [41]). La dinámica de campo bidimensional ("2D") se puede describir como una función compleja (que asigna números complejos a números complejos). Una novedad de la función compleja 2D es que también muestra cómo manejar muchos tipos de singularidades (el teorema del residuo), proporcionando así información importante sobre estructuras fundamentales en física, así como técnicas matemáticas fundamentales para resolver muchas integrales. Para la dinámica de campo 3D hacemos un análisis del campo electromagnético en 3D. El nivel de cobertura comienza con una descripción general de la electrostática al nivel del texto de posgrado Jackson [123]. Algunos problemas de Jackson Ch 1-3 se examinan detenidamente al desarrollar la teoría misma. Para algunos, este material (en el Libro 2 [40]) podría proporcionar un acompañamiento útil al texto de Jackson en un curso completo sobre EM (basado en el texto de Jackson). Luego se realiza una rápida revisión de la electrodinámica y los fenómenos de ondas electromagnéticas. En esencia, vemos muchos más ejemplos de problemas ODE con soluciones, como el laplaciano 3D, que generalmente implica separación de variables. Luego revisamos la famosa transformada, descubierta por Lorentz en 1899 [124], que relaciona el campo EM visto por dos observadores que difieren por una velocidad relativa. Con la existencia de esta transformación, que incorpora la dimensión del tiempo junto con la velocidad relativa, efectivamente tenemos una teoría 4D.

De la Invarianza de Lorentz tenemos, como transformación puntual, la invariancia rotacional bajo SO(3) o SU(2). Si la invariancia de Lorentz es fundamental, entonces deberíamos ver ambas formas de invariancia de rotación, una de tipo vectorial/tensor de SO(3) y otra de tipo espinorial de SU(2). Este es el caso, ya que los campos de calibre son vectoriales y los campos de materia son espinoriales. De la Invariancia de Lorenz como invarianza local tenemos la métrica espacio-temporal (plana) de Minkowski, que luego se generaliza a la métrica de Riemann (en la Relatividad General).

Al igual que con la dinámica de partículas puntuales, para la dinámica de campo tenemos tres formas de formular el comportamiento: (1) ecuación diferencial; (2) variación de funciones (en lagrangiano); y (3) funcional variación (en la Acción). Veremos fenómenos límite similares a los anteriores, pero también fenómenos nuevos, incluyendo (i) la inevitable formación de singularidad de BH (el teorema de singularidad de Penrose); (ii) Formación del Universo FRW (a partir de la homogeneidad y la isotropía); (iii) la singularidad del colapso de BH; (iv) la "singularidad" radiativa del colapso atómico.

La dinámica clásica, por tanto, tiene dos formulaciones tipo campo para describir el mundo: campo y variedad. Tales formulaciones pueden interrelacionarse matemáticamente, por lo que lo que está sucediendo es más una cuestión de énfasis y conveniencia física. El énfasis en esta diferencia, que parece no haber diferencia (matemáticamente), es que están en juego diferentes fenomenologías físicas. Las descripciones de campo parecen funcionar para la "materia", donde los elementos fundamentales son espinoriales. Las descripciones múltiples parecen funcionar mejor para la geometrodinámica (GR), donde los elementos fundamentales son vectoriales (o tensoriales, como la métrica). Los campos de materia son renormalizables, por lo tanto cuantificables en la formulación QFT estándar (que se describirá en el Libro 5 [43]), mientras que las variedades gravitacionales no son renormalizables y tienen restricciones (condición de energía débil y condición de energía positiva dada la existencia de campos de espinor en la superficie). colector).

La presentación en los Libros 1-3 [40,41,46], sobre física "clásica", está hecha en parte para hacer que la transición a la física cuántica sea simple, obvia y, en algunos casos, trivial. Considere la formulación de variación funcional (Acción) del comportamiento (ya sea partícula puntual o campo), esto se puede capturar en forma integral, como lo hizo muy temprano D'Alembert [7] (luego Laplace [6]). Tenga en cuenta el uso de una constante grande para efectuar una integral "altamente amortiguada" con fines de selección (en el extremo variacional de la acción). Para pasar a la teoría cuántica también tenemos la constante grande de 1/h, por lo que la única diferencia es la introducción de un factor de ' i ', para efectuar una integral 'altamente oscilatoria' con fines de selección.

Después de la transición a una teoría cuántica, para las descripciones de partículas puntuales, se elimina el problema clásico del colapso de los núcleos atómicos. Las predicciones espectrales concuerdan excelentemente con la teoría, pero todavía hay una estructura fina en los espectros que no se explica completamente. La teoría no es relativista y son posibles algunas correcciones iniciales (sin recurrir a una teoría de campo) que indican un acuerdo más cercano y explican la mayor parte de la discrepancia constante de la estructura fina (y revelan alfa en otro lugar de la teoría). En el Libro 3 [41] y en el Libro 4 [42] se muestra que el problema de la singularidad GR, sin embargo, sigue sin resolverse (para el caso de prueba del colapso de una capa de polvo esférica, realizado en un análisis GR completo, luego cuantificado en un autoanálisis completo). -análisis de cuantificación adjunto [42]).

En el Libro 5 [43], la transición a la teoría cuántica continúa con las descripciones de la teoría de campos. Ahora es posible una descripción/concordancia precisa de los núcleos atómicos con QED, y dentro de los propios núcleos (confinamiento de quarks) con QCD. Sin embargo, las teorías de campo tienen un pequeño conjunto de infinitos molestos que eventualmente se resuelven mediante la renormalización

[43]. Como se mencionó, la cuantificación de múltiples teorías, como GR, no parece posible debido a la no renormalización. Para no desanimarnos, en el Libro 6 [44] consideramos una descripción hamiltoniana de un sistema GR cuya cuantificación implicaría un espectro de energía basado en ese hamiltoniano, si luego utilizamos la continuación analítica para llevarnos a la teoría del conjunto térmico basada en la partición. función resultante, podemos considerar la gravedad cuántica térmica (TQG) de tales sistemas.

Este último ejemplo (del Libro 6), que muestra una teoría TQG consistente si utilizamos la analiticidad, es parte de una larga secuencia de maniobras exitosas que involucran continuaciones analíticas en diferentes escenarios. Lo que se indica es la presencia de una estructura compleja real en la teoría expuesta. Existe la trivial extensión de estructura compleja mencionada anteriormente que nos llevó de la teoría de la física clásica estándar a la teoría cuántica integral de trayectoria estándar. Pero también vemos una estructura compleja real a nivel de componente con complejidad temporal (que se vincula con la versión térmica de la teoría al definir la función de partición), y tenemos una estructura compleja como nivel de dimensión cn la forma del procedimiento de regularización dimensional aplicado con éxito. utilizado en el programa de renormalización.

Además de cubrir una amplia gama de temas básicos de física tanto a nivel de pregrado como de posgrado (para cursos tomados en Caltech y Oxford), incluida una presentación extensa de problemas y sus soluciones, la serie también examina, en casos específicos, los límites del mundo físico. "desde dentro" (y luego "desde fuera"). Con este fin, la exploración del colapso del polvo esférico para formar una singularidad se examina en un formalismo relativista completamente general y luego se traslada a un análisis del minisuperespacio cuántico (gravedad cuántica) (en los Libros 3 y 4 [41,42]). También se examinan en profundidad los temas de la termodinámica de los agujeros negros y la teoría cuántica de campos con vacíos alternativos (parte de los Libros 5 y 6 [43,44]). El material detallado comprende los temas tratados en mi tesis doctoral [81], de la cual se han publicado partes [82-85].

En un trabajo reciente sobre aprendizaje automático, que incluye el aprendizaje estadístico en neurovariedades [24], encontramos una posible nueva fuente para un elemento fundamental para la mecánica estadística (entropía) mediante la búsqueda de un proceso/ruta de aprendizaje mínimo en una neurovariedad [24]. Por lo tanto, cuando la Serie llega a la termodinámica en el Libro 6, todos los elementos fundamentales de la termodinámica se han establecido a partir de las descripciones físicas descubiertas en los Libros 1-5, simplemente no se han reunido en un análisis integral que nos brinde las construcciones fundamentales. de termodinámica y mecánica estadística. Dicho esto, parecería que la termodinámica es, por tanto, completamente derivada de otras teorías verdaderamente fundamentales. No es así, en la unión de las partes para hacer termodinámica tenemos algo mayor que la suma de las partes. En las descripciones de los 'sistemas' encontramos que existen fenómenos emergentes. Esto, al menos, es exclusivo de la termodinámica, por lo que es fundamental en este aspecto de "suma mayor que las partes".

En el Libro 7 (el último) de la Serie, consideramos el mundo físico estándar, descrito por la física moderna, "desde fuera". Al hacer esto, ya hemos eliminado parte del misterio de la entropía mediante la descripción geométrica de la 'neurovariedad'. Si podemos comprender otras rarezas de la teoría estándar y llegar a ellas de forma natural, entonces podríamos sumergirnos aún más en la física moderna, probar los límites de lo que es posible y ver posibles desarrollos y unificaciones futuras de la teoría. Esto es lo que se describe en los artículos [70,87-90] y se organiza junto con los resultados actuales en el libro final de la serie.

Los esfuerzos del último libro de la Serie involucran elecciones y conceptos identificados en los seis libros anteriores de la Serie, y maniobras teóricas extraídas de los cursos más avanzados en física y física matemática tomados en Caltech (como estudiante universitario y luego como graduado). y el Instituto de Matemáticas de Oxford (como graduado) y la Universidad de Wisconsin en Milwaukee (como graduado).

La amplia gama de temas tratados en la Serie es, inicialmente, similar a la serie de libros de texto de posgrado de Landau y Lifshitz (ver [27]), con una exposición similar sobre la mecánica clásica al comienzo del Libro 1. Incluso con mecánica clásica bien establecida Sin embargo, existen actualizaciones importantes y modernas, como la (moderna) teoría del caos. En los dos últimos libros de la serie (Libros 6 y 7 [44,45]) llegamos a la mecánica estadística y la termodinámica, junto con temas modernos como la termodinámica de los agujeros negros, la gravedad cuántica térmica y la teoría del emanador.

A lo largo de la serie se enfatizan las constantes y estructuras clave de la física, su descubrimiento a partir de datos experimentales y su ubicación teórica en el "Gran Esquema". La constante alfa, también conocida como constante de estructura fina, aparece en numerosos entornos, por lo que en cada capítulo se hará una nota especial sobre la aparición de alfa. Este es el caso incluso al principio del Libro 1, debido a las constantes numéricas fundamentales que surgen de la teoría del caos. En el Libro 7 vemos que el origen de alfa, como una cantidad máxima de perturbación, aparece naturalmente en un formalismo para la "emanación" máxima de información. Pero ¿perturbación máxima en qué espacio y de qué manera? En el Libro 7 de la serie [45] veremos una posible representación de dicha entidad de información, y su espacio de existencia, en términos de trigintaduoniones quirales.

Así, al final, se trata de un esfuerzo por contar un viaje a un lugar especial " donde se encuentran muchos caminos y diligencias", dando lugar a la teoría del emanador y una respuesta al misterio del alfa. Parte de este viaje equivale a 'encontrar la piedra del arca ' (alfa) en el lugar más improbable, las matemáticas de la emanación trigintaduonion sustentan el formalismo del emanador (por ejemplo, la Guarida de Smaug, descrita en el Libro 7 [45]). La razón por la que debería haber vagado hasta un lugar tan extraño (matemáticamente hablando), y por la que debería postular una forma más profunda de propagación cuántica utilizando trigintaduones hipercomplejos, aquí llamada emanación, es la razón por la que existe una experiencia tan extensa sobre temas estándar. Este extenso trasfondo impacta incluso la descripción de la mecánica clásica a través de su material de teoría del caos moderno (debido a una posible relación entre C_∞ y alfa). El papel crítico de los fenómenos emergentes sólo se comprende al final, incluso para las variedades en geometría y las neurovariedades en mecánica estadística, y conduce a un Libro 6 que va desde lo muy básico (termodinámica inicial) hasta lo muy avanzado (fenómenos emergentes). Mucho queda claro con la teoría del emanador, incluido cómo la realidad es a la vez fractal y emergente. En este punto del viaje, como en el caso de Tolkien, puedo decir lo siguiente: "El Camino sigue y sigue... ¿Y hacia dónde entonces? No puedo decir".

Los siete libros de la serie son los siguientes:
Libro 1. Mecánica clásica y caos
Libro 2. Teoría de campos clásica
Libro 3. Teoría clásica de la variedad

Libro 4. La Mecánica Cuántica y el Fundamento del Camino Integral

Libro 5. Teoría cuántica de campos y el modelo estándar

Libro 6. Mecánica térmica y estadística y termodinámica de agujeros negros

Libro 7. Máxima emanación de información y teoría del emanador.

Descripción general del libro 1

El libro 1 es una exposición moderna de la mecánica clásica, incluida la teoría del caos, y también vínculos con desarrollos teóricos posteriores. La exposición consiste, en todo momento, en la presentación de problemas interesantes, muchos de ellos resueltos y otros dejados al lector. Los problemas se extraen de cursos de mecánica clásica (CM) y matemáticas tomados en Caltech, Oxford y la Universidad de Wisconsin. Los cursos van desde el nivel universitario hasta el nivel avanzado de posgrado. Los cursos tenían una selección rica y sofisticada de libros de texto y material de referencia, como era de esperar, y esos textos de referencia, de manera similar, se utilizan aquí. Esos textos de mecánica clásica, enumerados por autor, incluyen: Landau y Lifshitz [27]; Goldstein [25]; Grilletes y Walecka [29]; Percival y Richards [28]; Arnold (ODA) [32]; Arnold (CM) [37]; Casa de madera [38]; y Bender y Orszag [39]. Observe cómo la primera referencia de Arnold y la referencia de Bender y Orszag involucran libros de texto centrados en ecuaciones diferenciales ordinarias (EDO). Asimismo, un análisis de la excelente y rápida exposición de Landau y Lifshitz revela que se avanza en parte a través del material pasando por EDOs de complejidad creciente (correspondientes a movimientos pendulares más complicados, por ejemplo, añadiendo una fuerza de fricción).). Esta fuerte alineación con las matemáticas subyacentes de las EDO continúa en esta exposición, hasta el punto de que se proporciona un apéndice para una revisión rápida de las EDO desde la perspectiva de las matemáticas aplicadas.

Se describe la dinámica de partículas, con y sin fuerzas, y todas llegan a descripciones con movimiento caótico, describiéndose el caos en la segunda mitad del Libro 1 [46]. Universalmente se ha descubierto que los sistemas que pasan a un comportamiento caótico lo hacen con un notable proceso de duplicación de períodos y esto se describirá tanto matemáticamente como con resultados informáticos. En el análisis de tales sistemas dinámicos encontraremos que los sistemas físicos periódicos pueden describirse en términos de "mapeos" repetidos, por ejemplo, mapeos dinámicos clásicos [91], y cuando se describen de esta manera la transición al caos se hace mucho más evidente matemáticamente. (como se mostrará). El conocido conjunto de Mandelbrot se genera mediante un mapeo repetido, donde su "borde del caos" está definido por el límite fractal de la imagen clásica de Mandelbrot.

Las propiedades del conjunto clásico de Mandelbrot serán relevantes para la física analizada en el Libro 1 y el Libro 7, incluida la propiedad de que el límite fractal tiene una dimensión fractal de 2 (la dimensión fractal del límite puede estar entre 1 y 2, para ser igual a 2 es especial). Con el conjunto de Mandelbrot también recuperamos las constantes bien estudiadas asociadas a las constantes universales de Feigenbaum [19]. En el conjunto de Mandelbrot podemos ver claramente la constante fundamental para la perturbación máxima que está en la máxima antifase (negativa) con magnitud C_∞, donde los mismos resultados son válidos para una familia de formulaciones básicas (para una variedad de formulaciones lagrangianas, por ejemplo).

A partir de la formulación variacional lagrangiana de 'acción' para el movimiento de partículas, eventualmente definiremos la formulación variacional funcional integral de trayectoria que involucra ese mismo lagrangiano para llegar a una descripción cuántica para el movimiento cuántico de partículas no relativista (descrito en detalle en el Libro 4 [42], y relativista en el Libro 5 [43]). A partir de la descripción cuántica llegamos al formalismo del propagador para describir la dinámica (esto también existe en la formulación clásica, pero normalmente no se usa mucho en ese contexto). Luego se descubrirá que los propagadores complejos tienen vínculos con la mecánica estadística y las propiedades termodinámicas (Libro 6 [44]). Los vínculos con la mecánica estadística se enfatizan aún más cuando se está al "borde del caos" pero con el movimiento orbital aún limitado. Esto puede estar asociado con un régimen ergódico, por lo tanto, un régimen de equilibrio y martingala, cuya existencia luego puede usarse al comienzo del Libro 6 [44] derivaciones de mecánica estadística y termodinámica con la existencia de equilibrios establecidos desde el principio. La existencia de las conocidas medidas de entropía ya está indicada en la descripción de la neurovariedad (Libro 3 [41]), por lo que, junto con los equilibrios, la descripción de la termodinámica del Libro 6 puede comenzar con una base bien establecida que no se reclama por decreto, más bien se afirma como resultado directo de lo que ya se ha determinado en la teoría/experimento descrito en los libros anteriores de la Serie.

Descripción general de los libros 2 y 3

Al pasar de una teoría de partículas puntuales a una teoría de campos, no hay mucha discusión en los libros básicos de física sobre campos en un sentido general, por lo general simplemente salta directamente al campo principal de relevancia, el electromagnetismo (EM). Si es avanzado, también puede cubrir la Relatividad General (GR), como en [125]. En lo que sigue cubriremos estos temas, pero también cubriremos los campos más básicos en 1, 2 y 3D (incluida la dinámica de fluidos), así como las formulaciones del campo Lorentziano 4D (para la Relatividad Especial), la formulación del Campo Gauge (por lo tanto Yang Mills cubierto en un contexto clásico), y las formulaciones geométricas y de calibre de GR. Esto establece las bases para las fuerzas estándar y, tras la cuantificación (Libros 4 y 5 de la serie), sienta las bases para las fuerzas estándar renormalizables (todas menos la gravitación).

La constante de acoplamiento gravitacional 'G' es un acoplamiento dimensional (no como con alfa en EM), y la gravitación con construcción múltiple puede describirse como una construcción de campo calibre, aunque no renormalizable. La gravitación, y la geometría/colectores asociados, parecen relacionarse con su propia estructura emergente, como se discutirá en el Libro 6. De la geometría lorentziana local y las descripciones de campo lorentziano también vemos el primero de muchos ejemplos en los que hay información del sistema en la complejización. de algún parámetro, aquí el componente de tiempo. Si el lorentziano se traslada al tiempo complejo, esto lo convierte en un campo euclidiano, con propiedades de convergencia formalmente bien definidas (como ocurre en la mecánica estadística). El tiempo complejo también muestra conexiones profundas entre el movimiento clásico y el movimiento browniano asociado (donde el paseo aleatorio revela pi). Por lo tanto, no debería sorprender que una variedad emergente pueda tener una estructura compleja tal que también haya una variedad 'térmica' emergente, posiblemente la neurovariedad descrita en el Libro 3 y las funciones de partición relacionadas examinadas en el Libro 6. Al igual que el espacio localmente plano- el tiempo es una construcción natural en GR, también lo son los pasos de "aprendizaje" de optimización en una neurovariedad de modo que se selecciona la entropía relativa como medida preferida, y a partir de ella la entropía de Shannon y la entropía estadística de Boltzmann. Por lo tanto, la construcción múltiple que aparece en el Libro 3 tiene un impacto de gran alcance en los fundamentos de la teoría termodinámica y mecánica estadística descrita en el Libro 6.

Sin embargo, antes incluso de llegar a las complejidades múltiples/geométricas de GR, ya hemos establecido mucho con la parte de la teoría del campo EM: (i) a partir de EM 'libre' sin materia obtenemos la velocidad de la luz c, invariancia de Lorentz, y de esa relatividad especial y espacio-tiempo localmente plano; (ii) de EM con materia obtenemos la constante de acoplamiento adimensional alfa.

Al repasar las teorías de campo para describir la materia, los campos de fuerza y la radiación, primero describimos las teorías de campo clásicas (CFT) de la mecánica de fluidos, la EM y la relatividad general, y se muestran muchos ejemplos. Esto luego se traslada a la descripción de la teoría cuántica de campos (QFT) en el Libro 5. En el Apéndice se ofrece una revisión de las construcciones matemáticas centrales empleadas en CFT y QFT. Incluso a medida que el enfoque de la física matemática se vuelve más sofisticado, todavía obtenemos soluciones a través de extremos variacionales. Por lo tanto, determinar la evolución del sistema desde su óptimo variacional ahora se convierte en el foco del esfuerzo. La "propagación" del sistema de un momento a otro puede ser descrita mediante un propagador. Aunque una formulación de 'propagador' es matemáticamente posible en la mecánica clásica (CM) y la teoría de campos clásica (CF), que se muestran, generalmente esto no se hace, a favor de representaciones más simples para la aplicación experimental en cuestión. Sin embargo, a medida que avanzamos hacia descripciones en el ámbito cuántico, el uso del formalismo del propagador se vuelve típico, y cuando se usa en las formulaciones de integrales de trayectoria llegamos a una formulación compacta que describe tanto la evolución como la solución de fase estacionaria a la vez.

En el Libro 2, la atención se centra en la teoría de campos clásica en una geometría fija, el principal ejemplo físico es EM. En este contexto, alfa aparece, por ejemplo, en la descripción de un par electrón-positrón: $F = e^2/(4\pi\varepsilon a^2)$ para la distancia electrón-positrón 'a', donde alfa aparece como la constante de acoplamiento. Posteriormente, en la mecánica cuántica (QM), tanto moderna como en el modelo temprano de Bohr, tenemos que alfa $= [e^2/(4\pi\varepsilon)]/(c\hbar)$. La aparición de alfa en estas situaciones se está produciendo en sistemas ligados. Por el contrario, si examinamos las interacciones electromagnéticas no ligadas, como por ejemplo con la fuerza de Lorentz $F = q(E \times v)$, no surge ningún parámetro alfa, ni tampoco con los primeros análisis de la mecánica cuántica de tales sistemas, como por ejemplo con la dispersión de Compton. Por lo tanto, vemos un papel temprano para alfa, pero sólo en sistemas ligados y, por tanto, sólo en sistemas con expansiones perturbativas (convergentes) en las variables del sistema.

En el Libro 3, teoría de campos clásica con geometría *dinámica* , es decir, GR, no vemos alfa en absoluto. En cambio, vemos múltiples construcciones y las matemáticas de la geometría diferencial (y hasta cierto punto la topología diferencial y la topología algebraica). Las construcciones múltiples están completamente resumidas en los antecedentes matemáticos que se dan en el Libro 3 y en el Apéndice del mismo. Una aplicación en el área de neurovariedades (ver [24]), muestra que el equivalente de una ruta geodésica en este entorno es una evolución que involucra pasos mínimos de entropía relativa. De manera similar a la descripción de un espacio-tiempo localmente plano, ahora tenemos una descripción de la 'entropía' que aumenta/evoluciona según la entropía relativa mínima.

La relatividad general (GR) se distingue de los demás campos de fuerza. Todos los demás campos de fuerza forman parte de una representación adjunta del modelo estándar frente al subgrupo de estabilidad U(1) xSU (2) $_L$ xSU (3). Cuya forma se deriva de los productos unilaterales T quirales descritos en el Libro 7. El modelo estándar se obtiene únicamente en este proceso y sin mencionar GR. Tenga en cuenta, sin embargo, que la representación adjunta opera en algún espacio (hiperespinorial en el caso de productos derechos de octonión simples, por ejemplo). La 'fuerza' debida a la gravedad es la debida a la curvatura del colector, donde la construcción del colector posiblemente emerge en el espacio de operación. Por lo tanto, el origen de la fuerza GR es completamente diferente y no permitirá la cuantificación como las otras fuerzas, ni sus soluciones singulares podrán resolverse únicamente mediante la física cuántica, como ocurre con la EM en los Libros 4 y 5, sino que también necesitará física térmica (como se describirá en el Libro 6).

La existencia de soluciones GR singulares, fuera de casos especialmente simétricos (las soluciones clásicas de los agujeros negros), no quedó firmemente establecida hasta el teorema de singularidad de Penrose [93] (premio Nobel de Física por esto en 2020). Parte de este material se cubre en el Libro 3 para mostrar cómo el formalismo matemático cambia hacia métodos de topología diferencial para describir las singularidades, con ejemplos que hacen referencia al clásico de Hawking y Ellis [94] y utilizan diagramas de Penrose. Esto, a su vez, resultará útil a la hora de describir las cosmologías FRW clásicas con fases dominadas por la radiación y la materia (utilizando notas de Peebles [95], Peebles ganó el Nobel de Física en 2019).

El desarrollo de GR sería negligente si no profundizara brevemente en los modelos cosmológicos, en particular las cosmologías FRW clásicas. Con las herramientas GR desarrolladas, se examinan los resultados cosmológicos, comenzando por la entrada de la constante cosmológica en el formalismo (candidata a la energía Oscura). Varios datos de observación sobre las rotaciones de galaxias y simulaciones universales de la formación de cúmulos de galaxias indican la existencia de materia oscura. Esto, entonces, significa que tenemos materia nueva, que no interactúa excepto gravitacionalmente, y esto en realidad es consistente con los últimos datos de observación sobre el valor g-2 del muón [96], donde la discrepancia entre la teoría y el experimento ha aumentado a 4,2 desviaciones estándar. , donde parece que se está trabajando en una ampliación del modelo estándar. Esto es conveniente ya que la teoría del Emanador (Libro 7 [45]) predice tal extensión.

De este modo podemos llegar a ecuaciones de campo para campos de calibre EM, GR y Yang-Mills (fuerte y débil). Podemos obtener fenómenos de ondas y vórtices (como se insinúa en la dinámica de fluidos). Mostramos la inestabilidad clásica de la materia atómica (inestabilidad EM clásica) y la inestabilidad gravitacional clásica (que conduce a la formación de agujeros negros con singularidad). A partir de formulaciones lagrangianas podemos llegar a una formulación QFT (Libro 5). La formulación QFT completa la cura QM (Libro 4) de la "inestabilidad atómica no relativista" con la cura de la descripción atómica totalmente relativista de la inestabilidad del colapso radiativo. La introducción de QFT también conduce a nueva inestabilidad o infinitos, pero estos pueden eliminarse mediante la renormalización para las formulaciones EM y electrodébiles, y la formulación fuerte de Yang-Mills, pero no la formulación GR (calibre). Por lo tanto, la formulación teórica actual de la física moderna tiene un vacío evidente: una teoría cuántica de la gravitación. Sin embargo, quizás este no sea un elemento faltante, si la geometría/GR es un fenómeno derivativo, como el campo de la mecánica estadística y la termodinámica apareció como fenómeno derivativo cuando el propagador cuántico complejizado da lugar a una función de partición real (cuántica). El indicio de una teoría del emanador más profunda sugiere que se llega a estructuras emergentes de geometría y termodinámica en el proceso de emanación, siendo la información emanada la de los campos de materia cuántica renormalizables. En el Libro 7 [45] se encontrará un significado matemático preciso para describir la emanación máxima de información.

Descripción general del libro 4

En 1834, con el Principio de Hamilton, había una base sólida para lo que ahora se llama mecánica clásica. En 1905, con la publicación de Einstein sobre el efecto fotoeléctrico [97], las reglas de la mecánica clásica estaban siendo reemplazadas por las nuevas reglas de la mecánica cuántica. Sin embargo, la primera aparición de la mecánica cuántica comenzó con diversas observaciones de la cuantificación de la luz, empezando por la extraña aparición de líneas espectrales en el hidrógeno. El espectro del hidrógeno se volvió aún más extraño gracias a un ajuste preciso de una fórmula empírica sucinta realizada por Balmer en 1885 [98]. Este es el comienzo de un asombroso período de descubrimientos. Los desarrollos de la gestión de calidad desde el nivel introductorio hasta el avanzado siguen aproximadamente esa historia.

La fase inicial del descubrimiento de la mecánica cuántica pasó al formalismo de la mecánica cuántica moderna con el descubrimiento de Heisenberg de la aplicación exitosa de la mecánica matricial y el principio de incertidumbre resultante (1925) [16]. En 1926, Schrodinger demostró que el problema de encontrar una matriz hamiltoniana diagonal en la mecánica de Heisenberg es equivalente a encontrar soluciones de funciones de onda a su ecuación de onda [17]. En 1927, Born [107] aclaró una interpretación de la función de onda. Dirac desarrolló un formalismo manifiestamente relativista para la función de onda y la ecuación de onda para la materia fermiónica (1928) [108]. Dirac (1930) [18] dio entonces una reformulación axiomática de la mecánica cuántica, sentando las bases para gran parte de la notación cuántica moderna y para cuestiones críticas como la autoadjunción . Luego, Dirac describió una formulación de una ruta de propagación cuántica, en la que el propagador cuántico tiene el familiar factor de fase que involucra la acción, en su artículo "El lagrangiano en la mecánica cuántica" en 1933 [109]. En esencia, Dirac había obtenido un camino único, en lo que eventualmente sería generalizado por Feynman a todos los caminos con la invención del formalismo integral de caminos (1942 y 1948) [110,111]. Feynman demostró en 1948 la equivalencia de una formulación de la mecánica cuántica en términos de integrales de trayectoria y el formalismo de Schrodinger [111].

En una descripción de integral de trayectoria, el estado de mezcla cuántica, la física semiclásica y las trayectorias clásicas están dadas por el componente dominado por la fase estacionaria. Una solución de fase estacionaria dominada por una única trayectoria es típica de un sistema clásico. Por tanto, los métodos variacionales son fundamentales para el análisis de sistemas físicos, ya sea en forma de análisis lagrangiano y hamiltoniano, o en diversas formulaciones integrales equivalentes.

El descubrimiento de Feynman del formalismo integral de trayectoria no se basó únicamente en el trabajo anterior de Dirac (1933) [109], aunque al agregar ese artículo a su tesis doctoral (1946) se enfatizó claramente su importancia. Feynman también se benefició de trabajos que se remontaban a Laplace [6] para procesos de selección basados en construcciones integrales altamente oscilatorias que se autoseleccionan por su componente de fase estacionaria. Esta rama de las matemáticas finalmente se asoció con el método de descensos más pronunciados de Laplace, luego con el trabajo de Stokes y Lord Kelvin, y luego con el trabajo de Erdelyi (1953) [112-114].

Feynman y otros inventaron la teoría cuántica de campos para el electromagnetismo (QED) durante 1946-1949 (más sobre esto más adelante). La extensión al modelo electrodébil se produjo en 1959, al QCD en 1973 y al "modelo estándar" en 1973-1975. Así, el impacto de la revolución integral de trayectoria en la física cuántica se sintió hasta bien entrada la década de 1970, pero esto fue sólo el comienzo. En sus inicios, Norbert Wiener examinó las integrales de trayectoria, con la introducción de la Integral de Wiener, para resolver problemas de mecánica estadística en difusión y movimiento browniano. En la década de 1970, esto condujo a lo que ahora se conoce como "la gran síntesis", que unificó la teoría cuántica de campos (QFT) y la teoría estadística de campos (SFT) de un campo fluctuante cerca de una transición de fase de segundo orden, y donde se utilizaron métodos de grupos de renormalización. permitió trasladar importantes avances de QFT a SFT.

La gran síntesis es uno de los muchos casos por venir en los que veremos la continuación analítica de una constante o un parámetro que da lugar a una física familiar en los dominios de la termodinámica y la mecánica estadística, mostrando una conexión más profunda (aún no comprendida del todo, véase el Libro 7). Se puede considerar que la ecuación de Schrödinger, por ejemplo, es una ecuación de difusión con una constante de difusión imaginaria. Asimismo, se puede considerar que la integral de trayectoria es una continuación analítica del método para sumar todos los recorridos aleatorios posibles.

En el Libro 4 también examinamos cuidadosamente el equivalente gravitacional más cercano al átomo de hidrógeno (colapso de la capa de polvo). Lo que resulta es una formulación incompleta debido a las condiciones de contorno, donde para obtener la elección de tiempo debe ingresar esa elección de tiempo. No se indica una elección específica de momento para evitar la caída-colapso. Sin embargo, los resultados pueden mostrar estabilidad y coherencia en una descripción "completa" de la gravedad cuántica térmica donde se emplea la analiticidad. El éxito de esta manera, y no de otras, sugiere un posible papel fundamental de la analiticidad y la termalidad (Libros 6 y 7) y también sugiere que la gravedad cuántica térmica TQG puede "existir" o ser bien formulable, mientras que la gravedad cuántica QG en general podría no "existir". '. Estos resultados, que se muestran en el Libro 6, proporcionan la introducción a la discusión del Libro 7 sobre la teoría del Emanador, donde los conceptos centrales de los Libros 1-6 que se relacionan con la teoría del emanador se reúnen en una nueva síntesis teórica.

Descripción general del libro 5
En el Libro 5 mostramos QFT en la representación del campo de calibre, que relaciona claramente la elección de la teoría de campos con la elección del álgebra de Lie, que, a su vez, puede relacionarse con la elección de la teoría de grupos (como U(1) y SU (3)). De esto podemos ver que las construcciones algebraicas no clásicas son omnipresentes en QM y QFT, por lo que en el Apéndice se proporciona una revisión de la teoría de grupos y las álgebras de mentira, así como una revisión de las álgebras de Grassman y otras álgebras especiales necesarias en QM y QM. QFT. De manera similar, en lo que respecta a la elección del enfoque, encontramos que las formulaciones de Schrodinger y Heisenberg a menudo proporcionan la única manera manejable de obtener una solución para sistemas ligados. Sin embargo, en consideraciones teóricas críticas, el enfoque de trayectoria integral es mejor (como se mostrará). Al buscar una teoría más profunda, el enfoque más unificado de integral de trayectoria (PI) proporciona pistas importantes en cuanto a una teoría más profunda (ver Libro 7).

En el Libro 5 obtenemos el resultado de mayor precisión para el valor de alfa, en su papel como parámetro de perturbación. Si se realiza un cálculo del parámetro del momento magnético del electrón g-2, con todos los diagramas de Feynman apropiados para expansiones hasta 5° orden, obtenemos una determinación de alfa de hasta 14 dígitos, donde 1/alfa=137,05999….. . Esto nos da una de las medidas de alfa más precisas que se conocen. Cuando se realiza un análisis similar para el muón g-2, dada la masa mucho mayor del muón, los pares de producción de partículas de otras partículas tienen un efecto mensurable, y podemos sondear las masas más bajas del modelo estándar que están presentes. Al hacer esto, en experimentos preliminares, hay una discrepancia que indica que hay más partículas; por ejemplo, será necesario ampliar el modelo estándar (posiblemente con un tipo de neutrino "estéril"). Estas partículas faltantes podrían ser la "Materia Oscura" que falta. La predicción de esto en la Teoría del Emanador, y por qué debería haber un desequilibrio entre los neutrinos izquierdo y derecho (pista: máxima transmisión de información) se describe en el Libro 7.

Parte de la descripción de la teoría cuántica de campos implica el uso de analiticidad y otras estructuras complejas para encapsular más física en una extensión compleja del espacio (o dimensión). Esto a menudo conduce a formulaciones en términos de integración compleja, con la elección de un contorno complejo especificado, como ocurre con el propagador de Feynman. Uno de los principales métodos de renormalización, por ejemplo, es utilizar la regularización dimensional, que implica continuar analíticamente expresiones con dimensionalidad a dimensionalidad como un parámetro complejo. También existe el cambio antes mencionado de expresiones complejas y de "rotación de mecha" con tiempo real a expresiones con tiempo complejo puro. Al hacer esto se obtiene la función de partición mecánica estadística del sistema, con una suma bien definida. Así, se indica una conexión entre la "termalidad" y la estructura compleja, al menos en la dimensión temporal.

La segunda parte del Libro 5 describe QFT en el espacio-tiempo curvo (CST), donde llegamos a un análisis temprano de la termodinámica de los agujeros negros. Aquí encontramos que la curvatura del espacio-tiempo da lugar a efectos de termalidad y producción de partículas. La termalidad del agujero negro fue revelada en la radiación de Hawking [118], debido al límite causal en el horizonte. Esta termalidad se ve incluso en el espacio-tiempo plano (Libro 5) si se inducen límites causales, como en el caso de un observador acelerado [143].

QFT en CST tiene un don adicional, fundamental para el formalismo de la mecánica estadística que se seguirá en el Libro 6, y es la relación espín-estadística. Esta relación suele asumirse junto con otras nociones críticas, como la entropía y la relación entre entropía y densidad de estados. Se muestra que todos ellos, con el camino de presentación elegido en esta Serie de Física, son fundamentales o derivados del formalismo ya establecido en los Libros 1-5 (para preparar el Libro 6).

La elección del tiempo está relacionada con la elección del vacío, que a su vez está relacionada con la elección de la geometría del campo o del movimiento del observador (como la aceleración o expansión constante). Si tiene un QFT de espacio-tiempo plano con un límite, entonces tiene efectos termodinámicos (por ejemplo, el observador de Rindler). En este contexto, podemos comparar la derivación de Hawking de la radiación de Hawking utilizando el 'truco' de euclideanización frente a las transformaciones del campo de Bogoliubov con la geometría de Rindler a partir de la geometría de Minkowski (si se elige como referencia de vacío asintótica). Con QFT en CST también llegamos a las estadísticas de espín como se mencionó, y obtenemos la extensión final de la teoría a través de álgebras de Grassman, para llegar a descripciones estadísticas termodinámicamente consistentes de Bose y Fermi sobre la materia cuántica.

Descripción general del libro 6
La termodinámica es la más antigua de las disciplinas físicas (fuego), con un uso sin complejos de argumentos fenomenológicos y potenciales termodinámicos misteriosos (entropía). Obviamente, la termodinámica todavía prevalece hoy, incluso en su forma más cuantificada a través de la mecánica estadística. ¿Cómo no es esto un fracaso de la descripción mecanicista del universo indicada por CM e incluso QM? Conceptos que aparecieron en QM, como la probabilidad, ahora están volviendo a aparecer. También aparecen otros conceptos nuevos, entre ellos: leyes estadísticas aproximadas; ecuaciones de estado; el calor como forma de energía; la entropía como variable de estado; existencia de equilibrios; conjuntos/distribuciones; y existencia de la función de partición. Muchos de estos conceptos aparecen en las descripciones de integrales de ruta con los métodos/extensiones de analiticidad mencionados anteriormente, por lo que hay indicios de una teoría más profunda que llega a gran parte de

los fundamentos de la termodinámica/mecánica estadística a partir de la teoría cuántica existente.

El libro 6 se ha colocado después de los otros capítulos para esperar a que se identifique que la entropía es fundamental en el sentido de que puede identificarse como una función intrínseca del sistema incluso antes de llegar a la termodinámica. También tenemos experiencia con muchos sistemas de partículas, a través de QFT (especialmente en CST donde la creación de partículas es casi inevitable), sin abordar directamente ese escenario (debido a que QFT efectivamente ya es de muchas partículas, con determinación analítica de las funciones del sistema de muchas partículas, como la entropía). Dado que la entropía se presenta desde el principio como una variable importante del sistema, la derivación de los potenciales termodinámicos es entonces un proceso sencillo, como se mostrará. Luego se pueden dar las conexiones estándar SM con la termodinámica. Así, al cubrir Termodinámica y Mecánica Estadística comenzamos con los fundamentos de la teoría mayoritariamente establecidos, como la entropía (también con equipartición equivalente a suma en caminos sin ponderaciones, etc.), sin suposiciones. Todo se deriva directamente de los descubrimientos teóricos esbozados en los libros anteriores de la Serie. No vemos nuevas conexiones con alfa, pero sí vemos nuevas estructuras/efectos, especialmente construcciones múltiples (como con GR, donde tampoco vimos ningún papel para alfa).

Los estrechos vínculos entre QM Complexified que da lugar a una función de partición de conjunto de partículas, y QFT complexified y función de partición de conjunto de campos, son ahora simplemente un aspecto derivado de la complejación fundamental postulada. Esta complejación se planteará en el Libro 7 con emanación en un espacio de perturbación complejado.

De la Física Atómica, descrita en el Libro 4, también obtenemos las reglas estándar sobre la finalización de la capa de electrones (que está codificada en la tabla periódica). De manera similar, también podemos comprender los orígenes de las reglas de la química cuántica intermolecular. Cuando se lleva al extremo de la mecánica estadística (SM), tenemos el equilibrio termodinámico que surge de (la Ley de los Grandes Números (LLN) y la convergencia de la Martingala inversa. Con la finalización de la aplicación a los procesos químicos, tenemos claros efectos de transición de fase, así como el equilibrio y efectos de casi equilibrio. Los resultados químicos familiares, con fases de la materia.

Del equilibrio químico y del casi equilibrio, con 10^{23} elementos que interactúan débilmente o no interactúan en absoluto, tenemos dos generalizaciones. La primera es considerar el casi equilibrio químico y obtener directamente un proceso emergente en este nivel, esta es la rama que nos da la biología/vida en su nivel más primitivo. El segundo es considerar el equilibrio y el casi equilibrio en general cuando los elementos interactúan fuertemente (con 10^{10} elementos, digamos), esta es la rama que describe la biología/vida en su nivel social y económico más avanzado. En el ruido de disparo clásico, la granularidad del flujo de baja corriente (debido a la discreción de la carga de electrones) produce un efecto de ruido. Por lo tanto, cuando consideramos situaciones con menos elementos, hay más complicaciones, no menos, debido a los efectos del ruido de granularidad, y entramos en el ámbito del aprendizaje automático con datos escasos. Los efectos del ruido pueden ser significativos en sistemas complejos, especialmente en biología, donde es parte de lo que se selecciona (como en la audición, para la cancelación del ruido de fondo).

La segunda parte del Libro 6 explora el papel de la termodinámica en los esfuerzos por extenderse a TQFT y TQG. Esto se hace explorando la configuración de Black Hole. En este proceso se hace evidente el reconocimiento de un papel para la estructura compleja de las variables del sistema (además de la generalización a álgebras no triviales, como ya se ha revelado).

En el Libro 6, parte 2, examinamos la termodinámica hamiltoniana de algunas geometrías de agujeros negros con condiciones de contorno estabilizadoras. En esta incursión en la exploración directa de una solución de gravedad cuántica térmica (TQG), asumimos una forma integral de trayectoria para el problema GR y pasamos directamente a una función de partición (mediante la 'rotación de mecha' mencionada anteriormente). Vemos que TQG es posible, donde la capacidad calorífica positiva muestra estabilidad. Otro resultado alentador en cuanto a una eventual teoría unificadora proviene de la teoría de cuerdas a través de su explicación de la termodinámica de BH y los efectos del horizonte de BH con la solución difusa de BH (mediante el uso de la hipótesis holográfica y la relación AdS -CFT relacionada [120,121]).

En el Libro 6, parte 2, también examinamos la transformación del propagador a la función de partición tras la complejación, lo que conduce a una teoría termodinámica para alguna formulación de equilibrio, con ciertos ajustes de parámetros necesarios para la estabilidad (capacidad calorífica positiva). Esto es factible en una variedad de entornos, lo que sugiere cómo tales condiciones de contorno termodinámicamente consistentes pueden ser las que limitan el movimiento clásico y la formulación de singularidad de BH por el efecto de esta estabilización que se manifiesta para ciertas geometrías internas. Las formulaciones exitosas de TQG (Gravedad Cuántica Térmica), como las de los espacios-tiempos RNadS y Lovelock que se muestran en el Libro 6, mediante la reformulación utilizando la analiticidad, y no mediante enfoques no analíticos, sugieren una vez más un posible papel fundamental de la analiticidad y también sugieren que la TQG puede existir' o ser bien formulable, mientras que QG generalmente podría no 'existir'. Estos resultados, junto con los conceptos centrales de los Libros 1-6 que se relacionan con la teoría del emanador, se reúnen en una nueva síntesis teórica en el Libro 7.

Descripción general del libro 7
En los libros 4, 5 y 6 de la serie, exploramos ejemplos de QM con tiempo imaginario, QFT en CST, QFT térmico, QG minisuperespacial y QG térmico. En este esfuerzo encontramos la integral de ruta y el propagador PI, para proporcionar la representación más general. Al buscar una teoría más profunda en el Libro 7, nos basamos en la suma de caminos con formulación de propagador para llegar a una suma de emanaciones con formulación de emanador.

La propagación en un espacio de Hilbert complejo, en una formulación QM o QFT estándar, requiere que la función propagadora sea un número complejo (no real ni cuaterniónico, etc., [122]). Esto prohíbe lo que de otro modo sería una generalización obvia a álgebras hipercomplejas. Para lograr esta generalización, tenemos que introducir una nueva capa en la teoría, una con emanación universal que involucra álgebras hipercomplejas (trigintaduoniones) que, según la hipótesis, proyecta al familiar complejo espacio de Hilbert la propagación con elementos fijos asociados (por ejemplo, el formalismo del emanador). proyecta las constantes observadas y la estructura de grupo del modelo estándar). La 'proyección' es una construcción matemática inducida, como tener SU(3) en productos de octoniones, pero aquí se trata del modelo estándar U(1) xSU (2) xSU (3) en productos de trigintaduoniones emanadores. Así, en el Libro 7 se plantea una formulación variacional unificada, que llega a alfa como un elemento estructural natural, entre otras cosas, únicamente especificado por la condición de máxima emanación de información.

En el Libro 7 también tomamos nota de las implicaciones de una operación matemática fundamental en un espacio que se repite o se suma. Las fuerzas no GR están dadas por la forma de la operación (la secuencia que forma un álgebra asociativa), las fuerzas GR están dadas indirectamente por la forma del espacio, esto deja que el aspecto "repetido o agregado" se considere con cuidado. Si se produce una operación puramente "repetida", o mapeo, podemos volver a la discusión sobre mapeo dinámico del Libro 1, donde el caos puede ocurrir y es ubicuo. Allí es evidente la "transición de fase" primordial, la transición al caos. Si se trata de una operación con suma (en el sentido estadístico de elementos múltiples), junto con pasos generales repetidos, llegamos al marco general de la mecánica estadística con efectos de la Ley de los Grandes Números (LLN) y la convergencia de la Martingala inversa, entre otros. cosas (Libro 6). Lo más notable, sin embargo, es la prevalencia de un nuevo efecto, el de las transiciones de fase y el surgimiento de nuevas estructuras (orden a partir del desorden), incluidas las notables estructuras de la química y la biología.

¿Por qué la recurrente 'fórmula cabalística'? Ya en tiempos de Sommerfeld se planteaba esta cuestión [58]. Ahora bien, el paralelo numerológico es más exacto de lo que se creía en ese momento, por lo que es demasiada coincidencia para ser casualidad. La no coincidencia parece deberse a la naturaleza máxima de la transmisión de información en una variedad de circunstancias (en física, biología e incluso en la comunicación humana con suficiente optimización), así como a la repetición similar a un fractal de conjuntos de parámetros clave que ocurre en estas diferentes configuraciones $\{10,22,78,137 \cong 1/alpha\}$. Vemos que 10 expresa la dimensionalidad de la propagación (o nodos de conectividad), mientras que 22 corresponde al número de parámetros fijos en la propagación (en el Libro 7 exploramos la propagación en un subespacio de 10 dimensiones del espacio trigintaduonión de 32 dimensiones, dejando 22 dimensiones). a valores fijos que aparecen como parámetros en la teoría). Veremos que el número 78 se relaciona con los generadores del movimiento, y que hay 4 quirales de movimiento ('doblemente quirales'). También veremos que 137 es simplemente el número de términos de productos trioctoniónicos independientes en la 'emanación' quiral general del trigintaduonión.

Sinopsis – Frodo vive

Tolkien escribió sobre eucatástrofes [127], tal vez anticipó el papel constructivo de los fenómenos emergentes en la transmisión máxima de información.

Prefacio a la Serie de Física, Libro n.° 1, sobre:

Mecánica clásica y caos

Este libro proporciona una descripción de la mecánica clásica, comenzando con las formulaciones clásicas del movimiento puntual de partículas. El primer método para hacer esto fue utilizar ecuaciones diferenciales (primera y segunda ley de Newton [)]; el segundo fue utilizar una formulación de función variacional para seleccionar las ecuaciones diferenciales (variación lagrangiana); el tercero fue utilizar una formulación funcional variacional (formulación de acción) para seleccionar la formulación de la función variacional. Este libro describirá las tres formulaciones y resolverá los problemas de cada una.

No fue hasta que la mecánica clásica estuvo bien establecida que se dio cuenta de que existen dos dominios para el movimiento en muchos sistemas: no caótico; y caótico. Esta es una exposición moderna de la mecánica clásica, que incluye la teoría del caos y también vínculos con desarrollos teóricos posteriores. La exposición consiste, en todo momento, en la presentación de problemas interesantes, muchos de ellos resueltos y otros dejados al lector. Los problemas se extraen de cursos de mecánica clásica y matemáticas tomados en Caltech, Oxford y la Universidad de Wisconsin. Los cursos van desde el nivel universitario hasta el nivel avanzado de posgrado. Los cursos tenían una selección rica y sofisticada de libros de texto y material de referencia, como era de esperar, y esos textos de referencia, de manera similar, se utilizan aquí. A medida que avancemos en el material veremos que estamos estudiando efectivamente ecuaciones diferenciales ordinarias (EDO) de complejidad creciente (que corresponden a movimientos pendulares más complicados, por ejemplo, al agregar una fuerza de fricción). Esta fuerte alineación con las matemáticas subyacentes de las EDO motiva la colocación de un apéndice para una revisión rápida de las EDO desde la perspectiva de las matemáticas aplicadas.

Además de una exposición moderna de la teoría ODE subyacente, con el caos incluido, los otros elementos modernos principales deben indicar dónde la teoría de la mecánica clásica puede conectarse con las teorías que están por venir, como la mecánica cuántica y la relatividad especial.

Hay cinco áreas de implementación teórica de la Mecánica Clásica donde la Mecánica Cuántica está trivialmente indicada (por extensión/continuación analítica, o por modificación algebraica de abeliano a no abeliano), y dichas áreas se describen en detalle. Asimismo, existen tres áreas de aplicación experimental donde está indicada la Relatividad Especial, que también se describen.

Capítulo 1 Introducción

Este libro proporciona una descripción de la mecánica clásica, comenzando con las formulaciones clásicas del movimiento puntual de partículas. El primer método para hacer esto fue utilizar ecuaciones diferenciales (primera y segunda ley de Newton[)] ; el segundo fue utilizar una formulación de función variacional para seleccionar las ecuaciones diferenciales (variación lagrangiana); el tercero fue utilizar una formulación funcional variacional (formulación de acción) para seleccionar la formulación de la función variacional. Este libro describirá las tres formulaciones y resolverá los problemas de cada una.

En una descripción del movimiento de partículas, asumiendo que no está en un dominio de parámetros con movimiento caótico, se encuentra que existen varios límites importantes. Los ejemplos incluyen: las constantes universales del fenómeno del caos antes mencionado, que todavía se encuentran en regímenes no caóticos si se los lleva "al borde del caos". La dispersión se define en el límite asintótico y la teoría de la perturbación está bien definida en el sentido de que es convergente. En general, si la evolución se describe como un "proceso", a menudo se trata de un proceso Martingala, que tiene límites bien definidos. Por lo tanto, tenemos descripciones del movimiento, típicamente reducibles a una ecuación diferencial ordinaria, y para las cuales normalmente se encuentra que existen soluciones (que requieren definiciones límite).

El desarrollo de la mecánica clásica se produjo principalmente durante los años que van de 1687 a 1834 [1-13]. Luego hubo un intervalo considerable mientras se hacían otros descubrimientos, que iban desde los cuaterniones [14,15] hasta el electromagnetismo y la mecánica cuántica [16-18]. Finalmente, en 1976 se reveló el último elemento clave de la teoría clásica con el descubrimiento de la universalidad del caos [19]. Además, durante este tiempo, se hicieron más comunes enfoques matemáticos más sofisticados [20,21].

Una importante desviación teórica de la mecánica clásica se produjo con la relatividad especial, que fue revelada por el descubrimiento de la Transformada de Lorentz en 1899 (hubo primeros indicios en los estudios de Fizeau [22] en 1851, pero esto no se entendió hasta que Einstein

1

décadas después [23]). El desarrollo de métodos de mecánica clásica sigue siendo muy relevante en la actualidad, en parte debido a avances relacionados en la IA moderna. Uno de los métodos de clasificación más potentes conocidos, la Máquina de Vectores de Soporte (SVM), por ejemplo, se basa en una formulación de la mecánica clásica (Lagrangiana) en una aplicación de la teoría de control (con restricciones de desigualdad) [24].

En Goldstein [25] se puede encontrar una descripción de un libro de texto moderno de la mecánica clásica sin la teoría del caos. Noether aportó un desarrollo clave en la teoría, en términos de invariantes variacionales, en 1918 [26]. Otros libros de texto modernos utilizados en este libro incluyen los clásicos de Landau y Lifshitz [27], Percival & Richards [28] y Fetter & Walecka [29]. En este trabajo también se incluyen el análisis de dos tiempos [30] y el análisis de estabilidad [31,32], seguidos de los desarrollos críticos antes mencionados en la teoría del caos [19,33,34] y la aparición crítica de los fractales [35,36].

Esta es una exposición moderna de la mecánica clásica que consiste, en su totalidad, en la presentación de soluciones a problemas interesantes de varios textos de mecánica clásica, entre ellos: Landau y Lifshitz [27]; Goldstein [25]; Grilletes y Walecka [29]; Percival y Richards [28]; Arnold (ODA) [32]; Arnold (CM) [37]; Casa de madera [38]; y Bender y Orszag [39]. Observe cómo la primera referencia de Arnold y la referencia de Bender y Orszag involucran libros de texto centrados en ecuaciones diferenciales ordinarias (Ecuaciones Diferenciales Ordinarias). Asimismo, un análisis de la excelente y rápida exposición de Landau y Lifshitz, revela que ésta avanza en parte en el material pasando por Ecuaciones Diferenciales Ordinarias de complejidad creciente. Esta fuerte alineación con las matemáticas subyacentes de las ecuaciones diferenciales ordinarias continúa en esta exposición, hasta el punto de que se proporciona un apéndice para una revisión rápida de las ecuaciones diferenciales ordinarias desde la perspectiva de las matemáticas aplicadas.

A partir de la ecuación diferencial de Newton F=ma, progresivamente nos encontramos con ecuaciones diferenciales más complejas. Reducir un sistema dinámico a un conjunto de ecuaciones diferenciales no es una cuestión sencilla, y el enfoque inicial será aprender el análisis lagrangiano para hacerlo, pero el resultado final siempre puede considerarse como una forma en términos de una ecuación diferencial ordinaria, o conjunto. de tal. Entonces podemos reducir el problema de describir el movimiento de un sistema al de resolver una ecuación diferencial ordinaria, ¿eso significa que hemos terminado? Para ecuaciones diferenciales ordinarias más simples, sí, analíticamente de hecho (en el Apéndice vemos, por ejemplo, que las ecuaciones diferenciales lineales de segundo orden con coeficientes constantes siempre se pueden resolver). Para ecuaciones diferenciales ordinarias más complejas, todavía sí, pero se necesitan herramientas computacionales (la solución no está en forma cerrada). Sin embargo, a veces las ecuaciones diferenciales ordinarias demuestran inestabilidades, y para ello se necesita un análisis más sofisticado y puede que no haya respuestas simples (como la existencia del fenómeno del atractor extraño) [37]. Más revolucionario que la mera inestabilidad es el descubrimiento del caos. Una ecuación diferencial ordinaria puede comportarse bien en un régimen, pero puede pasar a un "movimiento caótico" en otro régimen. El "borde del caos" está marcado por un comportamiento de duplicación del período universal y se describe en el Capítulo 7. Todo lo que un especialista en ecuaciones diferenciales ordinarias podría haber temido que pudiera ocurrir, en lo que a complejidad se refiere, resulta ser el caso (con inestabilidades y situaciones extrañas), atractores, etc.), y luego esto se duplicó con el descubrimiento del nuevo fenómeno del Caos a través de la Universalidad. Para los ejemplos de ecuaciones diferenciales ordinarias que se describen aquí, la atención se centra en los problemas de física, por lo que las soluciones caóticas se relacionan directamente con el movimiento caótico.

Además de una exposición moderna de la teoría subyacente de la Ecuación Diferencial Ordinaria, con el caos incluido, los otros elementos modernos principales deben indicar dónde la teoría de la Mecánica Clásica puede conectarse con las teorías aún por venir, como la mecánica cuántica [42] y la Relatividad Especial. [40]. Para la teoría de perturbaciones que involucra soluciones a una ecuación diferencial ordinaria, se muestran una variedad de técnicas. Si se utiliza un análisis complejo, obtenemos soluciones, por ejemplo, pero también vislumbramos los problemas generales de ecuaciones diferenciales ordinarias que se encuentran en la mecánica cuántica. Las ecuaciones diferenciales ordinarias generales descritas en el Apéndice llegan a la forma de Sturm-Liouville, por ejemplo, que tiene una formulación autoadjunta relevante para la mecánica cuántica. Aún más general es la ecuación de Navier-Stokes (relevante para la dinámica de fluidos), y más general que eso es la ecuación NS sin conservación de especies (como en un semiconductor donde puede haber generación de portadores, por lo tanto no hay conservación, con una ecuación de continuidad modificada, etc.). Los acoplamientos requeridos en la formulación relativista, a su vez, crean un lío bastante complicado que casi nunca se resuelve directamente sin una aproximación. En la práctica, la 'ecuación maestra de Navier-Stokes' se aproxima dentro de algún ámbito de operación que sea relevante.

A continuación, hay cinco áreas de implementación teórica de la Mecánica Clásica, donde la Mecánica Cuántica se indica trivialmente (por extensión/continuación analítica), y dichas áreas se describen en detalle. De manera similar, existen tres áreas de aplicación experimental, donde se indica la Relatividad Especial, y también se describen.

1.1 La *condición sine qua non* del caos y los fenómenos emergentes
Se verá que la mecánica clásica es un caso especial de una teoría mecánica cuántica más amplia, por lo que podría parecer que hemos degradado la mecánica clásica a una teoría derivada de otra... *de no ser por* la existencia de la teoría del caos. El caos es un aspecto dinámico fundamentalmente nuevo (de todas las teorías clásicas, cuánticas, estadísticas, con la forma diferencial adecuada), pero es el más simple (aunque sigue siendo familiar) en el régimen de la mecánica clásica. El movimiento caótico se exhibe de manera ubicua, pero también puede evitarse en muchos problemas de mecánica clásica, como los problemas de pequeñas oscilaciones. El caos, como fenómeno universal, también tiene constantes universales, que serán exploradas. Un camino sencillo para encontrar el caos es utilizar la representación hamiltoniana y examinar cualquier movimiento periódico que implique no linealidades. Cuando se ve como un mapa iterativo, los dominios del caos se exhiben claramente (como se mostrará en el Capítulo 7). De manera similar, la mecánica estadística podría verse como una teoría derivada de la mecánica clásica, *si no fuera por* la ocurrencia de la medida entrópica y de los fenómenos emergentes (transición de fase) (que se discutirán en otros libros de esta serie [40-46], especialmente [41] y [44]).

1.2 El papel de las ecuaciones diferenciales ordinarias, la fenomenología y el análisis dimensional
Una lectura atenta del índice revelará muchas subsecciones relacionadas con la aplicación de ecuaciones diferenciales ordinarias. Este enfoque en las ecuaciones diferenciales ordinarias no es accidental y tampoco lo es la inclusión de un apéndice extenso (Apéndice A) sobre ecuaciones diferenciales ordinarias. (El Apéndice A describirá métodos generales de

4

ecuaciones diferenciales ordinarias y métodos avanzados, con numerosas soluciones elaboradas). Casi siempre, el problema de la mecánica clásica se puede reducir a resolver una ecuación diferencial ordinaria. Dado que esto es con lo que comenzamos, con Newton (una ecuación diferencial ordinaria de ^{segundo} orden), esto puede no parecer un progreso; sin embargo, llegar a la ecuación diferencial ordinaria correcta para un sistema a menudo es difícil, si no casi imposible, sin la Técnicas intervinientes (Lagrangiana y Hamiltoniana). Entonces, estos métodos son obviamente necesarios, sólo que también se necesita un conocimiento profundo de las ecuaciones diferenciales ordinarias. Sabiendo que tendremos una ecuación diferencial, y restringiéndonos a ecuaciones consistentes con el análisis dimensional, a menudo podemos llegar directamente a la base de una serie de argumentos fenomenológicos para las ecuaciones de movimiento y sus soluciones a través de ecuaciones diferenciales ordinarias (y sugerencias o explicaciones sobre nuevos fenómenos). El análisis dimensional y la fenomenología se describen en el Capítulo 9.

1.3 Fuentes de problemas; Nivel de cobertura; Soluciones detalladas; Métodos avanzados

Algunos de los problemas (con y sin solución) están al nivel de las preguntas del examen de candidatura a doctorado (un examen, o "examen preliminar", que se realiza al final del segundo año de un programa de doctorado en Física para avanzar a la candidatura, en algunas instituciones, como UWM y U. Chicago). Estos problemas tienden a ser los más difíciles. Algunos de los problemas, casi tan difíciles, están relacionados con problemas que me asignaron en cursos de pregrado y posgrado mientras estudiaba en Caltech. En muchos casos, mis soluciones cuidadosamente elaboradas se utilizaron en los "conjuntos de soluciones" que se proporcionaron a la clase más tarde. Dichos problemas y mis soluciones se muestran para problemas de los siguientes cursos de Caltech (ca 1987): Temas de Física Clásica; Dinámica Avanzada; y Métodos de Matemática Aplicada (en el Apéndice A). A menudo, los problemas o ejemplos del trabajo de curso se derivaban de problemas de los principales libros de texto disponibles en Mecánica Clásica. Por lo tanto, dichas fuentes también se utilizaron directamente para algunos de los problemas resueltos aquí, e incluyen soluciones para problemas de los siguientes textos clásicos: Goldstein [25]; Landau y Lifschitz [27]; Percival y Richards [28]; y Fetter y Walecka [29]. Las soluciones se proporcionan con gran detalle matemático, como lo que se podría proporcionar en una clase magistral, con el fin de enseñar la técnica de solución (índice "gimnasia") en detalle.

1.4 Sinopsis de los capítulos siguientes

Para empezar, consideramos la teoría clásica del movimiento de partículas puntuales y la mecánica clásica. Esto comienza, en la Sección 2.1, con una breve descripción de la formulación del cálculo de Newton (1687) [1], donde la fuerza newtoniana es igual a masa multiplicada por la aceleración (una segunda derivada de la posición en la notación de Leibnitz). Leibnitz fue el otro inventor importante del cálculo, con el uso del cálculo integral en notas inéditas en 1675 [2] y publicadas en 1684 (para traducción ver Struik [3]). Leibnitz también describió el teorema fundamental del cálculo (moderno) (la relación inversa entre integración y diferenciación) en 1693 [4]. El papel inicial de los eruditos orientados a las matemáticas en el desarrollo de los fundamentos matemáticos de la mecánica clásica continuó con Euler y Laplace. Euler hizo contribuciones tempranas, con Mechanica (1736) [5], pero continuó con desarrollos en las matemáticas subyacentes y en la física matemática durante varias décadas, impactando a Lagrange más de cincuenta años después, en 1788 (con la síntesis conocida como las ecuaciones de Euler-Lagrange).). El método de Laplace descrito en (1774) [6], de manera similar, tuvo un impacto importante en la reformulación de Hamilton en 1834 (que da lugar al propagador clásico asociado con $\int e^{Mf(x)} \, dx$,for $M \gg 1$) [6] , así como en los métodos de integral de trayectoria en la década de 1940 (propagador cuántico asociado con $\int e^{iMf(x)} \, dx, M \gg 1$) [48] .

Después de Newton, la siguiente formulación importante de la teoría clásica fue la descripción de la fuerza en el contexto del trabajo virtual de D'Alembert (1743) [7]. El trabajo virtual, equilibrando a cero el trabajo realmente realizado, es equivalente a una forma de las ecuaciones de Euler-Lagrange [8,9], que readquieren las ecuaciones de movimiento como antes pero ahora con una descripción mucho más sencilla de las restricciones holonómicas (como para las restricciones holonómicas rígidas). cuerpos, donde la ecuación de restricción no es una ecuación diferencial). En la Sección 3.3.1 revisamos los tipos de restricciones, como la holonómica. En muchas situaciones tenemos restricciones no holonómicas (como para un objeto rodante). La complicación de las restricciones no holonómicas se maneja fácilmente en la reformulación de Hamilton en términos del Principio de Mínima Acción (1833,1834) [10-13], descrito en el Capítulo 3. Hamilton cambia el fundamento matemático de la formulación teórica para convertirlo en una variante variacional. Extremo de una acción funcional definida como la integral de una función lagrangiana para una partícula puntual a lo largo del tiempo (a lo largo de una trayectoria o camino). El mínimo variacional, por ejemplo el principio de mínima acción, recupera entonces las ecuaciones de Euler-Lagrange para describir las mismas ecuaciones de movimiento que con D'Alembert, excepto que ahora tenemos los medios para manejar restricciones no holonómicas mediante multiplicadores de Lagrange (descritos brevemente). en la Sección 3.3.1, y luego se utiliza en algunos ejemplos en la Sección 3.3.2). Hamilton también co-descubrió los cuaterniones (1843-1850) [14], junto con Olinde Rodrigues (1840) [15], que Maxwell utilizaría para expresar el electromagnetismo temprano (que se discutirá en [40]), y para indicar más álgebras complejas (un preludio a la mecánica cuántica, que se analizará en [42]).

La formulación variacional mostrada en el Capítulo 3 también "unifica" la teoría clásica de otras maneras [7-14], además de tender un puente hacia la "nueva" teoría cuántica (detalles en [42]). Esto se debe a que la teoría cuántica puede expresarse en términos de una formulación integral oscilatoria, donde se llega a la restricción de tener una acción mínima no como una regla variacional fundamental, sino como consecuencia de la suma de todas las trayectorias de movimiento cuyas acciones entran como términos de fase en una integral altamente oscilatoria (desarrollo matemático inicial del método de Laplace [6]), que a su vez selecciona las ecuaciones clásicas de movimiento como una aproximación de orden cero a la integral oscilatoria (fase estacionaria). De primer orden tenemos efectos semiclásicos, y una suma de la descripción cuántica completa da la teoría cuántica completa (ver [42] para más detalles).

El Capítulo 3 explora específicamente la aplicación de la formulación de acción mínima en términos de un funcional (la acción) sobre la función lagrangiana integrada a lo largo de un camino específico. Se puede describir una amplia gama de sistemas clásicos con tal aplicación de la metodología variacional. Hay dos formas principales de formular el funcional de acción que están relacionadas por la transformación de Legendre: (i) el método lagrangiano antes mencionado y, (ii) el método hamiltoniano. El hamiltoniano, que se describirá (con aplicaciones) en el capítulo 6, está asociado con cantidades conservadas del sistema, si existen, como la energía. En este último sentido, de describir las cantidades conservadas del sistema, en el Capítulo 3 se introduce el hamiltoniano para expresar esas cantidades conservadas en las soluciones. Sin embargo, el análisis desde la perspectiva de un análisis variacional hamiltoniano completo no se realiza hasta el Capítulo 6. Las breves secciones intermedias incluyen el Capítulo 4 Medición clásica; y Capítulo 5 Moción Colectiva.

Los capítulos 3, 6 y 8 describen la formulación hamiltoniana de primer orden en términos de coordenadas canónicas. La representación en el espacio de fases de la dinámica del sistema en términos de coordenadas canónicas permite explorar las propiedades del hamiltoniano cuando se ve como una función de mapeo en un espacio de fases. Encontramos que tales mapeos conservan el área y nos permiten describir el comportamiento del sistema asintótico con facilidad en muchas situaciones, incluidas situaciones que demuestran claramente un fenómeno radicalmente nuevo: el "caos". La ocurrencia ubicua del caos y de los sistemas clásicos "al borde del caos" se describe luego en el Capítulo 7.

La "universalidad" del caos quedó demostrada en el artículo de Feigenbaum de 1976 [19]. Esta Universalidad ocurre con el supuesto de que la función de mapeo tiene un máximo local cuadrático (parabólico). Feigenbaum indica que se trata de una relación normal, pero no da más detalles. Resulta que tener una forma cuadrática para el máximo local (cerca de un punto crítico) es una propiedad general del cálculo de variaciones y espacios de Hilbert conocida como lema de Morse-Palais [20,21]. El supuesto que sustenta la universalidad del caos es válido si existe una función suficientemente suave cerca de puntos críticos de interés, por ejemplo, que existe una descripción múltiple (con una función suave). Supongamos que le damos la vuelta a esto (como se hará en [47]) y supongamos que el caos es un límite fundamental, siempre presente. Si esto es cierto, entonces Morse-Palais siempre debe ser aplicable, por lo que tenemos una variedad (geometría). Esto es interesante porque incluso antes de llegar a los campos/geometrías dinámicas (colectores) en [41] vemos evidencia de que tal construcción matemática existe como consecuencia de la universalidad de, bueno, la Universalidad [19].

El capítulo 8 profundiza en las propiedades más explícitas de las coordenadas canónicas y las transformaciones entre ellas. Esto permite elegir coordenadas canónicas que simplifican enormemente el análisis al desacoplar las ecuaciones de movimiento y convertirlas en constantes del movimiento, o coordenadas del movimiento, en muchos casos. El caso más desacoplado se describe mediante lo que se conoce como ecuación de Hamilton-Jacobi, que, cuando se traslada al formalismo de operador para la teoría cuántica, descrito en [42], se convierte en la conocida ecuación de Schrödinger. Otra formulación, en términos de variables canónicas apropiadamente elegidas, da lugar a la formulación del corchete de Poisson. Esto también se discute, no por su aplicación en la física clásica *per se* , sino debido a su trivial cambio hacia una formulación de operador conmutador para llegar a la otra (la primera) reformulación cuántica de la teoría clásica (la formulación de Heisenberg). El capítulo 9 continúa con otra ventaja de la formulación hamiltoniana, una cantidad conservada en muchos sistemas, a través de su aplicación a la teoría de la perturbación. Se discute el uso de los hamiltonianos en contextos *de perturbaciones* clásicas y cuánticas . El capítulo 9 también describe el análisis dimensional, que cuando se lo toma junto con un análisis de cantidades conservadas, puede dar lugar a soluciones sorprendentes basadas únicamente en la autosimilitud (con algunos ejemplos clásicos). Los ejercicios adicionales se encuentran en el Capítulo 10.

La mecánica clásica descrita en este libro sólo aborda brevemente las correcciones relativistas especiales, es decir, se centra en partículas de materia que se mueven a velocidades no relativistas. Así, en este libro existe la aproximación del tiempo absoluto, una noción de simultaneidad y de transmisión instantánea de fuerza con el cambio de posición de la fuente. Tenga en cuenta que esta separación de la relatividad especial de la física clásica de este libro también es razonable, físicamente, en el sentido de que en el nivel de materia particulada, no relativista, examinada hay pocas oportunidades de ver efectos relativistas especiales. Consulte la Sección 3.3.2 para obtener una indicación experimental temprana de la existencia de una magnitud de 4 vectores para la energía-momento en la fórmula de dispersión de Compton. Otro ejemplo donde se observaron efectos relativistas, aunque no se dieron cuenta en ese momento, fue en los experimentos de Fizeau sobre la propagación de la luz a través del agua corriente (1851) [22]. (Einstein señaló que " los resultados experimentales que más le habían influido fueron las observaciones de la aberración estelar y las mediciones de Fizeau sobre la velocidad de la luz en el agua en movimiento " [23].) El experimento de Fizeau (Sección 4.3) da lugar a una velocidad relativista 4 -cálculo de suma de vectores (para el efecto Doppler relativista). Una vez que se revela el efecto Doppler relativista, toda la relatividad especial puede recuperarse mediante el cálculo K de Bondi (descrito en [40]).

Una vez que llegamos a las nociones de campos de fuerza dinámicos en [40], se revela la transformación de Lorentz en las ecuaciones de Maxwell (como 4 vectores) (1899), y en 1905 sigue la extensión de estas transformaciones a toda la materia *a la* Einstein. Por esta razón, la teoría de la relatividad especial y sus antecedentes y soluciones a los problemas se ubican en [40] sobre Fields.

Por lo tanto, los campos descritos en este libro, en todo caso, son estáticos o estacionarios, donde la discusión de su papel dinámico general se remite a [40]. Los sistemas mecánicos clásicos considerados también son simples en el sentido de que sólo unos pocos elementos interactúan y están en movimiento en un momento dado. Las conexiones a sistemas con muchos elementos se dejan principalmente a [44] sobre Mecánica Estadística. Sin embargo, incluso en el nivel de la mecánica clásica, todavía podemos ver signos preliminares de nuevos fenómenos (debido a los fenómenos emergentes de Martingala y al comportamiento de la Ley de los Grandes Números, LLN). A partir de esto podemos comenzar a ver que existen nuevos parámetros fundamentales, como la entropía (discutida en [41], en lo que respecta a la geometría de la información, y en el Libro 6 sobre Mecánica Estadística).

Tenga en cuenta que antes de llegar a [44] sobre Mecánica Estadística, donde se explora principalmente el papel fundamental de la entropía, ya habremos "descubierto" la entropía en el contexto de la teoría del aprendizaje estadístico sobre una *variedad neurológica* (dada en [41]. Cuando el aprendizaje estadístico se realiza en una construcción de red neuronal (NN) con aprendizaje NN a través de Expectativa/Maximización, el proceso de aprendizaje se puede describir utilizando geometría de la información es un formalismo de geometría diferencial aplicado a familias de distribuciones en procesos de aprendizaje estadístico. En el aprendizaje estadístico óptimo se puede demostrar que la entropía se selecciona para las nociones "locales" de distancia distributiva en un proceso similar al de la distancia euclidiana (espacio-tiempo plano) que se selecciona como una noción geométrica local de distancia múltiple. De esta manera, la entropía se individualiza. como una medida local del mismo modo que se selecciona el espacio-tiempo localmente plano (con la métrica local de Minkowski), la implementación directa del aprendizaje estadístico, en forma de aprendizaje SVM basado en IA [24], es en realidad un ejercicio. en optimización lagrangiana con restricciones de desigualdad no holonómicas (ver [24]), por lo que será directamente accesible para aquellos que dominen el material de este libro.

Ahora para empezar... con Newton.

Capítulo 2. Newton, Leibnitz y D'Alembert

Las descripciones matemáticas de la física deben intentar justificar por qué su descripción debería ser de cierta manera o evolucionar de cierta manera, entre todas las posibilidades matemáticamente expresables. La respuesta, especialmente después de la filosofía propugnada por Maupertus y Leibnitz [2], suele ser alguna forma de óptimo seleccionado en función del estado o la trayectoria del movimiento (la trayectoria más corta, por ejemplo). Dada la idea de buscar un extremo variacional, entonces tiene sentido que se invente (o se descubra) el cálculo variacional.

Antes de 1660, la física previa al cálculo había adquirido un conjunto de datos observacionales, pero aún no tenía las matemáticas inventadas para lidiar con la descripción de trayectorias y caminos extremos (que se demostrará que son esas trayectorias). Eso no quiere decir que no se hubiera producido ya un conjunto de desarrollo matemático crítico, que se remontaba a la invención de la trigonometría primitiva con el concepto del seno del ángulo (el seno fue utilizado en el seguimiento de estrellas por los astrónomos indios, Período Gupta, pero el uso del método podría remontarse a los antiguos babilonios con futuros descubrimientos [75]).

El cálculo fluxional de Newton fue inventado en 1665-1666 (durante la plaga de Londres), pero evitó el uso directo de infinitesimales al expresar sus conclusiones. El cálculo de Leibniz acepta el uso y la validez de los infinitesimales desde el principio, y comenzó el desarrollo notacional para los infinitesimales en 1675 que todavía se utiliza en la actualidad. La validez matemática formal del uso de infinitesimales tuvo que esperar hasta 1963 para el "Análisis no estándar" de Abraham Robinson [76,77].

La descripción física matemática de la realidad, por tanto, quedó establecida con el desarrollo del cálculo en la década de 1660 [1,2]. El cálculo variacional, específicamente, proporciona soluciones físicas y descripciones de la realidad que se ajustan a la observación, donde la descripción física de la realidad tiene la forma de un extremo variacional [6,10,11]. Esto se describe en detalle en Mecánica clásica y Teoría de campos clásica. Tener un proceso variacional para seleccionar el óptimo a menudo implica resolver algún tipo de ecuación diferencial (revisada en

13

detalle en el Apéndice). Esto está bien si puedes resolver la ecuación diferencial, pero si no puedes, es beneficioso tener alguna otra metodología de análisis para seleccionar ecuaciones de movimiento. Por lo tanto, desde el principio se reconoció que se podía tener un proceso de selección basado en construcciones integrales altamente oscilatorias que se autoseleccionaban por su componente de fase estacionaria [6]. Este último camino eventualmente sentará las bases para el enfoque de Camino Integral a la física cuántica (ver [42]), y a toda la física clásica que vino antes como un caso especial.

La introducción de conceptos de física matemática antes de la validación matemática formal es un tema recurrente en física. Otro ejemplo de este tipo es la introducción de la función delta por Dirac, formalizada a través de la teoría de la distribución L ^{2} [78] (esto es lo que se necesita de manera crítica en la formulación cuántica subyacente, autoadjunta).

2.1 Ley de la fuerza de Newton y, con Leibnitz, la invención del cálculo

Comencemos con una reformulación de las tres leyes de Newton:

1ª Ley: $\frac{dp}{dt} = 0$ si $F = 0$, donde $p = mv$ y m es la masa y v es la velocidad.

2ª Ley: $\frac{dp}{dt} = F \rightarrow F = ma$.

3ª Ley: La fuerza que se ejerce entre dos objetos es igual y opuesta.

$$(2\text{-}1)$$

Y, cuando hay más de una partícula, tenemos para la ecuación de movimiento de la iésima partícula:

$$\sum_j \vec{F}_{ji} + \vec{F}_i = \dot{\vec{p}}_i \, ,$$

$$(2\text{-}2)$$

donde $\vec{F}_{ji}$ es la fuerza de la j -ésima partícula sobre la i -ésima partícula ($\vec{F}_{ii} = 0$), $\vec{F}_i$ es la fuerza externa neta sobre la i -ésima partícula y $\dot{\vec{p}}_i$ es la derivada del tiempo del impulso de la i -ésima partícula. Recuerde la tercera ley de Newton , donde la fuerza ejercida entre dos objetos es igual y opuesta, es decir $\vec{F}_{ji} = -\vec{F}_{ij}$, esto se conoce como la ley débil de acción y reacción [25].

14

En el Capítulo 1 Problema 6 (pg 31) de Goldstein [25], resumido a continuación, encontramos que las ecuaciones estándar de movimiento para la posición del centro de masa y el momento, tomadas como punto de partida, no solo indican la ley de acción débil y reacción, pero también la ley fuerte, *donde las fuerzas se encuentran estrictamente a lo largo de la línea que une los objetos* . Este resultado conveniente ocurre porque las ecuaciones de movimiento del sistema se relacionan implícitamente con las leyes de conservación a nivel del sistema, por lo que, tomadas a la inversa, vemos leyes de conservación globales que limitan la dinámica local y las descripciones de fuerzas locales de modo que las fuerzas entre objetos se encuentran estrictamente a lo largo de la línea que los une. Esto se desarrolla más ampliamente en el contexto del Teorema de Noether [26] en una sección posterior. Por ahora, consideremos el sistema de centro de masa en detalle, comenzando con una descripción de la coordenada del centro de masa que tiene ecuación de movimiento:

$$\vec{R} = \frac{\sum m_i \vec{r}_i}{\sum m_i}; \quad M = \sum m_i; \quad M\frac{d^2\vec{R}}{dt^2} = \sum_i \vec{F}_i = \vec{F}^{(ext)},$$

donde esto se relaciona con las ecuaciones de movimiento de los objetos individuales tras la eliminación de las coordenadas del centro de masa:

$$\sum m_i \frac{d^2\vec{r}_i}{dt^2} = \sum_i \vec{F}_i.$$

Una comparación directa con la ecuación de movimiento individual anterior, cuando se suma sobre los objetos, muestra que debemos tener:

$$\sum_{i,j} \vec{F}_{ji} = 0 \rightarrow \vec{F}_{12} = -\vec{F}_{21},$$

(2-3)

En el caso fundamental de dos objetos, obtenemos la ley débil de acción y reacción (hasta ahora). Ahora dirijamos nuestra atención a la descripción del sistema de movimiento angular (alrededor del centro), que se relaciona con la conservación del momento angular. Comenzando con el momento angular del sistema y el cambio en el momento angular con el par externo:

$$L = \sum_i \vec{r}_i \times \vec{p}_i; \quad \frac{dL}{dt} = \sum_i \vec{r}_i \times \vec{F}_i,$$

Primero tomamos la derivada del tiempo directamente:

$$\frac{dL}{dt} = \sum_i \dot{\vec{r}}_i \times \vec{p}_i + \vec{r}_i \times \dot{\vec{p}}_i = \sum_i \vec{r}_i \times \dot{\vec{p}}_i$$

Una comparación directa de las derivadas temporales del momento angular indica que debemos tener:

$$\sum_{i,j} \vec{r}_i \times \vec{F}_{ji} = 0.$$

$$(2\text{-}4)$$

Nuevamente, centrémonos en dos objetos que interactúan (etiquetados 1 y 2): $\vec{r}_1 \times \vec{F}_{21} + \vec{r}_2 \times \vec{F}_{12} = 0$,y como $\vec{F}_{ji} = -\vec{F}_{ij}$ya, debemos tener: $(\vec{r}_1 - \vec{r}_2) \times \vec{F}_{12} = 0$,completar la ley fuerte de prueba de acción-reacción: las fuerzas se encuentran estrictamente a lo largo de la línea que une los objetos (lo que permite una descripción de la función potencial). en análisis posteriores).

2.2 Principio de trabajo virtual de D'Alembert

Esta sección resume el argumento de D'Alembert en notación moderna según [25,37]. Supongamos que el sistema está en equilibrio, es decir, $\vec{F}_i = 0$entonces claramente $\vec{F}_i \cdot \delta\vec{r}_i = 0$. Entonces, $\sum \vec{F}_i \cdot \delta\vec{r}_i = 0$que ahora descomponemos como:

$$\vec{F}_i = \vec{F}_i^{(a)} + f_i,$$

$$(2\text{-}5)$$

donde $\vec{F}_i^{(a)}$es la fuerza aplicada y $f_i$es la fuerza de restricción. De este modo,

$$\Sigma_i^{\square} \vec{F}_i^{(a)} \cdot \delta\vec{r}_i + \Sigma_i^{\square} \vec{f}_i \cdot \delta\vec{r}_i = 0,$$

donde $\delta\vec{r}_i$pueden haber desplazamientos arbitrarios. Ahora nos restringimos a la situación donde el trabajo virtual neto debido a las fuerzas de restricción es cero, $\Sigma_i^{\square} \vec{f}_i \cdot \delta\vec{r}_i = 0$para luego obtener:

$$\Sigma_i^{\square} \vec{F}_i^{(a)} \cdot \delta\vec{r}_i = 0.$$

Supongamos que el sistema se encuentra ahora en una configuración general, $\vec{F}_i = \vec{p}_i$si dividimos la fuerza de restricción como antes:

$$\Sigma_i^{\square} \left(\vec{F}_i^{(a)} - \vec{p}_i \right) \cdot \delta\vec{r}_i + \Sigma \vec{f}_i \cdot \delta\vec{r}_i = 0$$

y, con el mismo supuesto de cero trabajo virtual neto debido a restricciones, obtenemos:

$$\Sigma_i^{\square} \left(\vec{F}_i^{(a)} - \vec{p}_i \right) \cdot \delta\vec{r}_i = 0 , \qquad D'Alembert's\ principle$$

$$(2\text{-}6)$$

De la forma anterior debemos transformar a coordenadas generalizadas que sean independientes entre sí, de modo que los coeficientes de los desplazamientos se puedan poner a cero por separado:

$$\vec{r}_i = \vec{r}_i(q_1, q_2, \dots q_n, t) \rightarrow \delta\vec{r}_i = \Sigma_j^{\square} \frac{d\vec{r}_i}{\partial q_j} \delta q_j .$$

Primero considere la transformación de la $\vec{F}_i^{(a)} \cdot \delta \vec{r}_i$ pieza (eliminando el superíndice 'aplicado'):

$$\Sigma_i^{\square} \vec{F}_i \cdot \delta \vec{r}_i = \Sigma_{i,j}^{\square} \vec{F}_i \cdot \frac{\partial \vec{r}_i}{\partial q_j} \delta q_j = \Sigma_j^{\square} Q_j \delta q_j$$

$$\rightarrow Q_j = \Sigma_i^{\square} \vec{F}_i \cdot \frac{\partial \vec{r}_i}{\partial q_j}$$

(2-7)

donde la dimensión de Q no necesita ser la dimensión de la fuerza, ni las coordenadas generalizadas las dimensiones de longitud, pero su producto aún debe ser la dimensión del trabajo. Ahora consideremos la transformación del $\Sigma_i^{\square} \dot{p}_i \cdot \delta \vec{r}_i$ término:

$$\Sigma_i^{\square} \dot{p}_i \cdot \delta \vec{r}_i = \Sigma_i^{\square} m_i \ddot{\vec{r}}_i \cdot \delta \vec{r}_i = \Sigma_{i,j}^{\square} m_i \ddot{\vec{r}}_i \cdot \frac{\partial \vec{r}_i}{\partial q_j} \delta q_j$$

$$= \Sigma_{i,j}^{\square} \left\{ \frac{d}{dt} \left(m_i \dot{\vec{r}}_i \cdot \frac{\partial \vec{r}_i}{\partial q_j} \right) - m_i \dot{\vec{r}}_i \frac{d}{dt} \left(\frac{\partial \vec{r}_i}{\partial q_j} \right) \right\} \delta q_j$$

ahora,

$$\frac{d}{dt} \left(\frac{\partial \vec{r}_i}{\partial q_j} \right) = \Sigma_k^{\square} \frac{\partial^2 \vec{r}_i}{\partial q_j \partial q_k} \dot{q}_k + \frac{\partial^2 \vec{r}_i}{\partial q_j \partial t} = \frac{\partial}{\partial q_j} \frac{d \vec{r}_i}{dt} = \frac{\partial \vec{r}_i}{\partial q_j}.$$

Además, cambiar a $\dot{\vec{r}}_i = \vec{v}_j$:

$$\frac{\partial \vec{v}_i}{\partial \dot{q}_j} = \frac{\partial}{\partial \dot{q}_j} \left\{ \Sigma_k^{\square} \frac{\partial r_i}{\partial q_k} \dot{q}_k + \frac{\partial r_i}{\partial t} \right\} = \frac{\partial r_i}{\partial q_j}$$

ahora podemos escribir

$$\Sigma_i^{\square} \dot{p}_i \cdot \delta \vec{r}_i = \Sigma_i^{\square} \left\{ \frac{d}{dt} \left(m_i \vec{v}_i \cdot \frac{\partial \vec{v}_j}{\partial \dot{q}_j} \right) - m_i \vec{v}_i \cdot \frac{\partial \vec{v}_j}{\partial q_j} \right\}$$

$$= \Sigma_i^{\square} \left\{ \frac{d}{dt} \left(\frac{\partial}{\partial \dot{q}_j} \left(\Sigma_i^{\square} \frac{1}{2} m_i \vec{v}_i^{\,2} \right) \right) - \frac{\partial}{\partial q_j} \left(\Sigma_i^{\square} \frac{1}{2} m_i \vec{v}_i^{\,2} \right) \right\}$$

y escribiendo el término de energía cinética $\Sigma_i^{\square} \frac{1}{2} m_i \vec{v}_i^{\,2} = T$, obtenemos el Principio de D'Alembert en la forma:

$$\Sigma_j^{\square} \left[\left\{ \frac{d}{dt} \left(\frac{\partial T}{\partial \dot{q}_j} \right) - \frac{\partial T}{\partial q_j} \right\} - Q_j \right] \partial q_j = 0.$$

(2-8)

Usando Fuerza escrita en términos de una función potencial $\vec{F}_i = -\nabla_i V$ (donde las superficies equipotenciales están bien definidas en relación con las 'líneas de campo'), tenemos:

$$Q_j = \Sigma_i^{\square} \vec{F}_i \cdot \frac{\partial \vec{r}_i}{\partial q_j} = -\Sigma \nabla_i V \cdot \frac{\partial \vec{r}_i}{\partial q_j} = -\frac{\partial V}{\partial q_j}$$

17

Si introducimos ahora el lagrangiano estándar $L = T - V$, encontramos que el principio de D'Alembert da lugar a las ecuaciones de movimiento expresadas en términos del lagrangiano:

$$\frac{d}{dt}\left(\frac{\partial L}{\partial \dot{q}_j}\right) - \frac{\partial L}{\partial \dot{q}_j} = 0,$$

donde la última forma sucinta de las ecuaciones de movimiento se conoce como ecuaciones de Euler-Lagrange (EL). Esto completa la derivación de las ecuaciones EL mediante el principio de D'Alembert; En el próximo capítulo realizaremos una derivación diferente de la ecuación EL en el contexto del principio de mínima acción de Hamilton.

Consideremos ahora algunos de los campos de fuerza o fenomenología más simples. Supongamos que la fuerza actúa en una sola dirección (uniformemente) y es constante, tal sería un ejemplo de la Fuerza debida a la gravedad en la superficie de la Tierra, donde $F = -mg$. Cuando lo comparamos con el péndulo simple, tenemos una descripción completa, ya que todos los demás parámetros del 'sistema' involucran al péndulo (longitud del brazo, que no tiene masa, y masa de la masa del péndulo):

Ejemplo 2.1. El péndulo simple

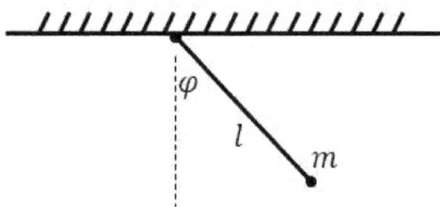

Figura 2.1 Péndulo simple.

El lagrangiano viene dado por $L = KE - PE$ dónde:

$$KE = \frac{1}{2}m(l\dot{\varphi})^2 \quad and \quad PE = -lgm\cos\varphi, \quad thus\ L$$

$$= \frac{1}{2}m(l\dot{\varphi})^2 + lgm\cos\varphi$$

***Ejercicio 2.1.** ¿Cuáles son las ecuaciones de movimiento del péndulo simple?*

Ejemplo 2.2. La primavera sencilla
Consideremos ahora donde la fuerza no es constante, sino lineal en algún desplazamiento, tal sería el caso de un resorte simple donde $F = -kx$. Aquí k entra como un parámetro fenomenológico, no como un simple parámetro dimensional, y depende del material. Las ecuaciones de movimiento son así:

$$m\ddot{x} = -kx \rightarrow x = \cos(\omega t) + B\sin(\omega t), \quad where\ \omega = \sqrt{\frac{k}{m}}.$$

Ejercicio 2.2. *¿Qué es el lagrangiano?*

Ejemplo 2.3. El problema del resorte de la mesa.
Considere un resorte con un extremo sujeto a la superficie de una mesa y el otro extremo sujeto a una masa m. Para movimiento plano en coordenadas polares tenemos para energía cinética: $T = \left(\frac{1}{2}\right)m(\dot{r}^2 + r^2\dot{\theta}^2)$. Para la energía potencial, de la Ley de Hooke: $\delta W = -kr\delta r$. Las ecuaciones de movimiento dan entonces: $m\ddot{r} - mr\dot{\theta}^2 = -kr$ y $\frac{d}{dt}\left(mr^2\dot{\theta}\right) = 0$.

Ejercicio 2.3. Rehacer en coordenadas rectilíneas.

El último ejemplo muestra cómo la familiaridad con la manipulación de ecuaciones diferenciales será útil en lo que sigue. Por esta razón, en el apéndice (Apéndice A) se ofrece una revisión de las ecuaciones diferenciales ordinarias, con una breve descripción a continuación para mayor comodidad. Luego, en la Sección 3.3.2 se darán varios ejemplos más de MOE y Lagrangianos, una vez que hayamos aprendido cómo lidiar con las restricciones.

2.3 Descripción general de ecuaciones diferenciales ordinarias basadas en trayectorias simples
A continuación se ofrecen algunos comentarios breves sobre el papel de las ecuaciones diferenciales ordinarias en esta coyuntura temprana, con más antecedentes y numerosos ejemplos en el Apéndice A. Para lo que sigue, nos interesan fuerzas que son polinomiales en desplazamiento y de orden bajo, por lo tanto ma= F se convierte en: ma=0; ma=constante; o ma= -kx ; Como ya fue mencionado. Desde $a = \ddot{x}$, vemos que estamos describiendo la familia de ecuaciones diferenciales ordinarias que

involucran derivadas de segundo orden. En una forma más general de una ecuación diferencial ordinaria de este tipo faltarían los términos derivados de primer orden, y al agregarlos ahora hemos incluido fuerzas de fricción estándar (si son lineales en primera derivada y negativas). Así descubrimos, casi sin esfuerzo, cómo los términos añadidos en la Ecuación Diferencial Ordinaria se relacionan con la física, la cinemática y la fenomenología, e incluso pueden ser utilizados por éstas (a la inversa) para identificar nuevos efectos físicos, como hicieron Landau y Lifshits en el descubrimiento de la ecuación de LL [49] y en la categorización de diversos fenómenos de acoplamiento [50]. En el Capítulo 9 se ofrece un análisis más detallado de la interacción de las ecuaciones diferenciales ordinarias y la fenomenología, junto con el análisis dimensional.

Capítulo 3. Principio de acción mínima de Hamilton

Ahora obtenemos las ecuaciones de Euler-Lagrange de otra manera, como resultado de un mínimo variacional dado por el Principio de Mínima Acción de Hamilton [10-13]. Este enfoque es más que una reformulación newtoniana, ya que es la formulación raíz de la teoría cuántica completa que se describirá en [42] y se discutirá brevemente en la Sección 3.2. Por lo tanto, esta sección es de especial interés en su parte de la base conceptual para la teoría cuántica (propagadora) ([42-44]) y la teoría del emanador ([47]) totalmente generalizadas.

3.1 Lagrangiano para partícula puntual

Considere un objeto puntual y definamos su posición mediante las coordenadas generalizadas $\{q_k\}$, donde para K dimensiones tenemos coordenadas $q_1 \dots q_k \dots q_K$:. Introduzcamos ahora una parametrización (coordenada) de tiempo t y definamos los cambios de coordenadas (posición) generalizados asociados con el tiempo, por ejemplo, las velocidades. Así, para coordenadas $\{q_k\}$ y velocidades $\{v_k\}$ tenemos:

$$v_k = \frac{dq_k}{dt} = \dot{q}_k,$$

(3-1)

para el tiempo t. En la física temprana se argumentaba [2-13] que los constructos variacionales que se minimizan (como las trayectorias) o se maximizan (como la entropía) deberían determinar cómo evolucionan, se propagan o se equilibran los sistemas. En esas discusiones vemos cómo la descripción dinámica temprana de Newton, $F = ma$ es una formulación de segunda derivada.

El nombre de la función variacional de coordenadas y velocidades, como antes, es "Lagrangiano", y se denota por L:

$$L = L(\{q_k\}, \{\dot{q}_k\}) = L(\{q_k\}, \{v_k\}),$$

donde $L = L(\{q_k\}, \{\dot{q}_k\})$ está la forma de un preámbulo que se usará a menudo para indicar las variables independientes (variacionalmente relevantes) en la definición de la función, aquí las coordenadas y sus velocidades. Considere la segunda ley de Newton sin fuerza presente, el lagrangiano para esto es:

$$L = L(\{q_k\}, \{v_k\}) = \sum_k \frac{1}{2} m(v_k)^2,$$

21

o, para 1 dimensión, tenga L= $(1/2)mv^2$, la expresión clásica para energía cinética. Para recuperar la $^{\text{segunda ley}}$ de Newton , luego establecemos la derivada temporal de cada una de las derivadas lagrangianas de la velocidad en cero (*no la derivada temporal de la función lagrangiana en sí*):

$$\frac{d}{dt}\frac{dL}{dv} = \frac{d}{dt}\frac{d}{dv}\left(\frac{1}{2}mv^2\right) = m\frac{dv}{dt} = ma = 0,$$

recuperando así la ecuación de movimiento cuando no hay fuerza presente (ma=F=0). Así, una expresión directa de una variación de una función, tal que al establecer esa variación en cero se obtienen las ecuaciones de movimiento, es lo que se obtiene en la "formulación de acción" (expresada por primera vez por Hamilton en 1834 con el principio de acción mínima [10] -13]). La acción S se introduce como una función de una función (un funcional) definida por la siguiente relación integral a lo largo de caminos parametrizados por el parámetro de tiempo t (ver Figura 2.1):

$$S = \int_{t_1}^{t_2} L(q,\dot{q},t)dt$$

(3-2)

donde se eliminan los subíndices de los componentes (o caso unidimensional). Supondremos que este es un punto de partida válido para derivar ecuaciones de movimiento y demostraremos que es así más adelante en el análisis (donde esta noción de acción se vuelve a derivar en la formulación de Hamilton-Jacobi en el Capítulo 8).

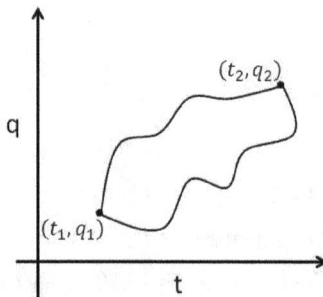

Figura 3.1. La Acción consiste en la integración del Lagrangiano a lo largo de un camino específico. La estacionariedad en la variación de la acción, con puntos finales fijos, da lugar a las habituales ecuaciones de Euler Lagrange. En la figura

se muestran dos caminos de integración para el lagrangiano, con puntos finales compartidos (fijos) tales que $q_1 = q(t_1)$ y $q_2 = q(t_2)$.

En la formulación de Hamilton, el movimiento viene dado por la trayectoria parametrizada en el tiempo $q(t)$ que da un valor estacionario para la acción (la variación funcional es cero), y donde las condiciones de contorno típicas son que los puntos finales de las trayectorias de movimiento son fijos al principio t_1 y al final. t_2, es decir $\delta q(t_1) = \delta q(t_1) = 0$. Suponiendo que no existe una dependencia directa del tiempo en el lagrangiano, entonces tenemos para la derivada funcional:

$$0 = \delta S = \delta \int_{t_1}^{t_2} L(q, \dot{q}) dt$$

$$= \int_{t_1}^{t_2} \delta L(q, \dot{q}) dt = \int_{t_1}^{t_2} \left[\left(\frac{\partial L}{\partial q} \right) \delta q + \left(\frac{\partial L}{\partial \dot{q}} \right) \delta \dot{q} \right] dt$$

$$\delta S = \int_{t_1}^{t_2} \left[\left(\frac{\partial L}{\partial q} \right) \delta q + \left(\frac{\partial L}{\partial \dot{q}} \right) \frac{d\delta q}{dt} \right] dt$$

$$= \int_{t_1}^{t_2} \left[\left(\frac{\partial L}{\partial q} \right) \delta q - \frac{d}{dt} \left(\frac{\partial L}{\partial \dot{q}} \right) \delta q + \frac{d}{dt} \left(\frac{\partial L}{\partial \dot{q}} \delta q \right) \right] dt$$

$$\delta S = \left[\frac{\partial L}{\partial \dot{q}} \delta q \right]_{t_1}^{t_2} + \int_{t_1}^{t_2} \left[\left(\frac{\partial L}{\partial q} \right) - \frac{d}{dt} \left(\frac{\partial L}{\partial \dot{q}} \right) \right] \delta q dt$$

El término límite de la integración por partes es cero ya que los límites son fijos para las variaciones consideradas. Este es el caso estándar para la mayoría de los problemas variacionales que se describirán. Existen formulaciones alternativas, más complejas, con extremos no fijos que se analizarán según sea necesario. Así, ahora tenemos que el principio de Mínima Acción de Hamilton (forma estándar) recupera las Ecuaciones de Euler-Lagrange [8], mencionadas anteriormente:

$$\delta S = 0 \Rightarrow \left(\frac{\partial L}{\partial q} \right) - \frac{d}{dt} \left(\frac{\partial L}{\partial \dot{q}} \right) = 0.$$

(3-3)

Las ecuaciones de Euler-Lagrange se utilizarán en las secciones siguientes para obtener las ecuaciones de movimiento en una gran variedad de aplicaciones. Sin embargo, antes de pasar a estos ejemplos, de la formulación de la acción se puede extraer algo más que una mera recuperación de las ecuaciones del movimiento: ahora se pueden extraer una variedad de propiedades del movimiento y leyes de conservación.

3.1.1 Propiedades mecánicas indicadas por la formulación de acción.

Las secciones anteriores hicieron referencia al libro de texto de Goldstein [25] en numerosas ocasiones, y parte del desarrollo (fuerte ley de acción-reacción) se debió a la resolución de problemas a partir de allí. En el futuro, resolvemos en detalle muchos de los problemas presentados en el libro de texto de Mecánica de Landau y Lifshitz [27], y seguimos su desarrollo matemático en parte, ya que es una exposición de las posibles ecuaciones diferenciales de segundo orden que pueden ocurrir. El enfoque centrado en las ecuaciones diferenciales ordinarias también se utiliza en el texto de Percival [28], por lo que es un enfoque popular. Sin embargo, el papel de las ecuaciones diferenciales ordinarias en el desarrollo de la mecánica se hace aún más explícito en el esfuerzo presentado aquí, con un gran apéndice sobre ecuaciones diferenciales ordinarias y problemas/soluciones para ellas (extraído de notas tomadas mientras estaba en Caltech en AMa101, un curso de matemáticas de posgrado sobre ecuaciones diferenciales ordinarias). Parte del desarrollo presentado aquí combina clases de ecuaciones diferenciales ordinarias con clases de movimiento, y a partir de ahí muestra cómo llegar a sistemas generales, incluidos aquellos con caos. La parte del caos de la discusión se realiza principalmente en la formulación hamiltoniana similar al libro de texto de Percival [28]. Las secciones de dinámica avanzada se basan en soluciones a problemas presentados en los libros de texto de Goldstein [25], Landau y Lifshitz [27] y Fetter y Walecka [29]; y de notas de los cursos de Dinámica (Ph 106) y Dinámica Avanzada (Aph107) tomados en Caltech (ca. 1986).

Siguiendo la descripción dada por Landau y Lifschitz, en Mecánica [27], consideremos primero un sistema compuesto por dos partes con interacción insignificante. Escribimos el sistema lagrangiano total como la simple suma de sus dos partes:
$$L = L_1 + L_2.$$
La propiedad aditiva implica un desacoplamiento de sistemas que no interactúan pero con una constante común compartida (por ejemplo, elección de unidades). Para demostrar esto, considere multiplicar el lagrangiano por una constante, las ecuaciones de movimiento resultantes

no se modifican y todos los términos separados comparten el mismo multiplicador. Continuando con esta línea, considere agregar una derivada de tiempo total de una función (dependiente de las coordenadas y el tiempo) a la definición dada de un lagrangiano:

$$\tilde{L} = L + \frac{d}{dt}f(q,t)$$

El nuevo funcional de acción obtenido es:

$$\tilde{S} = S + f(q(t_2), t_2) - f(q(t_1), t_1)$$

para lo cual la variación es la misma cuando los puntos finales son fijos:

$$\delta\tilde{S} = \delta S.$$

Por tanto, un lagrangiano define la misma ecuación de movimiento para cualquier variación si difiere en una derivada del tiempo total. (Si existen condiciones de contorno no fijas o no triviales, entonces ya no hay invariancia al agregar una derivada de tiempo total).

Si el lagrangiano no depende de las coordenadas espaciales, decimos que hay homogeneidad en el espacio, lo mismo ocurre con el tiempo. Si el lagrangiano no depende de la dirección en el espacio, decimos que hay isotropía espacial, mientras que para el tiempo, un parámetro unidimensional, esto equivale a decir invariancia de inversión del tiempo. Entonces, si decimos que no hay nada especial en la posición o el tiempo al describir el movimiento libre de una partícula, entonces estamos diciendo que el lagrangiano para su movimiento no debería tener ninguna q, t dependencia { }. Además, la dependencia de la velocidad sólo debe depender de la magnitud (para isotropía) que puede escribirse convenientemente como una dependencia de la magnitud de la velocidad al cuadrado:

$$L = L(v^2).$$

Si esta es una forma funcional válida para el lagrangiano, entonces no esperamos ningún cambio bajo el cambio de velocidad (verdadero para la referencia de tiempo absoluta no relativista, es decir, galileana). Intentemos $\vec{v}' = \vec{v} + \vec{\varepsilon}$:

$$L' = L(v'^2) = L(v^2 + 2\vec{v}\cdot\vec{\varepsilon} + \varepsilon^2) = L(v^2) + \frac{\partial L}{\partial v^2}2\vec{v}\cdot\vec{\varepsilon} + O(\varepsilon^2),$$

se muestra explícitamente la derivación al primer orden . $\vec{\varepsilon}$ Para que esto permanezca inalterado en el primer orden, entonces el término de primer orden debe ser una derivada del tiempo total. Dado que ya tiene una derivada del tiempo en la velocidad, esto solo es posible si $\frac{\partial L}{\partial v^2}$ es independiente de la velocidad (pero distinta de cero), por lo tanto $L \propto v^2$, y por convención con la especificación de masa e inercia de Newton tenemos:

$$L = \frac{1}{2}mv^2,$$

$$(3\text{-}4)$$

para la partícula libre, de donde la aplicación de la ecuación de Euler-Lagrange da como resultado ecuación de movimiento $v=$ constante, recuperando la Ley de Inercia. Tenga en cuenta también que $v^2 = \left(\frac{dl}{dt}\right)^2 = \frac{(dl)^2}{(dt)^2}$, donde las expresiones para la métrica, $(dl)^2$, en varios sistemas de coordenadas son:

Cartesiano: $\qquad (dl)^2 = (dx)^2 + (dy)^2 + (dz)^2 \qquad \Rightarrow$
$L = \frac{1}{2}m(\dot{x}^2 + \dot{y}^2 + \dot{z}^2)$
Cilíndrico: $(dl)^2 = (dr)^2 + (r\,d\varphi)^2 + (dz)^2 \qquad \Rightarrow L = \frac{1}{2}m(\dot{r}^2 + r^2\dot{\varphi}^2 + \dot{z}^2)$
Esférico: $\quad (dl)^2 = (dr)^2 + (r\,d\theta)^2 + (r\,\sin\theta\,d\varphi)^2 \Rightarrow L = \frac{1}{2}m(\dot{r}^2 + r^2\dot{\theta}^2 + r^2\sin^2\theta\,\dot{\varphi}^2)$

$$(3\text{-}5abc)$$

3.1.2 La Acción por la libre circulación
Ejemplo 3.1. La acción para el movimiento libre: uso práctico mínimo, implicación teórica máxima

Para una partícula libre con movimiento unidimensional tenemos $L = T = \frac{1}{2}\dot{x}^2$, cuya acción es:

$$S = \int_{t_A}^{t_B} L\,dt = \int_{t_A}^{t_B} \frac{1}{2}v^2\,dt,$$

donde $v = \frac{x_B - x_A}{t_B - t_A}$ de la ecuación EL. De este modo,

$$S = \frac{1}{2}\frac{(x_B - x_A)^2}{(t_B - t_A)} \quad \rightarrow \quad S = \frac{1}{2}\frac{(\Delta x)^2}{(\Delta t)} \quad \rightarrow \quad (\Delta x)^2 \cong (\Delta t)\;if\;S = constant.$$

Si $\Delta t = N$ son pasos de tiempo, entonces $|\Delta x| \approx \sqrt{\Delta t}$, como ocurre con un paseo aleatorio (más detalles en [45]).

Ejercicio 3.1. Repita con $L = \cosh v$.

Tenga en cuenta que la acción para el movimiento libre es como la solución de la ecuación de difusión (solución de la ecuación de calor 1D), que es nuestro primer indicio de la posibilidad de la ecuación de Schrodinger, y el primer indicio de las formulaciones de la Integral de Ito (Integral de Weiner), como se ve. nuevamente más tarde con la forma cuántica euclidiana a través del tiempo analítico (a través de la rotación de Wick, ver [43,44]). La relación con la relación de difusión en una dimensión es también un indicio temprano de las profundas conexiones entre la dinámica y la termodinámica en general, a través de la mecánica (cuántica) con tiempo complejo o analiticidad (que se discutirá en [43,44]). La reificación de las asociaciones o proyecciones analíticas de emanación de trigintaduonión, con el surgimiento de la termalidad (termodinámica martingala), la geometría (cosmología estándar) y la geometría calibre (el modelo estándar), se analiza con más detalle en [45].

Ejemplo 3.2. Lagrangiano con derivadas temporales de orden superior
Considere un sistema con el siguiente lagrangiano:

$$L = A\ddot{x}^2 + \frac{1}{2}m\dot{x}^2.$$

La ecuación de movimiento para tal sistema se puede obtener, de manera única, si requerimos que la acción sea un extremo para todos los caminos con los mismos valores de x y todas sus derivadas temporales, en los puntos finales de los caminos:

$$S = \int_{t_1}^{t_2}\left(A\ddot{x}^2 + \frac{1}{2}m\dot{x}^2\right)dt = \int_{t_1}^{t_2}L(\dot{x},\ddot{x})dt$$

$$0 = \delta S = \int_{t_1}^{t_2}\left(\frac{\partial L}{\partial \dot{x}}\delta\dot{x} + \frac{\partial L}{\partial \ddot{x}}\delta\ddot{x}\right)dt$$

$$= \int_{t_1}^{t_2}\left(-\frac{d}{dt}\left(\frac{\partial L}{\partial \dot{x}}\right)\delta x - \frac{d}{dt}\left(\frac{\partial L}{\partial \ddot{x}}\right)\delta\dot{x}\right)dt$$

y otra integración por partes (con los términos límite eliminados, por lo tanto las derivadas totales eliminados):

$$\delta S = \int_{t_1}^{t_2}\left(-\frac{d}{dt}\left(\frac{\partial L}{\partial \dot{x}}\right) + \frac{d^2}{dt^2}\left(\frac{\partial L}{\partial \ddot{x}}\right)\right)\delta x\, dt = 0 \rightarrow \frac{d^2}{dt^2}\left(\frac{\partial L}{\partial \ddot{x}}\right) - \frac{d}{dt}\left(\frac{\partial L}{\partial \dot{x}}\right)$$
$$= 0$$

La ecuación de movimiento es entonces:

$$2Ax^{(4)} - m\ddot{x} = 0,$$

donde (4) denota una derivada temporal de cuarto orden.

Ejercicio 3.2. Repita con $L = A\ddot{x}^3 + \frac{1}{2}m\dot{x}^2 + B\ddot{x}$

3.2 Mínima acción de integrales altamente oscilatorias y fase estacionaria

El extremo variacional indicado en el principio de acción mínima de Hamilton también se puede obtener mediante una integral funcional exponenciada de gran magnitud [6], donde la acción se evalúa a lo largo de cada camino, cada uno de los cuales contribuye con un término exponenciado con un factor constante grande (de modo que domina un mínimo variacional). , según la convención de signos negativos siguiente). Esto también se utiliza en la formulación de la integral de trayectoria cuántica [48] (y [42]) donde todavía hay una constante grande (la inversa de la constante de Planck) pero el término exponenciado se hace imaginario, es decir, cada trayectoria ahora contribuye con su acción como un término de fase, donde la fase estacionaria luego selecciona el extremo variacional. Por tanto, la forma integral clásica puede continuar analíticamente en una forma integral cuántica que sea directamente relevante:

$$\int e^{-Mf(x)}\,dx \quad \rightarrow \quad \int e^{iMf(x)}\,dx, \quad M \gg 1.$$

(3-6)

Tenga en cuenta que la forma integral clásica era una representación extraña, no muy utilizada ya que de todos modos se reducía a la acción mínima de Hamilton. Sin embargo, en su forma compleja, cuando se reduce a una forma diferencial consistente con la acción mínima, obtenemos la ecuación de Schrodinger y recuperamos la teoría clásica en el orden más bajo, con correcciones cuánticas en el orden superior (ver [42] para más detalles).

La noción de caminos múltiples, a partir de los cuales se selecciona el camino que imparte estacionariedad, es fundamental en el enfoque PI cuántico de la mecánica cuántica. La cuantificación PI es equivalente en varios dominios a las formulaciones de operador/función de onda (Schrodinger) o operador autoadjunto/espacio de Hilbert (Heisenberg), como se mostrará en [42], donde la elección de la formulación para resolver un problema puede ser crítica para su solución. Las construcciones clásicas definidas variacionalmente, especialmente aquellas esbozadas en el Capítulo 8, eventualmente se generalizarán a la formulación mecánica cuántica completa (en términos de múltiples caminos de propagación y una acción estacionaria funcional sobre esos caminos). En la práctica, la teoría cuántica completa, especialmente para sistemas ligados, es mucho más fácil de analizar si pasamos de la representación integral de trayectoria a una de las formulaciones equivalentes de Heisenberg [16], Schrodinger [17] o Dirac [18], como se mostrará en [42]. La formulación del cálculo de operadores de Heisenberg se basa en una reformulación del operador del hamiltoniano clásico (Capítulo 6); La ecuación de Schrodinger se basa en una reformulación operador- funcional de onda de las ecuaciones de Hamilton-Jacobi (Capítulo 8); y la reformulación axiomática de Dirac [42] cambia a sistemas generales sin tener necesariamente un análogo clásico (y también tiende un puente hacia la ecuación de onda relativista para espín ½ fermiones en desarrollos posteriores [18]).

Observe que la representación integral clásica implicaba una suma simple de caminos (sin ponderación) y más tarde, con la continuación analítica de una formulación cuántica, todavía teníamos una suma de caminos que no estaba ponderada. Esta característica se traslada a la mecánica estadística para convertirse en el teorema de equipartición y se puede encontrar mediante una continuación analítica (rotación de Wick) desde el propagador cuántico hasta la función de partición mecánica estadística (descrita en los libros 7 y 8 de la serie). Por lo tanto, existe un creciente cuerpo de evidencia de que las teorías subyacentes, o representaciones teóricas, son analíticas, y posiblemente de múltiples maneras, lo que indica que posiblemente sean fundamentalmente hipercomplejas (lo cual se analiza más adelante en el Libro 9).

3.3 Lagrangiano para sistema de partículas

Ahora considere un grupo de partículas que se mueven libremente, el Lagrangiano consta de términos de energía cinética:

$$L = T = \sum_a \frac{1}{2} m_a \, v_a{}^2,$$

$$(3\text{-}7)$$

donde el índice 'a' abarca las diferentes partículas, siendo explícito el lagrangiano para el movimiento unidimensional. El movimiento multidimensional (normalmente tridimensional) está implícito cuando se suprimen los índices de los componentes de las cantidades vectoriales. Consideremos ahora que las partículas interactúan y expresemos esto como un término de "energía potencial" como se indica en la formulación anterior de D'Alembert/Newtonian:

$$L = \sum_{a=1} \frac{1}{2} m_a \, v_a{}^2 - U(\vec{r}_1, \vec{r}_2, \dots) = T - U,$$

$$(3\text{-}8)$$

donde se ha introducido la notación estándar "T" para energía cinética y "U" para energía potencial. Las ecuaciones de Euler-Lagrange, que utilizan la notación vectorial estándar explícitamente en las velocidades, producen:

$$m_a \frac{d\vec{v}_a}{dt} = -\frac{\partial U}{\partial \vec{r}_a} = \vec{F},$$

(3-9)

donde F es la conocida fuerza newtoniana. Observemos que para llegar a esto desde el lagrangiano vemos una vez más la introducción de una función potencial sin referencia al tiempo o a la transmisión de información, por ejemplo, hace referencia a un tiempo absoluto galileano implícito, con propagación instantánea de interacciones. Obviamente, esto comenzará a fallar significativamente cuando las velocidades se vuelvan relativistas, pero en esta etapa, donde examinamos las propiedades mecánicas clásicas en escenarios clásicos (como el movimiento pendular), este es un error insignificante. Recuerde que el lagrangiano no cambia dentro de una constante aditiva o una derivada de tiempo total. Hasta ahora no estamos considerando potenciales que dependen del tiempo, por lo que centrarse en "sin cambios dentro de una constante aditiva" significa que somos libres de cambiar nuestra formulación lagrangiana según sea conveniente para que el potencial caiga a cero a medida que aumenta la distancia entre las partículas.

Consideremos ahora un sistema de dos partículas visto desde el punto de vista de un sistema definido en términos de la primera partícula (ahora visto como un sistema abierto). Primero, el lagrangiano para sólo dos partículas es:

$$L = T_1(q_1, \dot{q}_1) + T_2(q_2, \dot{q}_2) - U(q_1, q_2).$$

Supongamos que tenemos una solución para la segunda partícula en función del tiempo: $q_2 = q_2(t)$ y que sustituimos esta solución nuevamente en nuestro lagrangiano. Lo que resulta es un término cinético donde la única variable independiente ahora es el tiempo, por lo que puede verse como una derivada del tiempo total y, por lo tanto, eliminarse del lagrangiano sin alterar sus ecuaciones de movimiento. El Lagrangiano equivalente, donde ahora la primera partícula se describe en un sistema "abierto" es así:

$$L = T_1(q_1, \dot{q}_1) - U(q_1, q_2(t)).$$

El lagrangiano ha llegado ahora a su forma principal $L = T - U$, energía cinética menos energía potencial. Podría parecer extraño en este punto tener una entidad fundamental $T - U$ en el formalismo variacional, cuando gobernaría la conservación de la energía general $T + U$. (Resulta que esto último también funciona como base para un formalismo variacional, hamiltoniano, al que llegaremos en capítulos posteriores.) Por ahora, nos quedamos con la formulación lagrangiana y pasamos al tipo de "potencial" implícito en un sistema por medio de restricciones.

3.3.1 Restricciones

Los sistemas mecánicos a menudo se ocupan del movimiento bajo restricción por medio de varillas, cuerdas y bisagras. Entonces surgen dos nuevas cuestiones: (1) determinar el efecto de la restricción sobre los grados de libertad (N partículas en 3D tienen 3N grados de libertad mientras no están restringidas, si se fuerzan sobre una superficie, por ejemplo, luego se reducen a 2N grados de libertad, etc. .); y (2) fricción. En los siguientes problemas de ejemplo asumimos que la fricción es insignificante, pero volvemos a una discusión sobre la fricción y otras fuerzas fenomenológicas en el Capítulo 9.

Si una restricción no es holonómica, las ecuaciones que expresan la restricción no se pueden usar para eliminar las coordenadas dependientes. Considere ecuaciones diferenciales lineales generales de restricción de la forma:

$$\sum_{i=1}^{n} g_i(x_1, \ldots, x_n) dx_i = 0.$$

Las restricciones a menudo se pueden expresar de esta forma, pero son integrables (y holonómicas) sólo si existe una función integradora $f(x_1, \ldots, x_n)$:

$$\frac{\partial(f g_i)}{\partial x_j} = \frac{\partial(f g_j)}{\partial x_i}.$$

Por tanto, las derivadas mixtas de segundo orden de una función integrable no deberían depender del orden de diferenciación. Como ejemplo de esto, considere un disco que rueda en un plano, con una restricción gobernada por un par de ecuaciones diferenciales (donde se muestran factores cero explícitos):

$$0 d\theta + dx - a \sin\theta \, d\varphi = 0 \quad and \quad 0 d\theta + dy + a \cos\theta \, d\varphi = 0.$$

Para esto tenemos:

$$\frac{\partial(f(1))}{\partial \theta} = \frac{\partial(f(0))}{\partial x} = 0 \quad \rightarrow \quad \frac{\partial f}{\partial \theta} = 0,$$

Por tanto, f no tiene θ dependencia. Pero esto es inconsistente con:

$$\frac{\partial\left(f(1)\right)}{\partial\varphi}=\frac{\partial\left(f(-a\sin\theta)\right)}{\partial x},$$

donde f tiene θdependencia. Por tanto, los objetos rodantes son un ejemplo familiar de un sistema con restricciones que no son holonómicas.

3.3.2 Lagrangianos para sistemas simples

Si existen restricciones o acoplamientos simples, es posible la evaluación directa de los términos cinéticos. Consideremos, por ejemplo, el péndulo doble más simple (que se muestra en la Figura 3.2, hecho de varillas sin masa que unen masas puntuales). Tenga en cuenta que los sistemas generales de elementos múltiples se cubrirán casi en su totalidad en [44] sobre Mecánica estadística.

Ejemplo 3.3 El doble péndulo

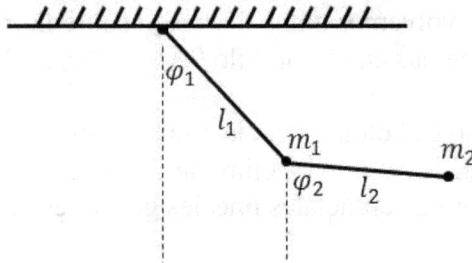

Figura 3.2. El doble péndulo.

Describamos las coordenadas delm_2 masa por (x ,y):
$$x = l_1 sin\varphi_1 + l_2 sin\varphi_2 \quad and \quad y = l_1 cos\varphi_1 + l_2 cos\varphi_2$$
Luego, tomando el lagrangiano como energía cinética menos energía potencial, $L = K.E. - P.E.$primero determinamos KE:

$$K.E. = \frac{1}{2}m_1(l_1\dot{\varphi}_1)^2$$
$$+ \frac{1}{2}m_2[(l_1 cos\varphi_1\dot{\varphi}_1 + l_2 cos\varphi_2\dot{\varphi}_2)^2$$
$$+ (-l_1 sin\varphi_1\dot{\varphi}_1 - l_2 sin\varphi_2\dot{\varphi}_2)^2]$$
$$= \frac{1}{2}(m_1 + m_2)(l_1\dot{\varphi}_1)^2 + \frac{1}{2}m_2(l_2\dot{\varphi}_2)^2$$
$$+ m_2(l_1\dot{\varphi}_1)(l_2\dot{\varphi}_2)\cos(\varphi_1 - \varphi_2)$$
$$P.E. = (m_1 + m_2)g(sin\varphi_1)l_1 + m_2 g l_2 sin\varphi_2$$

y el lagrangiano es así:

$$L = \frac{1}{2}(m_1 + m_2)(l_1\dot{\varphi}_1)^2 + \frac{1}{2}m_2(l_1\dot{\varphi}_1)^2 + m_2(l_1\dot{\varphi}_1)(l_2\dot{\varphi}_2)\cos(\varphi_1 - \varphi_2)$$
$$- (m_1 + m_2)g l_1 sin\varphi_1 - m_2 g l_2 sin\varphi_2$$

Ejercicio 3.3. Determina las ecuaciones de movimiento.

Consideremos ahora el efecto sobre un péndulo simple de modular el punto de apoyo de varias maneras (horizontal en el Ej. 3.4; vertical en el Ej. 3.5; y circular en el Ej. 3.6):

Ejemplo 3.4. El péndulo individual con soporte oscilante horizontal
Consideremos ahora el péndulo único (Figura 3.3) cuando el punto de apoyo ahora m_1 está oscilando horizontalmente:

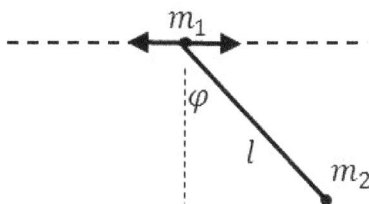

Figura 3.3. El péndulo único con soporte oscilante horizontal.

Especificando cuidadosamente la segunda masa en términos de coordenadas cartesianas tenemos:
$$x_2 = x_1 + l\sin\varphi \quad and \quad y_2 = l\cos\varphi.$$
Entonces, definiendo el Lagrangiano por $L = K.E. - P.E.$ tenemos:
$$K.E. = \frac{1}{2}m_1\dot{x}_1^{\,2} + \frac{1}{2}m_2[(\dot{x}_1 + l\cos\varphi\dot{\varphi})^2 + (-l\sin\varphi\dot{\varphi})^2]$$
$$= \frac{1}{2}m_1\dot{x}_1^{\,2} + \frac{1}{2}m_2[\dot{x}_1^{\,2} + (l\dot{\varphi})^2 + 2l\cos\varphi\dot{x}_1\dot{\varphi}]$$
$$= \frac{1}{2}(m_1 + m_2)\dot{x}_1^{\,2} + \frac{1}{2}m_2(l\dot{\varphi})^2 + m_2 l\cos\varphi\dot{x}_1\dot{\varphi}$$
$$P.E. = -lgm_2\cos\varphi$$
$$L = \frac{1}{2}(m_1 + m_2)\dot{x}_1^{\,2} + \frac{1}{2}m_2(l\dot{\varphi})^2 + m_2 l\cos\varphi(\dot{x}_1\dot{\varphi} + gl)$$

Ejercicio 3.4. Determina las ecuaciones de movimiento.

Ejemplo 3.5. Péndulo único con soporte oscilante vertical.
Considere la Figura 3.3, pero con un soporte que oscila *verticalmente* . Especificando la segunda masa en términos de coordenadas cartesianas tenemos:
$$x_2 = x_1 + l\sin\varphi \quad and \quad y_2 = l\cos\varphi.$$

33

Entonces, definiendo el Lagrangiano por $L = K.E. - P.E.$ tenemos:

$$K.E. = \frac{1}{2}m_1\dot{x}_1^2$$

$$+ \frac{1}{2}m_2[(\dot{x}_1 + l\cos\varphi\dot\varphi)^2$$
$$+ (-l\sin\varphi\dot\varphi)^2]$$
$$= \frac{1}{2}m_1\dot{x}_1^2 + \frac{1}{2}m_2[\dot{x}_1^2 + (l\dot\varphi)^2 + 2l\cos\varphi\dot{x}_1\dot\varphi]$$
$$= \frac{1}{2}(m_1 + m_2)\dot{x}_1^2 + \frac{1}{2}m_2(l\dot\varphi)^2 + m_2l\cos\varphi\dot{x}_1\dot\varphi$$
$$P.E. = -lgm_2\cos\varphi$$
$$L = \frac{1}{2}(m_1 + m_2)\dot{x}_1^2 + \frac{1}{2}m_2(l\dot\varphi)^2 + m_2l\cos\varphi(\dot{x}_1\dot\varphi$$
$$+ gl)$$

Ejercicio 3.5. Determina las ecuaciones de movimiento.

Ejemplo 3.6. El péndulo único con soporte de disco giratorio (oscilante).

Considere la Figura 3.3, pero con soporte oscilante *de disco giratorio* .
Empezando por las coordenadas de la masa del péndulo:

$$x = l\sin\varphi + a\sin\gamma t \quad and \quad y = l\cos\varphi + a\cos\gamma t.$$

La energía cinética es entonces:

$$K.E. = \frac{1}{2}m([l\cos\varphi\dot\varphi + a\gamma\cos\gamma t]^2$$
$$+ [-l\sin\varphi\dot\varphi + a\gamma\sin\gamma t]^2)$$
$$= \frac{1}{2}m(l\dot\varphi)^2 + m\gamma al\dot\varphi[\cos\varphi\cos\gamma t + \sin\varphi\sin\gamma t]$$
$$= \frac{1}{2}m(l\dot\varphi)^2 + m\gamma al\dot\varphi(\cos(\varphi - \gamma t))$$

y la energía potencial es:

$$P.E. = -gml\cos\varphi + gma\cos\gamma t$$
$$L = \frac{1}{2}m(l\dot\varphi)^2 + m\gamma al\dot\varphi(\cos(\varphi - \gamma t) + gm(l\cos\varphi - a\cos\gamma t)$$
$$= \frac{1}{2}m(l\dot\varphi)^2 + mla\gamma^2\sin(\varphi - \gamma t) + mgl\cos\varphi$$

Ejercicio 3.6. Determina las ecuaciones de movimiento.
Consideremos ahora cuando el brazo del péndulo es un resorte (ver Figura 3.4).

Ejemplo 3.7 El péndulo simple con resorte para soporte del brazo del péndulo .

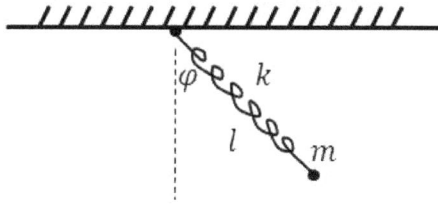

Figura 3.4. Péndulo individual con resorte para soporte del brazo del péndulo.

$$L = \frac{1}{2}m(\dot{r}^2 + r^2\dot{\theta}^2) + mgr\cos\theta - \frac{1}{2}k(r-l)^2$$

$$\frac{d}{dt}\left(\frac{\partial L}{\partial \dot{r}}\right) - \frac{\partial L}{\partial r} = m\ddot{r} - mg\cos\theta + k(r-l)$$

$$+ mr\dot{\theta}^2 = 0$$

$$\frac{d}{dt}\left(\frac{\partial L}{\partial \dot{\theta}}\right) - \frac{\partial L}{\partial \theta} = mr^2\ddot{\theta} + mgr\sin\theta = 0$$

Consideremos pequeñas oscilaciones debidas al resorte de modo que la longitud del brazo se pueda escribir como $r = l + \varepsilon$ con $\varepsilon \ll l$ y tomando también un pequeño ángulo de oscilación, podemos escribir un pequeño resultado de oscilación e identificar frecuencias de resonancia (este es un ejemplo de un análisis simple de pequeña oscilación, (con una descripción más extensa para análisis de pequeñas oscilaciones más complejos en la Sección 3.8). Para primer orden tenemos:

$$m\ddot{\varepsilon} - mg + k\varepsilon = 0 \quad and \quad ml^2\ddot{\theta} + mgl\theta = 0.$$

Por lo tanto, tenga soluciones de oscilación pequeña:

$$\varepsilon = A\cos\left(\omega_0^{(1)}t + \alpha\right) + \frac{mg}{k} \quad \rightarrow \quad \omega_0^{(1)} = \sqrt{\frac{k}{m}}$$

y

$$\theta = B\cos\left(\omega_0^{(2)}t + \beta\right) \rightarrow \quad \omega_0^{(2)} = \sqrt{\frac{g}{l}}.$$

Ejercicio 3.7. Qué pasa si $\omega_0^{(1)} = \omega_0^{(2)}$.

Consideremos ahora cuándo el brazo del péndulo puede soportar tensión pero no compresión (por ejemplo, es una cuerda).

Ejemplo 3.8. El péndulo único con soporte de tensión únicamente para la masa del péndulo.
Considere la Figura 3.4, pero con soporte *de tensión* . Nuevamente tenemos el péndulo simple, con masa m sostenido por una cuerda (o

alambre) de longitud l, y ahora consideramos la tensión en el alambre. Nos gustaría examinar el régimen holonómico en el que la tensión de la cuerda no se afloja. Nuevamente tenemos en coordenadas polares, para el potencial $U = -mgr\cos\theta$:

$$L = \frac{1}{2}m\left(\dot{r}^2 + r^2\dot{\theta}^2\right) + mgl\cos\theta$$

De este modo

$$E_T = \frac{1}{2}ml^2\dot{\theta}^2 - mgl\cos\theta$$

donde la fuerza efectiva que actúa sobre el alambre es radial. Usemos la ecuación EL para la coordenada r:

$$\frac{d}{dt}\left(\frac{\partial L}{\partial \dot{r}}\right) - \frac{\partial L}{\partial r} = Q_r$$

$$(3\text{-}10)$$

Como $Q_r = -T_r$, la tensión de la cuerda, tenemos:

$$m\ddot{r} - mr\dot{\theta}^2 - mg\cos\theta = -T_r \quad \rightarrow \quad T_r = \frac{2}{l}E_T + 3mg\cos\theta$$

$$0 \le \frac{2}{l}E_T + 3mg\cos\theta \quad \rightarrow \quad E_T \ge -\frac{3}{2}mgl\cos\theta,$$

Para una cuerda o cuerda tensa. Si existe un ángulo máximo, θ_{max} tenemos:

$$E_T = -mgl\cos\theta_{max} \quad and \quad 0 \le \frac{2}{l}E_T + 3mg\cos\theta_{max}$$

$$0 \le -2mg\cos\theta_{max} + 3mg\cos\theta_{max} \quad \rightarrow \quad 0 \le \cos\theta_{max} \quad \rightarrow \quad 0 \le \theta_{max} \le 90$$

Entonces, si hay un ángulo máximo para el movimiento con el cable tenso, debe estar en $0 \le \theta_{max} \le 90$, con energía del sistema:
$$-mgl \le E_T \le 0.$$
Si no hay un ángulo máximo con tensión, entonces cumplimos la condición $E_T \ge -\frac{3}{2}mgl\cos\theta$ para cualquier ángulo, por lo tanto tenemos:

$$E_T \ge \frac{3}{2}mgl$$

Ahora desplacemos la energía potencial de manera que el péndulo en reposo tenga $E = 0$, entonces el rango de valores de energía donde se mantiene la tensión de la cuerda es:

$$0 \le E_T < mgl \quad and \quad \frac{5}{2}mgl \le E_T < \infty.$$

Ejercicio 3.8. ¿Cómo pasar de libración a rotación?

Ejemplo 3.9. Un péndulo con movimiento de soporte horizontal con fuerza restauradora de resorte .

Consideremos el problema de un péndulo libre para moverse en dirección horizontal cuyo punto de apoyo también es libre para moverse en dirección horizontal con resorte constante $k/2$ en ambos lados izquierdo y derecho (similar al problema 3.7 en [29]). La masa del péndulo tiene una masa m conectada por una varilla de longitud sin masa l al punto de apoyo. El movimiento de la masa está obligado a permanecer en un plano vertical de movimiento pendular, donde tomamos las coordenadas como:

$$X = x + l \sin \theta \quad and \quad Y = -l \cos \theta$$

El lagrangiano entonces es:

$$L = \frac{1}{2} m \left(\dot{X}^2 + \dot{Y}^2 \right) - U, \quad where \ U = \frac{1}{2} k x^2 - mgl \cos \theta$$

que se simplifica a:

$$L(x, \theta) = \frac{1}{2} m \dot{x}^2 + \frac{1}{2} m \left(l \dot{\theta} \right)^2 + m \dot{x} \dot{\theta} l \cos \theta - U.$$

La ecuación EL para x da:

$$m \ddot{x} + \frac{d}{dt} \left(m \dot{\theta} l \cos \theta \right) - k x = 0$$

y la ecuación EL para θ da:

$$m l^2 \ddot{\theta} + \frac{d}{dt} (m \dot{x} l \cos \theta) + m \dot{x} \dot{\theta} l \sin \theta + mgl \sin \theta = 0.$$

En la aproximación de pequeña oscilación, las ecuaciones de movimiento se reducen a:

$$\ddot{x} + l \ddot{\theta} - \frac{k}{m} x = 0 \quad and \quad \ddot{x} + l \ddot{\theta} + g \theta = 0.$$

Podemos combinar para ver una relación entre (x, θ): $x = \frac{mg}{k} \theta$, que se reduce a una sola relación:

$$L \ddot{\theta} + g \theta = 0 \quad where \ \ L = l + \frac{mg}{k}.$$

Por tanto, para una oscilación pequeña, tenemos un péndulo de longitud efectiva $L = l + \frac{mg}{k}$.

Ejercicio 3.9. Rehacer con masa M para varilla (uniforme).

Ejemplo 3.10. ¿A qué altura puede oscilar antes de que la tensión de soporte llegue a cero?

Los dos sistemas dinámicos considerados a continuación tienen lagrangianos idénticos , aparte de un cambio en las coordenadas

37

angulares. Ambos tienen la misma restricción de distancia radial constante, donde la fuerza de restricción que llega a cero marca dónde se afloja la tensión de la cuerda de un péndulo o cuando un objeto deslizante abandona una superficie semiesférica en forma de cúpula . Consideremos primero el problema del péndulo y abordemos la cuestión de cuándo la tensión de la cuerda del péndulo llega a cero.

El primer problema también responde a la pregunta de si se puede realizar un swing y hacerlo en arcos cada vez mayores, tal vez impulsados paramétricamente, y llegar a una velocidad angular suficiente para comenzar a realizar rotaciones completas... La respuesta es nunca, porque se requeriría una velocidad angular (en la parte inferior del arco) $\omega > \sqrt{(5g/l)}$, con un 'salto' o impulso requerido ya que una vez que la velocidad angular crece hasta $\omega = \sqrt{(2g/l)}$la línea de soporte, la tensión llega a cero, y más (incremental o adiabática).) el crecimiento de la energía del sistema no será posible.

El Lagrangiano para el péndulo ahora se escribe con un multiplicador de Lagrange explícito τ(ver nota a continuación) para el radio del péndulo $r$restringido a longitud l:

$$L = \frac{1}{2}m\left(\dot{r}^2 + r^2\dot{\theta}^2\right) + mgr\cos\theta - \tau(r - l)$$

Las ecuaciones EL nos dan las ecuaciones de movimiento:

$$r: \quad m\ddot{r} - mr\dot{\theta}^2 - mg\cos\theta - \tau = 0$$
$$\theta: \quad \frac{d}{dt}\left(mr^2\dot{\theta}\right) + mgr\sin\theta = 0$$
$$\tau: \quad r - l = 0$$

Tenga en cuenta la introducción de un "multiplicador de Lagrange" tal que, cuando se trata como un parámetro variacional por derecho propio, con su propia ecuación EL (mostrada arriba), recupera la ecuación de restricción. El uso de multiplicadores de Lagrange en lo que sigue será, de manera similar, muy simple, donde obtenemos, por ejemplo, un término $-\tau(contraint\_body)$, siempre que la ecuación de restricción sea $contraint\_body = 0$(obviamente, esto solo funciona para restricciones de igualdad, pero existe un procedimiento muy similar para restricciones de desigualdad como bien [24]).

De la θecuación obtenemos una constante del movimiento (conservación de energía):

$$\frac{d}{dt}\left(\frac{1}{2}\dot{\theta}^2 - \frac{g}{l}\cos\theta\right) = 0$$

Si definimos $\dot{\theta} = \omega$ en $\theta = 0$:

$$\frac{1}{2}\dot{\theta}^2 - \frac{g}{l}\cos\theta = \frac{1}{2}\omega^2 - \frac{g}{l}$$

Resolviendo la tensión τ:

$$\tau = ml\omega^2 - 2mg + 3mg\cos\theta$$

Considere cuando la tensión (o la fuerza de restricción) llega a cero:

$$\omega^2 = \frac{g}{l}(2 - 3\cos\theta).$$

Vemos que existen soluciones de tensión cero cuando $\frac{g}{l}(2 - 3\cos\theta) \geq 0$. El ángulo en el que se produce por primera vez la restricción cero es para:

$$\cos\theta = \frac{2}{3} \quad \rightarrow \quad \theta \cong 48°.$$

Hay tres dominios de interés en la fórmula energética:

Caso 1:: $l\omega^2 < 2g$ Así $2mg\cos\theta = ml\dot{\theta}^2 - ml\omega^2 + 2mg > -2mg + 2mg = 0.$, tenemos $\cos\theta > 0$, así $\theta \leq 45°$ y desde menor que $\theta \cong 48°$, la tensión $\tau > 0$.

Caso 2: $2g < l\omega^2 < 5g$: $2mg\cos\theta = ml\dot{\theta}^2 - (x - 2)mg, where\ 2 < x < 5$. Por lo tanto, puede tener $\tau = 0$ cuando $\cos\theta = \frac{2}{3} - \frac{l\omega^2}{3g}$, como ya se señaló.

Caso 3: $l\omega^2 > 5g$ nunca $\omega^2 = \frac{g}{l}(2 - 3\cos\theta)$ se puede satisfacer, por lo tanto la tensión nunca llega a cero: el péndulo gira (completamente), en lugar de librarse.

Ejercicio 3.10. Describe el movimiento a medida que avanzas $l\omega^2 > 5g$ y disminuyes ω.

Ejemplo 3.11. Movimiento en la superficie de un hemisferio.

Para el segundo problema relacionado, considere el movimiento de un disco (disco de hockey) sobre la superficie de un hemisferio. Nos gustaría saber en qué ángulo el disco deslizante sale del hemisferio mientras se desliza, por ejemplo, cuándo la fuerza de restricción es cero. El lagrangiano es

$$L = \frac{1}{2}m(\dot{r}^2 + r^2\dot{\theta}^2) - mgr\cos\theta - \tau(r - l),$$

y el análisis continúa como antes, con el mismo resultado para el ángulo en el que la restricción llega por primera vez a cero ($\theta \cong 48°$) que antes.

Ejercicio 3.11 . ¿Qué constante elástica k, para el retorno del resorte a la parte superior del hemisferio, mantendrá el contacto restringido hasta$\theta = 50°$

3.4 Cantidades conservadas en sistemas simples

A continuación se describe el hamiltoniano para un sistema simple de partículas (normalmente un elemento o un pequeño grupo de elementos (dos) vinculados de alguna manera), pero sólo en el contexto de la identificación de integrales del movimiento, como la conservación de la energía, el momento y el momento angular. En el capítulo 6 se analizan más a fondo los hamiltonianos.

Considere un sistema de coordenadas generalizado q_i, donde 'i' es el componente de un sistema con s grados de libertad (las dimensiones acumuladas de movimiento libre de las partículas se cuentan todas para s). Lo mismo ocurre con las velocidades asociadas: $\dot{q}_i$. Por tanto, existen s grados de libertad para la coordenada generalizada y s grados de libertad para la velocidad generalizada. Esto da lugar a 2 condiciones iniciales para especificar el movimiento. En un sistema mecánico cerrado, esto parecería indicar condiciones de 2s y constantes asociadas o integrales de movimiento, pero la aparición del tiempo en la velocidad como medio diferencial ty $t + t_0$tiene la misma ecuación de movimiento, por lo que una de estas constantes de 2s es simplemente $t_0$una elección del origen temporal. Consideremos las simetrías del espacio de movimiento y sus implicaciones dada la formulación lagrangiana:

$$\frac{dL(q_i, \dot{q}_i, t)}{dt} = \sum_i \left[\left(\frac{\partial L}{\partial q_i}\right)\dot{q}_i + \left(\frac{\partial L}{\partial \dot{q}_i}\right)\ddot{q}_i \right] + \frac{\partial L}{\partial t}$$

Consideremos primero la homogeneidad en el tiempo, que significa sistema cerrado o sistema abierto pero con un campo externo independiente del tiempo. De cualquier manera, tenga $\frac{\partial L}{\partial t} = 0$y con reutilización de las relaciones de Euler-Lagrange:

$$\frac{dL}{dt} = \sum_i \left[\left(\frac{\partial L}{\partial q_i}\right)\dot{q}_i + \left(\frac{\partial L}{\partial \dot{q}_i}\right)\ddot{q}_i \right] = \sum_i \left[\dot{q}_i \frac{d}{dt}\left(\frac{\partial L}{\partial \dot{q}_i}\right) + \left(\frac{\partial L}{\partial \dot{q}_i}\right)\ddot{q}_i \right]$$

$$= \sum_i \left[\frac{d}{dt}\left(\dot{q}_i \frac{\partial L}{\partial \dot{q}_i}\right) \right]$$

De este modo,

$$\frac{d}{dt}\left[\sum_i \left(\dot{q}_i \frac{\partial L}{\partial \dot{q}_i}\right) - L\right] = 0$$

La cantidad conservada con el tiempo es energía, denotada por E:

$$E = \sum_i \left(\dot{q}_i \frac{\partial L}{\partial \dot{q}_i}\right) - L$$

(3-11)

Tenga en cuenta que la aditividad de la energía en los subsistemas se deriva de la aditividad del lagrangiano y de la aditividad explícita indicada por la suma. Si $L = T(q, \dot{q}) - U(q)$ y $T(q, \dot{q}) \propto (\dot{q})^2$, que es típico, entonces *la conservación de energía estándar en forma de energía cinética más energía potencial resulta:*

$$E = T(q, \dot{q}) + U(q).$$

(3-12)

A continuación, consideremos la homogeneidad en el espacio y partamos de una expresión variacional en el lagrangiano que se supone no depende explícitamente del tiempo:

$$\delta L(q, \dot{q}) = \sum_i \left[\left(\frac{\partial L}{\partial q_i}\right)\delta q_i + \left(\frac{\partial L}{\partial \dot{q}_i}\right)\delta \dot{q}_i\right]$$

donde un desplazamiento infinitesimal no debería alterar la evaluación del Lagrangiano cuando $\delta q_i \neq 0$:

$$\delta L(q, \dot{q}) = 0 = \sum_i \left(\frac{\partial L}{\partial q_i}\right) = \sum_i - \left(\frac{\partial U}{\partial q_i}\right) \Rightarrow \sum_i F_i = 0.$$

Las fuerzas netas y los momentos en un sistema cerrado suman cero (el uso especializado de esto se mostrará en la Sección 5.1). Si volvemos a sustituir la relación de Euler-Lagrange para obtener un término explícito de derivada del tiempo total:

$$\sum_i \frac{d}{dt}\left(\frac{\partial L}{\partial \dot{q}_i}\right) = \frac{d}{dt}\sum_i \left(\frac{\partial L}{\partial \dot{q}_i}\right) = 0.$$

De la relación derivada del tiempo total obtenemos una constante del movimiento correspondiente a la conservación del momento:

$$\sum_i \left(\frac{\partial L}{\partial \dot{q}_i}\right) = \vec{P},$$

(3-13)

donde para sistemas con $T(q, \dot{q}) \propto (\dot{q})^2$ cada una de las partículas esto se simplifica a la forma estándar:

$$\vec{P} = \sum_i m_i v_i.$$

Nota: con dos partículas tenemos $\vec{F}_1 + \vec{F}_2 = 0$, lo que equivale a decir que acción es igual a reacción (es decir, la tercera $^{\text{ley de Newton}}$ es un caso especial de conservación del momento y la ecuación de Lagrange).

Para seguir nuestras coordenadas y velocidades generalizadas, los momentos y fuerzas generalizados son:

$$p_i = \frac{\partial L}{\partial \dot{q}_i} \quad and \quad F_i = \frac{\partial L}{\partial q_i},$$

(3-15)

donde las ecuaciones de Lagrange son simplemente:

$$\dot{p}_i = F_i.$$

(3-16)

Ahora veamos qué sucede debido a la isotropía del espacio. Para ello pasamos de coordenadas generalizadas a un vector de posición radial tridimensional con desplazamiento rotacional infinitesimal dado por:

$$\delta \vec{r} = \delta \vec{\varphi} \times \vec{r} \ and \ \delta \vec{v} = \delta \vec{\varphi} \times \vec{v}.$$

La variación en el Lagrangiano debería ser cero (ahora indexando sobre partículas individuales):

$$0 = \delta L\left(\vec{r}_a, \dot{\vec{r}}_a\right) = \delta L(\vec{r}_a, \vec{v}_a) = \sum_a \left[\left(\frac{\partial L}{\partial \vec{r}_a}\right) \cdot \delta \vec{r}_a + \left(\frac{\partial L}{\partial \vec{v}_a}\right) \cdot \delta \vec{v}_a\right]$$

Sustituyendo la ecuación EL y la definición de impulso generalizado:

$$\sum_a [\dot{\vec{p}}_a \cdot \delta \vec{r}_a + \vec{p}_a \cdot \delta \vec{v}_a] = 0 \implies \delta \vec{\varphi} \cdot \sum_a [\vec{r}_a \times \dot{\vec{p}}_a + \vec{v}_a \times \vec{p}_a]$$

Así, llegue a:

$$\frac{d}{dt}\left[\sum_a \vec{r}_a \times \vec{p}_a\right] = 0 \implies \vec{M} = \sum_a \vec{r}_a \times \vec{p}_a = constant.$$

(3-17)

La cantidad $\vec{M}$ es el momento angular y se conserva. No hay otras integrales aditivas del movimiento (por ejemplo, no hay otras simetrías espaciales globales que la homogeneidad y la isotropía del espacio).

Ahora que sabemos que el momento angular se conserva, podemos comenzar a explorar las ramificaciones de esto. El momento angular en 1D es trivialmente cero, por lo que debemos pasar a problemas con movimiento 2D sin restricciones o movimiento 3D. Empecemos por el péndulo *esférico* .

Ejemplo 3.12. El péndulo esférico.
Considere la Figura 3.4, pero con soporte *de tensión* y con movimiento de masa permitido en 3-D (por ejemplo, ya no horizontalmente plano). La coordenada cartesiana de la masa es:
$$x = lsin\varphi cos\theta \quad and \quad y = lsin\varphi sin\theta \quad and \quad z = lcos\varphi$$
Sus derivadas temporales son sencillas:
$$\dot{x} = lcos\varphi\dot{\varphi}\, cos\theta + lsin\varphi(-sin\theta)\dot{\theta}, \quad etc.$$
El lagrangiano es así
$$L = \frac{1}{2}m\{l^2(cos^2\varphi\dot{\varphi}^2) + l^2sin^2\varphi\dot{\varphi}^2 + l^2sin^2\varphi\dot{\theta}\}$$
$$- mglcos\varphi$$
$$= \frac{1}{2}m(l\dot{\varphi})^2 + \frac{1}{2}m\left(lsin\varphi\dot{\theta}\right)^2 - mglcos\varphi$$
Para las ecuaciones de movimiento comenzamos eliminando el momento angular conservado alrededor del eje z:
$$\frac{d}{dt}\left(\frac{\partial L}{\partial \dot{\theta}}\right) - \frac{\partial L}{\partial \theta} = 0 \quad \rightarrow \quad \frac{d}{dt}\left(ml^2sin^2\varphi\dot{\theta}\right) = 0$$
$$ml^2sin^2\varphi\dot{\theta} = P_\theta \text{ , a conserved quantity, alternatibvely} \Rightarrow \dot{\theta}$$
$$= \frac{P_\theta}{ml^2sin^2\varphi}$$
Eliminando la $\dot{\theta}$ dependencia en el Lagrangiano mediante el uso de su cantidad conservada obtenemos el Lagrangiano revisado:
$$L = \frac{1}{2}m(l\dot{\varphi})^2 + \frac{P_\theta^2}{2ml^2sin^2\varphi} - mglcos\varphi$$
donde ahora:
$$\frac{d}{dt}\left(\frac{\partial L}{\partial \dot{\varphi}}\right) - \frac{\partial L}{\partial \varphi} = 0 \Rightarrow ml^2\ddot{\varphi} = \frac{-P_\theta^2 sin\varphi cos\varphi}{ml^2sin^4\varphi} + mglsin\varphi$$
de este modo,
$$\ddot{\varphi} + \frac{P_\theta^2}{(ml)^2}\frac{cos\varphi}{sin^3\varphi} - \frac{g}{l}sin\varphi = 0$$

Ejercicio 3.12. ¿Cuál es la frecuencia natural en la aproximación de ángulo pequeño?

Ejemplo 3.13. Mesa con un agujero, roscada por una línea con masas en los extremos.
Consideremos otro escenario en el que se conserva el momento angular alrededor de un eje particular. Considere una mesa con un agujero. Una

línea de tensión enhebra el agujero. El extremo de la línea que cuelga debajo de la mesa tiene una masa m_2 unida (la línea tiene una masa insignificante), mientras que el extremo que descansa sobre la mesa tiene una masa m. Las ecuaciones iniciales de equilibrio de fuerzas proporcionan:

$$F_2 = m_2 g - T_2, \qquad T_2 = T_1 = F_1 = m a_1, \qquad y_2 = l - r_1,$$
$$\dot{y}_2 = -\dot{r}_1, \qquad \ddot{y}_2 = -\ddot{r}_1$$

Mientras que la fuerza, en términos de la función potencial, proporciona:

$$F_i = -\frac{\partial U}{\partial q_i}, \quad F_1 = m_1 a_1 = m_1 \left(\ddot{r}_1 + r_1{}^2 \ddot{\theta} \right) = m_1 \ddot{r}_1, \quad \text{and} \quad F_2$$
$$= m_2 g + \frac{m_1}{m_2} F_2$$

Así el lagrangiano es:

$$L = \frac{1}{2} m_1 \left(\left(\ddot{r}_1 + \ddot{r}_2 \dot{\theta}^2 \right) + \frac{1}{2} m_2 (\dot{y}_2)^2 - U_2 - U_1, \quad \text{where } U_2$$
$$= y_2 F_2 \text{ and } U_1 = -r_1 F_1$$

que se puede reescribir:

$$L = \frac{1}{2} (m_1 + m_2)(\dot{r})^2 + \frac{1}{2} m_1 r_1{}^2 \dot{\theta}^2 - (l - r_1) \left(\frac{m_2{}^2}{m_1 + m_2} \right) g$$
$$+ r_1 \left(\frac{m_1 m_2}{m_1 + m_2} \right) g$$

Podemos eliminar términos constantes del lagrangiano (ya que no modifican las ecuaciones EL y, por tanto, no modifican las ecuaciones de movimiento). Entonces, eliminando el término constante y reagrupando:

$$L = \frac{1}{2} (m_1 + m_2)(\dot{r})^2 + \frac{1}{2} m_1 r^2 \dot{\theta}^2 + r m_2 g$$

Ahora podemos proceder con la evaluación del Lagrangiano, comenzando nuevamente con el término de conservación del momento angular:

$$\frac{d}{dt} \frac{\partial L}{\partial \dot{\theta}} - \frac{\partial L}{\partial \theta} = 0 \quad \rightarrow \quad \frac{d}{dt} \left(m_1 r^2 \dot{\theta} \right) = 0 \quad \rightarrow \quad m_1 r^2 \dot{\theta} = p_\theta$$

Así tenemos:

$$L = \frac{1}{2} (m_1 + m_2)(\dot{r})^2 + \frac{p_\theta{}^2}{2 m_1 r^2} + m_2 g r$$

La ecuación de movimiento restante es:

$$\frac{d}{dt} \frac{\partial L}{\partial \dot{r}} - \frac{\partial L}{\partial r} = 0 \quad \rightarrow \quad (m_1 + m_2) \ddot{r} - m_2 g + \frac{p_\theta{}^2}{m_1 r^3} = 0$$

Para r pequeño entonces tenemos:

$$\ddot{r} = -\frac{p_\theta^2}{(m_1 + m_2)m_1}\frac{1}{r^3} = -\beta\frac{1}{r^3}, \qquad where \ \beta = \frac{p_\theta^2}{(m_1 + m_2)m_1}$$

Así, podemos escribir:

$$\dot{r}\ddot{r} = -\beta\frac{\dot{r}}{r^3} \rightarrow (\dot{r})^2 = +\beta\left(\frac{1}{r^2}\right) \rightarrow \dot{r} = \frac{\sqrt{\beta}}{r} \rightarrow r\dot{r} = \sqrt{\beta} = \frac{1}{2}\frac{d}{dt}r^2 \rightarrow r$$

$$= \sqrt{2\sqrt{\beta}t}$$

El último resultado de la $r$ecuación de movimiento es indicativo de un potencial repulsivo, lo que plantea la pregunta: ¿cuándo tendremos órbitas estables?

$$L = \frac{1}{2}m_1(\dot{r})^2 + \frac{p_\theta^2}{2(m_1 + m_2)r^2} + m_2 gr \rightarrow -U$$

$$= \frac{p_\theta^2}{2(m_1 + m_2)r^2} + m_2 gr,$$

De este modo,

$$\frac{dU}{dr} = 0 \implies -\frac{p_\theta^2}{(m_1 + m_2)r_{eq}^3} + m_2 g = 0 \implies r_{eq} = \sqrt[3]{\gamma}, \quad where \ \gamma$$

$$= \frac{p_\theta^2}{(m_1 + m_2)m_2 g}$$

Ejercicio 3.13. *¿Podría usarse este aparato para pesar una masa desconocida m_2? Describe un proceso para hacer esto.*

Ejemplo 3.14. Vuelva a visitar el péndulo único con soporte oscilante horizontal .

Volvamos ahora al péndulo único cuando el punto de apoyo oscila horizontalmente. El péndulo se mueve en el plano del papel. La cuerda de longitud l no se dobla. El punto de apoyo P se mueve hacia adelante y hacia atrás a lo largo de una dirección horizontal según la ecuación $x = a\cos(\omega t)$, y ($\omega \neq \sqrt{(g/l)}$):

> (i) Comencemos escribiendo el lagrangiano para este sistema y obtengamos las ecuaciones de movimiento de Lagrange. (No olvide la fuerza generalizada al escribir la ecuación de Lagrange para x).
>
> Tener: $x' = x + l\sin\theta$, por lo tanto $\dot{x}' = \dot{x} + l\cos\theta\dot{\theta}$. Tener $y' = -l\cos\theta$, así $\dot{y}' = l\sin\theta\ \dot{\theta} = -mgl\cos\theta$. También tenemos lo habitual $U = mgy$, para luego escribir el lagrangiano:

45

$$L = \frac{1}{2}m\left(\left[-a\omega\sin(\omega t) + l\cos\theta\,\dot\theta\right]^2 + [l\sin\theta\dot\theta]^2\right)$$
$$+ mgl\cos\theta$$
$$= \frac{1}{2}ml^2\dot\theta^2 + mgl\cos\theta + am\omega^2l\cos(\omega t)\sin\theta$$
$$\frac{d}{dt}\left(\frac{d}{\partial\dot\theta}\right) - \frac{\partial L}{\partial\theta} = 0$$
$$\rightarrow \quad ml^2\ddot\theta + mgl\sin\theta$$
$$- am\omega^2l\cos(\omega t)\cos\theta = 0$$

(ii) A continuación, resuelva las ecuaciones de movimiento de primer orden anteriores en θ(pequeñas oscilaciones) y encuentre la solución en estado estacionario para $\theta(t)$, en términos de m, l, a y ω. (No estamos interesados en la solución que oscila en el frecuencia natural del péndulo.) Así:

$$ml^2\ddot\theta + mgl\theta - am\omega^2l\cos(\omega t) = 0$$
$$\ddot\theta + \frac{g}{l}\theta - \frac{a}{l}\omega^2\cos(\omega t) = 0.$$

Entonces, tenga:

$$\ddot\theta + \frac{g}{l}\theta = \frac{a}{l}\omega^2\,\cos(\omega t)$$

donde el RHS es una fuerza efectiva/m. Y tenemos la solución:

$$\theta = \frac{(a/l)\omega^2}{\omega_0^2 - \omega^2}\cos(\omega t + \beta).$$

Ejercicio 3.14. *Repetir pero con un soporte oscilante vertical.*

3.5 Sistemas similares y el teorema del virial

Hasta ahora hemos visto cómo las simetrías globales desempeñan un papel en el establecimiento de leyes de conservación (aditivas). Ahora consideremos simetrías internas del Lagrangiano de modo que puedan expresarse como otro Lagrangiano con un multiplicador constante general. En tal caso encontraremos que las ecuaciones de movimiento serán las mismas. Para ver si un lagrangiano exhibirá tal "similitud" se requiere una especificación del término de energía potencial precisamente en este sentido. Entonces, reescalemos las longitudes y el tiempo del sistema, y hagamos que la energía potencial sea una función homogénea del cambio de escala de los parámetros (donde el grado de homogeneidad viene dado por el parámetro k):

$$\vec{q}_a \longrightarrow \alpha\vec{q}_a, \ (\ l' = \alpha l, \text{ dilatación de longitud})$$
$$\dot{\vec{q}}_a \longrightarrow \left(\frac{\alpha}{\beta}\right)\dot{\vec{q}}_a, (\ t' = \beta t, \text{ dilatación del tiempo})$$
$$U(\alpha\{\vec{q}_a\}) \longrightarrow \alpha^k\, U(\{\vec{q}_a\}),(\text{homogéneo, grado k}).$$

$$(3\text{-}18abc)$$

Ahora que se especifican las dilataciones, para que haya una similitud en el lagrangiano de modo que resulte un factor global constante, con la especificación lagrangiana típica $L = T - U$, ya tenemos el cambio de escala de la parte de energía potencial, el cambio de escala en la parte de energía cinética es simplemente eso dada por la velocidad anterior (al cuadrado). Así, para tener un sistema similar:

$$(\frac{\alpha}{\beta})^2 = \alpha^k \longrightarrow \beta = \alpha^{1-\frac{1}{2}k}\ , \qquad \left(\frac{E'}{E}\right) = \alpha^k\ and\ \left(\frac{M'}{M}\right) = \alpha^{1+\frac{1}{2}k}.$$

$$(3\text{-}19)$$

Consideremos algunos casos en los que tenemos un potencial homogéneo:

(1) Para oscilaciones pequeñas, o el clásico resorte, la energía potencial es una función cuadrática de coordenadas (k=2). La relación crítica anterior con k=2 se convierte en: $\beta = \alpha^0 = 1$, es decir, no importa el tamaño del desplazamiento desde la posición de reposo (amplitud), la relación de tiempo del sistema será 1, es decir, el período del sistema es independiente de la amplitud.

(2) Para un campo de fuerza uniforme, la energía potencial es una función lineal de coordenadas, como la aproximación del movimiento debido a la gravedad cerca de la superficie de la Tierra (PE = mgh). Para k=1 tenemos: $= \sqrt{\alpha}$, por lo que caemos bajo la gravedad. El tiempo de caída, por ejemplo, es la raíz cuadrada de la altura inicial.

(3) Para el potencial newtoniano o de Coulomb: k = -1. Ahora tenemos $= \sqrt[3]{\alpha}$, el cuadrado del período de una órbita es igual al cubo del tamaño de la órbita (3ª Ley de Kepler).

Teorema del virial

Este es uno de los pocos ejemplos o contextos en los que se está considerando un sistema de elementos múltiples (y para una gran cantidad de elementos), debido a su aplicación universal. Cualquier potencial homogéneo donde el movimiento esté limitado permite que se aplique el teorema de Virial, según el cual los promedios temporales de la energía potencial y cinética del sistema tienen una relación simple. Esto se derivará de la siguiente manera, considere:

$$E = \sum_i \left(\dot{q}_i \frac{\partial L}{\partial \dot{q}_i} \right) - L \Rightarrow \sum_i \left(\dot{q}_i \frac{\partial L}{\partial \dot{q}_i} \right) = 2T$$

$$(3\text{-}20)$$

Escribir $v_i = \dot{q}_i$ y definir momentos generalizados, luego cambiar a notación vectorial con partículas indicadas mediante la indexación 'a':

$$\sum_i (v_i\, p_i) = \sum_a \vec{v}_a \cdot \vec{p}_a = \frac{d}{dt} \left(\sum_a \vec{r}_a \cdot \vec{p}_a \right) - \sum_a \vec{r}_a \cdot \dot{\vec{p}}_a$$

Tomemos ahora el promedio temporal de 2T, donde el término derivado del tiempo total tendrá un valor medio cero si tenemos movimiento acotado. Para ser específico, el promedio de tiempo para una función $f(t)$ del tiempo se define como:

$$\overline{f} = \lim_{\tau \to \infty} \frac{1}{\tau} \int_0^\tau f(t)\, dt$$

$$(3\text{-}21)$$

Supongamos $f(t) = \frac{d}{dt} F(t)$ entonces:

$$\overline{f} = \lim_{\tau \to \infty} \frac{1}{\tau} [F(\tau) - F(0)] = 0$$

Para movimiento acotado.

Como tenemos movimiento acotado si permanecemos en una región finita del espacio con velocidades finitas, entonces tenemos:

$$2\overline{T} = -\overline{\sum_a \vec{r}_a \cdot \dot{\vec{p}}_a} = \overline{\sum_a \vec{r}_a \cdot \frac{\partial U}{\partial \vec{r}_a}} = k\overline{U}$$

Revisando lo que esto indica para los tres casos mencionados anteriormente ($E = \overline{E} = \overline{T} + \overline{U}$):

(1) Pequeñas oscilaciones (k=2), tienen $\overline{T} = \overline{U}$, $E = 2\overline{T}$.

(2) Campo uniforme (k = 1), tiene $\overline{T} = (1/2)\,\overline{U}$, $E = 3\overline{T}$

(3) Potencial newtoniano o de Coulomb (k = −1): $\overline{U} = -2\overline{T}$, $E = -\overline{T}$. Este resultado es consistente con que la energía total de un movimiento acotado en este tipo de potencial sea negativa, como será evidente en los ejemplos siguientes.

3.6. Sistemas unidimensionales

A menudo, el análisis de sistemas reduce su dimensionalidad (debido a las simetrías). Considere la órbita de un planeta alrededor del sol, donde el problema 3D se reduce a 2D mediante la conservación del momento angular. En su mayor parte, sólo necesitamos considerar el movimiento en una o dos dimensiones. Comencemos con el movimiento unidimensional.

Considere el siguiente Lagrangiano para un movimiento unidimensional donde se dibuja un potencial arbitrario como se muestra en la Figura 3.5.

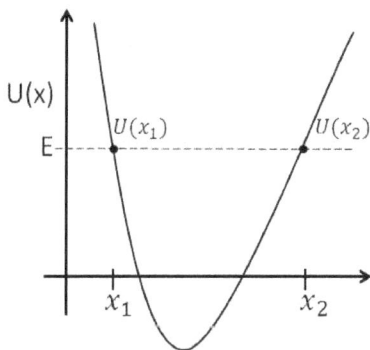

Figura 3.5 . Un potencial unidimensional. $U(x_1) = E = U(x_2)$.

$$L = \frac{1}{2}m\,\dot{x}^2 - U(x) \longrightarrow E = \frac{1}{2}m\,\dot{x}^2 + U(x)$$

(3-22)

Desde $U(x) \leq E$, y tomando la raíz positiva (la negativa corresponde con inversión del tiempo, con el mismo tipo de soluciones):

$$\frac{dx}{dt} = \sqrt{\frac{2[E - U(x)]}{m}} \rightarrow t = \sqrt{m/2} \int dx/\sqrt{E - U(x)} + C$$

Los límites del movimiento están dados por $U(x_1) = E = U(x_2)$ y el período de movimiento está dado por el doble de la integral de x_1 a x_2:

$$Period = \sqrt{2m} \int_{x_1}^{x_2} dx/\sqrt{E - U(x)}.$$

(3-23)

Ejemplo 3.15. Movimiento sobre una rampa curva.

Una pequeña masa se desliza sin fricción sobre un bloque de masa M como se muestra en la figura 3.6. M mismo se desliza sin fricción sobre una mesa horizontal y su lado curvo tiene la forma de un círculo de radio a.

a) Encuentre las ecuaciones de Lagrange para el sistema en términos de dos coordenadas generalizadas.

b) Encuentra dos cantidades conservadas.

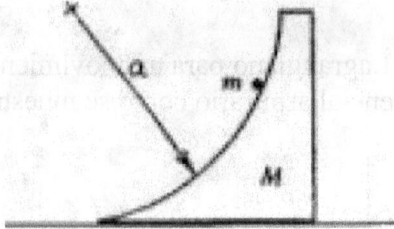

Figura 3.6. Una masa m se desliza sin fricción sobre un bloque de masa M, con círculo de radio a.

Las coordenadas: $x_1 = x + a \cos \theta$; $y_1 = -a \sin \theta$; y $x_2 = x$.
Las derivadas del tiempo de coordenadas: $\dot{x}_1 = \dot{x} + a \sin \theta \, \dot{\theta}$; $\dot{y}_1 = -a \cos \theta \, \dot{\theta}$; y $\dot{x}_2 = \dot{x}$.
La energía potencial: $U = -mga \sin \theta$.
De este modo,

$$L = T - U = \frac{1}{2}m\left([\dot{x} - a \sin \theta \, \dot{\theta}]^2 + [-a \cos \theta \, \dot{\theta}]^2\right) + \frac{1}{2}M(\dot{x})^2 - U$$

$$L = \frac{1}{2}(m + M)\dot{x}^2 + \frac{1}{2}m(a\dot{\theta})^2 - am\dot{x}\dot{\theta} \sin \theta + mga \sin \theta$$

y,

$\frac{d}{dt}\left(\frac{\partial L}{\partial \dot{x}}\right) - \frac{\partial L}{\partial x} = 0 \Rightarrow (m + M)\ddot{x} - \frac{d}{dt}\left(am\dot{\theta} \sin \theta\right) = 0$, de este modo,

$\frac{d}{dt}\left\{(m + M)\dot{x} - am\dot{\theta} \sin \theta\right\} = 0$.

Entonces tenemos:

$$(m + M)\dot{x} - am\dot{\theta} \sin \theta = const,$$

y,

$$E = T + U = \frac{1}{2}(m + M)\dot{x}^2 + \frac{1}{2}m(a\dot{\theta})^2 - am\dot{x}\dot{\theta} \sin \theta + mga \sin \theta.$$

Ejercicio 3.15. Encuentre las velocidades de las masas en función del tiempo cuando la masa m se libera desde el reposo en la parte superior del lado curvo.

50

3.7 Movimiento en un campo central

Considere una sola partícula en un potencial central. Su momento angular se conserva: $\vec{M} = \vec{r} \times \vec{p} = constant$. Dado que la constante $\vec{M}$ es perpendicular a $\vec{r}$, la posición siempre está en un plano perpendicular a $\vec{M}$ (la conservación del momento angular ha reducido el problema de 3D a 2D). La forma apropiada del Lagrangiano para el movimiento en un plano con potencial central es así:

$$L = \frac{1}{2}m\dot{r}^2 + \frac{1}{2}m(r\dot{\varphi})^2 - U(r)$$

(3-24)

Note que no hay referencia directa a la coordenada φ, en el formalismo hamiltoniano esto significa que:

$$F_\varphi = \frac{\partial L}{\partial \varphi} = 0$$

de este modo

$$\dot{p}_\varphi = F_\varphi = 0 \quad \rightarrow \quad p_\varphi = constant = "M".$$

$$p_\varphi = \frac{\partial L}{\partial \dot{q}_i} = mr^2\dot{\varphi} = M.$$

(3-25)

Recuerde que el área de un radio de sector radial r con ángulo de barrido φ es $A = (1/2)r \cdot r\varphi$ y, por lo tanto, la velocidad sectorial es $V_{sectorial} = (1/2)r^2\dot{\varphi} = M/2m$ una constante, es decir, "áreas iguales barridas en tiempos iguales", también conocida como Tercera Ley de Kepler. Como es típico en este tipo de análisis, las integrales del movimiento (p. ej., leyes de conservación) se utilizan como primer paso para simplificar el análisis. Así, para la energía tenemos:

$$E = \frac{1}{2}m\dot{r}^2 + \frac{1}{2}m(r\dot{\varphi})^2 + U(r) \quad \rightarrow \quad \frac{1}{2}m\dot{r}^2 = [E - U] - \frac{M^2}{2mr^2},$$

donde el último término es la energía centrífuga. Reorganizar:

$$\frac{dr}{dt} = \sqrt{\frac{2}{m}[E - U] - \frac{M^2}{m^2 r^2}}$$

Integrando obtenemos

$$t = \int \frac{dr}{\sqrt{\frac{2}{m}[E - U] - \frac{M^2}{m^2 r^2}}} + C_1$$

$$(3\text{-}26)$$

Usando $d\varphi = \frac{M}{mr^2} dt$,

$$\varphi = \int \frac{M dr / r^2}{\sqrt{2m[E - U] - \frac{M^2}{r^2}}} + C_2$$

$$(3\text{-}27)$$

Tenga en cuenta que $\dot{\varphi} = M$ los medios φ cambian monótonamente, por lo que para un camino cerrado, que necesariamente tiene un radio mínimo y máximo (limitado), tenemos un cambio de fase al pasar del radio mínimo al radio máximo y luego regresar:

$$\Delta\varphi = 2 \int_{r_{min}}^{r_{max}} \frac{M dr / r^2}{\sqrt{2m[E - U] - \frac{M^2}{r^2}}}$$

donde los límites del movimiento están dados por la energía que no tiene parte cinética, $E = U_{eff}$ donde

$$U_{eff} = U + \frac{M^2}{2mr^2}.$$

$$(3\text{-}28)$$

Para $\Delta\varphi$ que resulte en un camino cerrado debe ser exactamente igual a 2π o un múltiplo de $\Delta\varphi$ debe resultar en un múltiplo de 2π (es decir $\Delta\varphi = 2\pi \, (m/n)$). Esto solo sucede para todos los caminos en la integral anterior cuando los potenciales U tienen la forma $1/r$ o r^2, y en esos casos ocurre una integral adicional del movimiento (conocida como vector de Runge-Lens). Sin embargo, antes de pasar al $1/r$ potencial crítico, consideremos las implicaciones del momento angular distinto de cero con un potencial central. Generalmente es imposible llegar al centro en tales casos, incluso en potenciales atractivos. Para llegar al centro cuando $M \neq 0$, obviamente estamos considerando una situación en la que no estamos en los puntos de inflexión del movimiento, por lo tanto

$$\frac{1}{2}m\dot{r}^2 = [E - U] - \frac{M^2}{2mr^2} > 0,$$

y reagrupando y tomando el límite cuando el radio tiende a cero, encontramos que los únicos potenciales que permiten esto deben satisfacer:

$$\lim_{r \to 0} r^2 U < -\frac{M^2}{2m}$$

Esto sólo es posible para potenciales negativos $U(r) = -\alpha/r^n$ con $n > 2$o con $n = 2$ and $\alpha > \frac{M^2}{2m}$.

En el ejemplo anterior vimos que los potenciales de Kepler y Coulomb ($U(r) = -\alpha/r$) no estaban en el grupo de potenciales que permitían el movimiento a través del centro cuando el momento angular es distinto de cero. Consideremos ahora con $U(r) = -\alpha/r$más detalle el potencial de atracción relevante para la gravedad (y para la atracción entre cargas opuestas). Para empezar, la integral de ángulo se puede resolver fácilmente para esta situación, donde el potencial efectivo es:

$$U_{eff} = -\frac{\alpha}{r} + \frac{M^2}{2mr^2} \text{ ,} and \, \min_{r} U_{eff} = -\frac{m\alpha^2}{2M^2} \, at \, r = \frac{M^2}{m\alpha}$$

$$(3\text{-}29)$$

donde los dominios de energía mínimos y significativos de la función se indican en la Figura 3.7.

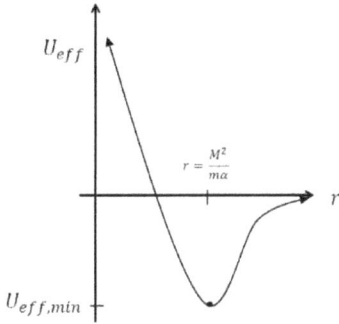

Figura 3.7. Un bosquejo del potencial efectivo. $U_{eff,min} = -\frac{m\alpha^2}{2M^2}$. El movimiento es finito si $E < 0$, infinito si $E \geq 0$.

La integración produce entonces:

$$\varphi = \cos^{-1} \frac{\left(\frac{M}{r} - \frac{m\alpha}{M}\right)}{\sqrt{2mE + \frac{m^2\alpha^2}{M^2}}} + constant$$

Correspondamos $\varphi = 0$ a la ocurrencia del acercamiento más cercano (perihelio, r_{min} en lo que sigue), en cuyo caso la constante es cero. Relacionemos también dos formas de describir órbitas $\{p, e\}$, donde $2p$ se conoce como latus rectum, y e es la excentricidad, y los parámetros de sección cónica $\{a, b\}$, donde $2a$ es la longitud del eje mayor y $2b$ es la longitud del eje menor:

$$p = \frac{M^2}{m\alpha} \quad and \quad e = \sqrt{1 + \frac{2EM^2}{m\alpha^2}}$$

$$(3\text{-}31)$$

para llegar a la ecuación de la órbita:

$$p = r(1 + e \cos \varphi)$$

$$(3\text{-}32)$$

De la ecuación de la órbita podemos ver que:

$$r_{min} = \frac{p}{1 + e} \quad and \quad r_{max} = \frac{p}{1 - e}$$

$$(3\text{-}33)$$

Desde $2a = r_{min} + r_{max}$:

$$a = \frac{p}{1 - e^2} = \frac{\alpha}{2|E|}$$

$$(3\text{-}34)$$

También vemos que las razones b/r_{min} y r_{max}/b son invariantes de reescala y deben ser proporcionales entre sí, donde $e = 0$ se muestra que esto es igualdad, por lo tanto $b = \sqrt{r_{min} \cdot r_{max}}$ obtenemos:

$$b = \frac{p}{\sqrt{1 - e^2}} = \frac{M}{\sqrt{2m|E|}}$$

$$(3\text{-}35)$$

Consideremos ahora los distintos casos en términos del parámetro de excentricidad $e = \sqrt{1 + \frac{2EM^2}{m\alpha^2}}$ de la órbita:

<u>Para $e = 0$</u>(ocurre cuando $E = -\frac{m\alpha^2}{2M^2}$): Tenemos una órbita circular $r_{min} = r_{max} = p$.

<u>Para $0 < e < 1$</u>(ocurre cuando $E < 0$): Tenemos órbita elíptica $r_{min} \neq r_{max}$.

Para las elipses y el círculo tenemos órbitas ligadas, lo que nos permite hacer la integral sectorial completa de una de esas órbitas, obteniendo así simplemente el área de la elipse o el círculo. Recordar

$$\frac{d(area)}{dt} = V_{sectorial} = \frac{1}{2}r^2\dot\varphi = \frac{M}{2m}$$

(3-36)

integrando durante el tiempo de un período orbital T:

$$T = \frac{2m(area)}{M} = \frac{2m\pi ab}{M} = \pi\alpha\sqrt{\frac{m}{2|E|^3}}.$$

(3-37)

De esta solución exacta podemos ver que $T^2 \propto \frac{1}{|E|^3} \propto a^3$ es la tercera [ley] de Kepler.

Porque $e = 1$(ocurre cuando $E = 0$): Tenemos una órbita parabólica (ilimitada) con $r_{min} = \frac{p}{2}$ and $r_{max} = \infty$, que describe una partícula que cae desde el reposo en el infinito.

Para $e > 1$(ocurre cuando $E > 0$): Tenemos una órbita hiperbólica (ilimitada).

El vector de Laplace-Runge-Lenz
Considere una fuerza central del cuadrado inverso que actúa sobre una sola partícula que se describe mediante la ecuación

$$A = p \times L - mk\hat{r} \rightarrow e = \frac{A}{mk},$$

(3-38)

dónde

m es la masa de la partícula puntual que se mueve bajo la fuerza central,
p es su vector de impulso,
L = **r** $\times$ **p** es su vector de momento angular,
r es el vector de posición de la partícula (Figura 3.8),
$\hat{r}$ es el vector unitario correspondiente , es decir, $\hat{r}$, y
r es la magnitud de **r** , la distancia de la masa al centro de fuerza.

El parámetro constante k describe la fuerza de la fuerza central; es igual a $G \cdot M \cdot m$ para fuerzas gravitacionales y $- k_e \cdot Q \cdot q$ para fuerzas electrostáticas. La fuerza es atractiva si $k > 0$ y repulsiva si $k < 0$.

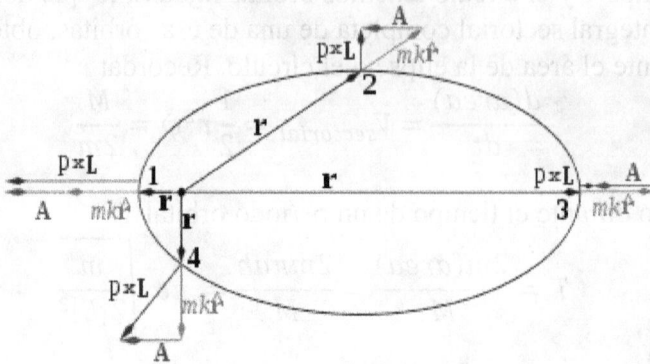

Figura 3.8 . El vector LRL **A** en cuatro puntos de la órbita elíptica bajo una fuerza central del cuadrado inverso. El centro de atracción se muestra como un pequeño círculo negro del que emanan los vectores de posición. El vector de momento angular **L** es perpendicular a la órbita. Se muestran los vectores coplanares **p** × **L** y (mk / r) **r**. El vector **A** es constante en dirección y magnitud.

Las siete cantidades escalares E , **A** y **L** (al ser vectores, las dos últimas aportan tres cantidades conservadas cada una) están relacionadas por dos ecuaciones, $\mathbf{A} \cdot \mathbf{L} = 0$ y $A^2 = m^2 k^2 + 2\, mEL^2$, dando cinco <u>constantes de movimiento independientes</u> . Esto es consistente con las seis condiciones iniciales (la posición inicial de la partícula y los vectores de velocidad, cada uno con tres componentes) que especifican la órbita de la partícula, ya que el tiempo inicial no está determinado por una constante de movimiento. De este modo, la órbita unidimensional resultante en un espacio de fases de seis dimensiones queda completamente especificada.

Ejemplo 3.16. Se lanza una masa de prueba sobre el polo norte.
Se libera una masa de prueba en reposo, un diámetro terrestre por encima del polo norte (rotacional). Ignore la fricción atmosférica. (Utilícelo para la aceleración de la gravedad cerca de la superficie terrestre $10 \frac{m}{sec^2}$, y para el radio de la Tierra $R_e = 6{,}400 \ km$.)
   a) Encuentre la velocidad (en metros/seg) de la masa cuando golpea la tierra.
   b) Encuentre una expresión para el tiempo que le toma a la masa llegar a la Tierra. Tu expresión debe contener una integral adimensional.

56

Solución:

(a) Velocidad en la superficie de la Tierra: la energía potencial de la masa de prueba: $\Phi = -\frac{mGM}{R}$. La conservación de energía da como resultado que la energía cinética sea el cambio en la energía potencial:

$$\frac{1}{2}mv^2 = \Delta PE = \left(\frac{-mGM}{R}\right)\Big|_{R_e}^{3R_e} = \frac{2}{3}m\,R_e\,g$$

(b) Tiempo hasta el impacto, primero obtengamos la relación de caída con el radio r:

$$\frac{1}{2}mv^2 = \left(\frac{-mGM}{R}\right)\Big|_{r}^{3R_e} \qquad v$$

$$= \frac{dr}{dt}\ since\ no\ coriolis\ force\ at\ North\ pole$$

$$\frac{1}{2}m\left(\frac{dr}{dt}\right)^2 = \frac{mGM}{r} - \frac{mGM}{3R_e}$$

$$\frac{dr}{dt} = \sqrt{\frac{2GM}{r} - \frac{2GM}{3R_e}} = \sqrt{2GM}\sqrt{\frac{1}{r} - \frac{1}{3R_e}}$$

$$dt = \frac{1}{\sqrt{2GM}}\frac{dr}{\sqrt{\frac{1}{r} - \frac{1}{3R_e}}}$$

$$T = \frac{1}{\sqrt{2GM}}\int_{R_e}^{3R_e}\frac{dr}{\sqrt{\frac{1}{r} - \frac{1}{3R_e}}} = \frac{(3R_e)^{\frac{3}{2}}}{\sqrt{2GM}}\int_{\left(\frac{1}{3}\right)}^{1}\frac{dx}{\sqrt{\frac{1}{x} - 1}} \cong 1.43\frac{(3R_e)^{\frac{3}{2}}}{\sqrt{2GM}}$$

Ejercicio 3.16 . Se lanza una masa de prueba sobre el ecuador.

Ejemplo 3.17. Un planeta de masa M....

Un planeta de masa m orbita alrededor de un sol de masa M. Vimos en las propiedades generales de los sistemas keplerianos que el planeta se mueve en un plano que contiene el centro de fuerza. (a) Introduzca las coordenadas polares para el plano de movimiento y escriba el lagrangiano; (b) Obtener el momento angular y la energía del sistema planetario; y (c) del análisis kepleriano sabemos que la órbita es una elipse, por lo que relacionamos la longitud del semieje mayor a y la excentricidad ε de esa elipse con la energía conservada y el momento angular obtenidos en (b), usando la siguiente parametrización de la órbita como una elipse:

$$\frac{1}{e} = \frac{1}{a(1-\varepsilon^2)} + \frac{\varepsilon}{a(1-\varepsilon^2)}\cos\theta$$

57

Solución:

(a) Tenemos de la fuerza gravitacional newtoniana y nos desplazamos al centro de masa:

$$F = \frac{mMG}{r^2} = \frac{M_T\mu G}{r^2}, \text{where } M_T = (m+M) \text{ and } \mu = \frac{mM}{m+M}$$

Para esto podemos escribir la energía potencial como:

$$U = -\frac{M_T\mu G}{r}$$

Entonces, en coordenadas polares el lagrangiano $L = T - U$:

$$L = \frac{1}{2}\mu\left(\dot{r}^2 + r^2\dot{\theta}^2\right) - U(|\vec{r}|) \text{ and } \vec{r} = \vec{r}_m - \vec{r}_M, r = |\vec{r}|$$

(b) Para obtener la energía, comencemos obteniendo las ecuaciones de movimiento para las coordenadas cíclicas, aquí el ángulo orbital, para obtener otras constantes del movimiento, luego use $E = T + U$:

$$\frac{d}{dt}\left(\mu r^2\dot{\theta}\right) = 0 \rightarrow l = \mu r^2\dot{\theta}, \text{angular momemtum conserved}$$

$$E = \frac{1}{2}\mu\dot{r}^2 + \frac{l^2}{2\mu r^2} - \frac{\mu M_T G}{r}$$

(c) Relación con la parametrización de una elipse. En r_{min} y r_{max} tenemos $\dot{r} = 0$, así que obtenga:

$$E = \frac{l^2}{2\mu r_{min}{}^2} - \frac{\mu M_T G}{r_{min}} \text{ and } E = \frac{l^2}{2\mu r_{max}{}^2} - \frac{\mu M_T G}{r_{max}}$$

De la parametrización de elipse tenemos para r_{min} y r_{max}:

$$\frac{1}{r_{min}} = \frac{1}{a(1-\varepsilon^2)} + \frac{\varepsilon}{a(1-\varepsilon^2)} \implies r_{min} = a(1-\varepsilon)$$

$$\frac{1}{r_{max}} = \frac{1}{a(1-\varepsilon^2)} + \frac{\varepsilon}{a(1-\varepsilon^2)} \implies r_{max} = a(1+\varepsilon)$$

Usando las dos ecuaciones para la energía en las posiciones máxima y mínima r obtenemos:

$$\frac{l^2}{2\mu}\left(\frac{1}{r_{max}{}^2} - \frac{1}{r_{max}{}^2}\right) - \mu M_T G\left(\frac{1}{r_{min}} - \frac{1}{r_{max}}\right) = 0 \quad \rightarrow \quad l^2$$
$$= \mu^2 M_T G a(1-\varepsilon^2)$$

Sustituyendo la relación for l^2 en las dos ecuaciones de energía, así como $r_{min} = a(1 - \varepsilon)$ y $r_{max} = a(1 + \varepsilon)$, obtenemos:

$$E = \frac{-\mu M_T G}{r_{min} + r_{max}} = \frac{-\mu M_T G}{2a}$$

De este modo,

$$a = \frac{-\mu M_T G}{2E} = \frac{mMG}{2|E|} = \frac{\alpha}{2|E|}, where \ a = \mu M_T G = mMG.$$

Y sustituyendo en la l^2 relación nos reagrupamos en la expresión get de excentricidad:

$$\varepsilon = \sqrt{1 + \left(\frac{2El^2}{\mu \alpha^2} \right)}.$$

Ejercicio 3.17. *¿Cuál es la excentricidad del sistema Tierra-Luna? ¿Del sistema Tierra-Sol?*

Ejemplo 3.18. Una partícula de masa m...
Una partícula dc masa m se mueve en un potencial. $U = \alpha/r - \beta/r^3$, $\alpha, \beta > 0$.

   a) ¿Para qué rango de radios, r, son estables las órbitas circulares? (Exprese la condición sobre r en términos de α y β.)
   b) Encuentre en términos de r, α, β y m la frecuencia Ω de una órbita circular y la frecuencia w de pequeñas oscilaciones alrededor de una órbita circular.

Solución:
(a) $U = \alpha/r - \beta/r^3$, $\alpha, \beta > 0$, y para órbitas: $L = \frac{1}{2} m \left(\dot{r}^2 + r^2 \dot{\theta}^2 \right) - U$ y $E = \frac{1}{2} m \dot{r}^2 + \frac{M_\theta^2}{2mr^2} + U$, por tanto

$$U_{eff} = \frac{M_\theta^2}{2mr^2} - \frac{\alpha}{r} - \frac{\beta}{r^3}.$$

Órbitas circulares para:

$$\frac{U_{eff}}{\partial r} = 0 \ \rightarrow \ - \frac{M_\theta^2}{mr^3} + \frac{\alpha}{r^2} + \frac{3\beta}{r^4} = 0$$

Órbitas estables para:

$$\frac{\partial^2 U_{eff}}{\partial r^2} = \frac{3M_\theta^2}{mr^4} - \frac{2\alpha}{r^3} - \frac{12\beta}{r^5} > 0.$$

(b) Recuerde el área barrida, A, relación: $M_\theta = mr^2\dot\theta = 2m\frac{dA}{dt}$, luego puede escribir:

$$dt = \frac{2m}{M_\theta}dA \Rightarrow T = \frac{2m}{M_\theta}(\pi r_c^2)$$

$$\alpha r_c^2 - \frac{M_\theta^2}{m}r_c + 3\beta = 0$$

La frecuencia de la órbita circular, Ω, es:

$$\Omega = \frac{2\pi}{T} = \frac{M_\theta}{mr_c^2},$$

y la frecuencia de pequeñas oscilaciones alrededor de esa órbita circular:

$$\omega = \sqrt{\frac{1}{2m}\left.\frac{\partial^2 U_{eff}}{\partial r^2}\right|_{r_c}} = \sqrt{\frac{1}{m}\left\{\frac{\alpha}{r^3} - \frac{3\beta}{r^5}\right\}}.$$

Ejercicio 3.18. *¿Qué sucede cuando se seleccionan α y β de manera que $\Omega = \omega$?*

Ejemplo 3.19. Partícula en un campo de fuerza central.
Una partícula se mueve en un campo de fuerza central dado por el potencial: $U = -K\frac{e^{-r/a}}{r}$, donde K y a son constantes positivas. (a) Encuentre la relación entre r, l y E para órbitas circulares. (b) Encuentre el período de pequeñas oscilaciones (en el θ plano r) alrededor de una órbita circular.

Solución:

(a) Entonces, tenemos $U = -K\frac{e^{-r/a}}{r}$ y $L = \frac{1}{2}m(\dot r^2 + r^2\dot\theta^2) - U$. Para la barrera centrífuga tenemos:

$$\frac{d}{dt}\left(\frac{\partial L}{\partial \dot\theta}\right) = 0 \Rightarrow mr^2\dot\theta = |L|$$

Entonces,

$$L = \frac{1}{2}m\dot r^2 - \frac{|L|^2}{2mr^2} - U$$

y las ecuaciones de movimiento son:

$$\frac{d}{dt}(m\dot r) - \left\{-\frac{|L|^2}{mr^3} - \frac{\partial U}{\partial r}\right\} = 0$$

Tener órbitas circulares $r = const$ para:

$$\frac{|L|^2}{mr_0^3} = -\left.\frac{\partial U}{\partial r}\right|_{r=r_0} \rightarrow \frac{l^2}{mr_0^3} + \frac{E}{r_0} = +\frac{K}{ar_0}e^{-r_0/a} \rightarrow \quad E$$

$$= \frac{l^2}{2mr_0^2} + \frac{K}{a}e^{-r_0/a}$$

(b) Tenemos $\omega = \sqrt{\dfrac{1}{2m}\dfrac{\partial^2 U_{eff}}{\partial r^2}}$ y $U_{eff} = \dfrac{+l^2}{2mr^2} - \dfrac{Ke^{-r/a}}{r}$, y en equilibrio de oscilación:

$$\frac{U_{eff}}{\partial r} = \frac{-l^2}{mr^3} + \frac{Ke^{-r/a}}{r^2} + \frac{Ke^{-r/a}}{ar} = 0,$$

de este modo,

$$\frac{\partial^2 U_{eff}}{\partial r^2} = \frac{3l^2}{mr^4} - \frac{2Ke^{-r/a}}{r^3} - \frac{Ke^{-r/a}}{ar^2} - \frac{Ke^{-r/a}}{ar^2} - \frac{Ke^{-r/a}}{a^2 r}.$$

De

$$\left(\frac{1}{r^2} + \frac{1}{ar}\right)Ke^{-r/a} = \frac{l^2}{mr^3} \quad and \quad Ke^{-r/a} = \left(\frac{ar}{a+r}\right)\frac{l^2}{mr^2}$$

$$= \frac{a}{a+r}\frac{l^2}{mr}$$

Luego podemos reagruparnos para conseguir

$$\omega = \sqrt{\frac{l^2}{m^2 r^2}\left\{\frac{a}{a+r}\right\}\left(\frac{1}{r^2} + \frac{1}{ar} - \frac{1}{a^2 r}\right)}.$$

Ejercicio 3.19. *Supongamos* $\left.\dfrac{\partial^2 U_{eff}}{\partial r^2}\right|_{r_c}$ *que para alguna elección de K y a, deriva la fórmula de frecuencia a la derivada de tercer orden en potencial, ¿cuál es la nueva frecuencia oscilatoria?*

Ejemplo 3.20. *$3^{a\,Ley}$ de Kepler a partir de las leyes de Newton.*
    (a) Demuestre directamente a partir de las leyes de Newton que, para dos estrellas de masa m1 y m2 en órbitas circulares alrededor de su centro de masa, la tercera [ley] de Kepler tiene la forma: $T^2 = \dfrac{4\pi^2}{G(m_1 + m_2)}R^3$, siendo T el período y R la distancia entre las estrellas.
    (b) Demuestre que la fórmula se puede reescribir en la forma $T^2 = (m_1 + m_2)^{-1}R^3$, con T en años, R en AU (unidades astronómicas) y m en masas solares. (Si R es el semieje mayor, esto también es válido para órbitas elípticas).
    (c) Demuestre que para un objeto pequeño en órbita circular en la superficie de un objeto grande, $T = K\rho^{-1/2}$ y encuentre la constante K. ¿Cuál es el período de un

guijarro en órbita en la superficie de una roca esférica ($\rho = 3g/cm^3$)?

Solución:

(a) Recordar: $L = r \times \mu v = const$ y $dA = \frac{1}{2}r \cdot rd\theta$

Entonces,

$$L = \mu r \times \left(\dot{r}\hat{r} + r\dot{\theta}\hat{\theta}\right) = \mu r^2 \dot{\theta} = 2\mu\frac{dA}{dt} = const$$

$$2\mu dA = Ldt \rightarrow 2\mu(\pi ab) = LT$$

Recuerde la relación de masas con los ejes mayor y menor:

$$a = \frac{G(m_1 + m_2)\mu}{2|E|} \qquad b = \frac{L}{\sqrt{2\mu|E|}}$$

De este modo,

$$LT = 2\mu\pi \frac{G(m_1 + m_2)\mu}{2|E|}\frac{L}{\sqrt{2\mu|E|}}$$

$$\rightarrow \quad \frac{4\pi^2}{G(m_1 + m_2)}\left\{\frac{G(m_1 + m_2)\mu}{2|E|}\right\}^3 = T^2$$

Así, sustituyendo a = R (evaluación en semieje mayor):

$$T^2 = \frac{4\pi^2}{G(m_1 + m_2)}R^3.$$

(b) El cambio de unidad es el siguiente:

$$T^2\left(\frac{365 \times 24 \times 3600sec}{1yr}\right)^2$$

$$= \frac{4\pi^2}{G(m_1 + m_2)\left(\frac{2 \times 10^{30}kg}{M_\Theta}\right)}R^3\left(\frac{1.5 \times 10^8 km}{1A.U.}\right)^3,$$

y $K = \frac{(1.5\times10^8 km)^3 4\pi^2}{6.67\times10^{-11}Nm^2/kg^2(3.15\times10^7 sec)^2(2\times10^{30}kg)}\left[\frac{M_\Theta \cdot yr^2}{(A.U.)^3}\right]$ entonces $T^2 =$

$(m_1 + m_2)^{-1}R^3 K = 1.0\left[\frac{M_\Theta \cdot yr^2}{(A.U.)^3}\right]$.

De este modo,

$$T^2 = (m_1 + m_2)^{-1}R^3.$$

(c) $T^2 = (m_1 + m_2)^{-1}R^3 \simeq m_{Large}^{-1}R^3 \simeq \dfrac{\frac{4}{3}\pi R^3}{m_{Large}} \dfrac{1}{\frac{4}{3}\pi} = \dfrac{\rho}{\frac{4}{3}\pi}$, por lo tanto,

$T = K\rho^{-1/2}$ donde $K = \dfrac{1}{2\sqrt{\frac{\pi}{3}}}$ (donde T está en unidades de años, $R = AU's$,

$m = M_\Theta's$ y $m_1 \gg m_2$. Para $\rho = 3g/cm^3 = 3 \times 10^3 kg/m^3$, por lo tanto:

$$T = \sqrt{\dfrac{3\pi}{6.67 \times 10^{-11}}}(3 \times 10^3)^{-1/2} sec = 6.86 \times 10^3 sec = 114\ min.$$

Ejercicio 3.20. ¿Cuál es el período de un guijarro en órbita en la superficie de la Tierra ($\rho = 1g/cm^3$) y en la superficie de una estrella de neutrones ($\rho = 10^{16}g/cm^3$)?

Ejemplo 3.21. Sistemas binarios.
Las masas estelares se encuentran observando sistemas binarios. Normalmente no es posible resolver las estrellas, pero el espectro muestra dos cambios Doppler que cambian periódicamente, lo que proporciona la velocidad en la línea de visión de cada estrella. Llame a las velocidades V_1 y V_2. Demuestre que si la órbita está inclinada un ángulo con respecto θ a la línea de visión:

$$R = (V_1 + V_2)/\Omega \sin\theta\ \text{y}\ M_2/M_1 = V_1/V_2\ \text{y}\ \dfrac{m_2^3}{(m_1+m_2)^2}\sin^3\theta = (a_1 \sin\theta)^3/T^2.$$

Comience con : $V_1 = \mho_1 \sin\theta$ and $V_2 = \mho_2 \sin\theta$, donde $\mho_1 = r_1\Omega$ and $\mho_2 = r_2\Omega$. Let $R = r_1 + r_2$, luego:

$$V_1 + V_2 = (\mho_1 + \mho_2)\sin\theta = R\Omega\sin\theta \rightarrow R = (V_1 + V_2)/\Omega\sin\theta$$

Con origen en el centro de masa: $M_1 r_1 + M_2 r_2 = 0$ y $M_1\mho_1 + M_2\mho_2 = 0$, por lo tanto: $|M_1 V_1/\sin\theta| = |M_2 V_2/\sin\theta|$

y $\dfrac{M_2}{M_1} = \dfrac{V_1}{V_2}$. Para obtener la última relación, recuerde que en el semieje mayor (para R):

$$T^2 = (m_1 + m_2)^{-1}R^3,$$

de este modo:

$$T^2 = (m_1 + m_2)^{-1} \left\{ \frac{(V_1 + V_2)}{\Omega \sin \theta} \right\}^3 = (m_1 + m_2)^{-1} \left\{ \frac{\left(1 + \frac{m_1}{m_2}\right) V_1}{\Omega \sin \theta} \right\}^3$$

$$= (m_1 + m_2)^{-1} \left(1 + \frac{m_1}{m_2}\right)^3 a_1^3$$

De donde obtenemos:

$$\frac{m_2^3}{(m_1 + m_2)^2} \sin^3 \theta = \frac{(a_1 \sin \theta)^3}{T^2}.$$

Ejercicio 3.21. *Binario con estrella de neutrones.*
Considere un sistema binario con una estrella de neutrones. El desplazamiento Doppler observado en la estrella de neutrones tiene una magnitud $\frac{\Delta\lambda}{\lambda} = 2 \times 10^{-6}$ y un período de 4 días. Si la masa de la estrella de neutrones es menor que $3\, M_\Theta$, ¿cuál es la masa máxima de su compañera?

Ejemplo 3.22. *Movimiento dentro de un paraboloide de revolución.*
Una partícula de masa m está obligada a moverse bajo la gravedad sin fricción en el interior de un paraboloide de revolución cuyo eje es vertical. Encuentre el problema unidimensional equivalente a su movimiento. ¿Cuál es la condición sobre la velocidad inicial de las partículas para producir movimiento circular? Encuentre el período de pequeñas oscilaciones alrededor de este movimiento circular.

Adoptemos coordenadas cilíndricas: $x = \rho \sin \theta$, $y = \rho \cos \theta$, en cuyo caso tenemos coordenadas:
$z = \frac{a}{2}\rho^2$, $\quad \rho^2 = x^2 + y^2$, $\quad y = x^2$, y potencial $U = mgz$. Así, el lagrangiano es:

$$L = \frac{1}{2}m(\dot{x}^2 + \dot{y}^2 + \dot{z}^2) - mg\frac{a}{2}\rho^2,$$

dónde

$$\dot{z} = a\rho\dot{\rho}, \quad \dot{x} = \dot{\rho}\sin\theta + \rho\cos\theta\,\dot{\theta}, \quad \dot{y} = \dot{\rho}\cos\theta + \rho\sin\theta\,\dot{\theta}.$$

De este modo,

$$L = \frac{1}{2}m\left(\dot{\rho}^2 + (a\rho\dot{\rho})^2 + \left(\rho\dot{\theta}\right)^2\right) - mg\frac{a}{2}\rho^2$$

Usando la ecuación de Euler-Lagrange para θ:

$$\frac{d}{dt}\left(\frac{\partial L}{\partial \dot{\theta}}\right) - \frac{\partial L}{\partial \theta} = 0 \quad gives \quad m\rho^2\theta = M_\theta.$$

De este modo,

$$L = \frac{1}{2}m(\dot{\rho}^2 + (a\rho\dot{\rho})^2) + \frac{1}{2}m(\rho\dot{\theta})^2 - mg\frac{a}{2}\rho^2$$

Usando la ecuación de Euler-Lagrange ρ obtenemos:

$$m\ddot{\rho} + \frac{d}{dt}(m(a\rho)^2\dot{\rho}) - m(a\dot{\rho})^2\rho - m\rho\dot{\theta}^2 + mga\rho = 0$$

$$m\ddot{\rho}(1 + a^2\rho^2) + ma^2\rho\dot{\rho}^2 - \frac{M_\theta^2}{m\rho^3} + mga\rho = 0$$

Movimiento circular $\dot{\rho} = 0$:

$$\left(\frac{M_\theta}{m\rho}\right)^2 = ga\rho^2 \quad and \quad M_o = m\rho v.$$

De este modo

$$v = \rho\sqrt{ga} = \sqrt{2gz}$$

Consideremos ahora pequeñas oscilaciones para

$$m\ddot{\rho}(1 + a^2\rho^2) + ma^2\rho\dot{\rho}^2 - \frac{M_\theta^2}{m\rho^3} + mga\rho = 0$$

Dejemos $\rho = \rho_o + \eta$ entonces retener términos de 1er ^{orden} en η:

$$(1 + a^2\rho_o^2)m\ddot{\eta} - \frac{M_\theta^2}{m\rho_o^3}\left(1 - \frac{3\eta}{\rho_o}\right) + mga(\rho_o + \eta) = 0$$

De este modo,

$$\ddot{\eta} + \frac{4ga\eta}{(1 + a^2\rho_o^2)} = 0 \quad \Rightarrow \quad \omega = \sqrt{\frac{4ga}{(1 + a^2\rho_o^2)}} \quad \Rightarrow \quad T$$

$$= \pi\sqrt{\frac{(1 + a^2\rho_o^2)}{ga}}.$$

Ejercicio 3.22. Época de otoño.
Dos partículas se mueven una alrededor de la otra en órbitas circulares bajo la influencia de fuerzas gravitacionales, con un período T. Su movimiento se detiene repentinamente y se liberan y se les permite caer una dentro de la otra. Muestre que chocan en el tiempo $t/4\sqrt{2}$.

Ejemplo 3.23. Fuerza central atractiva.
    (a) Demuestre que si una partícula describe una órbita circular bajo la influencia de una fuerza central de atracción dirigida a un punto del círculo, entonces la

fuerza varía como la quinta potencia inversa de la distancia.

(b) Demuestre que para la órbita descrita la energía total de la partícula es cero.

(c) Encuentre el período del movimiento.

(d) Encuentre $\dot{x}$, $\dot{y}$ y v como función del ángulo alrededor del círculo y demuestre que las tres cantidades son infinitas cuando la partícula pasa por el centro de fuerza.

Solución

(a) Comience con la posición dada por $r - 2a \sin \theta$ *for* $\quad 0 \le \theta \le 180°$. Y tener lagrangiano:

$$L = \frac{1}{2}m\left(\dot{r}^2 + r^2\dot{\theta}^2\right) - U(r) \quad with \quad \dot{r} = 2a \cos \theta \, \dot{\theta}.$$

Entonces,

$$\frac{d}{dt}\left(\frac{\partial L}{\partial \dot{\theta}}\right) - \frac{\partial L}{\partial \theta} = 0 \Rightarrow M_\theta = mr^2\dot{\theta} = const. \, of \, motion$$

Utilice $r^2 + r^2\dot{\theta}^2 = 4_a^2 \cos^2 \theta \, \dot{\theta}^2 + 4_a^2 \sin^2 \theta \, \dot{\theta}^2 = 4_a^2\dot{\theta}^2$ para la "restricción" en r para identificar la fuerza respectiva. De manera similar, obtenemos $E = 2ma^2\dot{\theta}^2 + U(r) =$ integral de movimiento, por lo que constante:

$$E = 2ma^2 \frac{M_\theta^2}{(mr^2)^2} + U(r) = \frac{2a^2 M_\theta^2}{mr^4} + U(r) = const$$

De este modo,

$$\frac{dE}{dr} = -\frac{8a^2 M_\theta^2}{mr^5} + \frac{dU}{dr} = 0$$

indica que la fuerza (atractiva) es:

$$F(r) = \frac{8a^2 M_\theta^2}{mr^5}.$$

(b) $\quad E = \frac{2a^2 M_\theta^2}{mr^4} - \int_\infty^r -\frac{8a^2 M_\theta^2}{mr^5} = 0$

(C) $\quad T =?$ $\quad M_\theta = mr^2\dot{\theta} = m(4a^2) \sin^2 \theta \frac{d\theta}{dt}$

$$dt = m(4a^2)\frac{\sin^2 \theta}{M_\theta}d\theta$$

$$T = \frac{1}{M_\theta}\int_0^\pi (4a^2) \, m \sin^2 \theta \, d\theta = \frac{2\pi ma^2}{M_\theta}$$

Alternativamente:

$$M_\theta = mr^2\dot\theta = mr \cdot r\frac{d\theta}{dt} = m2\frac{dA}{dt} \quad \rightarrow \quad dt = \frac{2mdA}{M_\theta} \quad \rightarrow \quad T = \frac{2\pi ma^2}{M_\theta}$$

(d) $\quad x = r\cos\theta = 2a\sin\theta\cos\theta = a\sin 2\theta \quad\quad \dot x = 2a(\cos^2\theta - \sin^2\theta)\dot\theta$

$\quad\quad y = r\sin\theta = 2a\sin^2\theta \quad\quad\quad\quad\quad\quad\quad \dot y = 4a\sin\theta\cos\theta\,\dot\theta$

Entonces,

$$\dot x = (2a)(1 - 2\sin^2\theta)\dot\theta = 2a\left(1 - \frac{1}{2}\left(\frac{r}{a}\right)^2\right)\frac{M_\theta}{mr^2}; \quad\quad \dot y$$

$$= 2r\sqrt{1 - \left(\frac{r}{a}\right)^2}\,\frac{M_\theta}{mr^2}$$

y

$$v = \sqrt{4a^2\{\cos^4\theta - 2\cos^2\theta\sin^2\theta + \sin^4\theta\} + 16a^2\sin^2\theta\cos^2\theta}\cdot\dot\theta$$
$$= 2a\dot\theta\sqrt{\cos^4\theta + \sin^4\theta}.$$

Ejercicio 3.23. Partícula en potencial armónico central.

Una partícula de masa m se mueve en potencial armónico central $V(r) = (1/2)kr^2$ con una constante elástica positiva k. (a) Utilice el potencial efectivo para demostrar que todas las órbitas están limitadas y que E_{min} deben exceder $\sqrt{kl^2/m}$. (b) Verifique que la órbita sea una elipse cerrada con el origen en el centro. Si la relación $E/E_{min} = \cosh\xi$ define la cantidad ξ, demuestre que los parámetros orbitales para a, b y la excentricidad. Discuta el caso límite $E \rightarrow E_{min}$ y $E \gg E_{min}$. (c) Demuestre que el período es independiente de E y l.

3.8 Pequeñas oscilaciones sobre equilibrios estables

Hasta ahora hemos considerado la mecánica orbital básica y obtuvimos el resultado orbital clásico de una elipse (con el círculo como caso especial). Pero, ¿qué tan estable es este resultado idealizado para sistemas más realistas en los que podría haber una interacción externa ocasional que impulse las cosas? ¿Cuán estables son estas soluciones en la "realidad"? Resulta que esta es una cuestión que tiene que ver con pequeñas oscilaciones (que se describirán en detalle en esta sección) y con la estabilidad general (que se describirá en el Capítulo 6, donde la dinámica se describe en el espacio de fase, y en el formalismo descrito allí la los criterios de estabilidad se pueden determinar más fácilmente). Tenga en cuenta que ampliar la clase de soluciones para permitir pequeñas

67

perturbaciones es el primer paso para tener una solución de mecánica general, pero ¿hasta dónde se puede llegar? La respuesta, que también seguirá en una sección posterior, depende del "límite del caos", que alcanza de manera distintiva, dando lugar a constantes universales, incluso C_∞ con su posible relación especial con alfa (detalles en [45]). .

Entonces consideremos una pequeña oscilación en el caso de la órbita circular. En el potencial estamos en una situación en la que ya estamos en el mínimo del potencial (sin cambios en el tiempo). Si modificamos esta configuración, veremos que experimentaremos un entorno potencial dominado por el potencial en la vecindad del equilibrio, y dado que es mínimo (requerido para el equilibrio en los sistemas en general, esta discusión se generalizó a esos casos como bueno) entonces no hay un término de primer orden, solo el segundo al siguiente orden superior:

$$U(r) - U(r_{min}) \cong \frac{1}{2}k(r - r_{min})^2 \dots$$

más términos de orden superior.

$$(3\text{-}39)$$

Si ahora nos centramos en el pequeño desplazamiento $x = r - r_{min}$ y eliminamos el $U(r_{min})$ término constante, tenemos el clásico oscilador de resorte Lagrangiano en la variable x:

$$L = \frac{1}{2}m\dot{x}^2 - \frac{1}{2}kx^2$$

$$(3\text{-}40)$$

Para lo cual las ecuaciones de Euler-Lagrange dan la ecuación de movimiento de segundo orden:

$$m\ddot{x} + kx = 0 \quad \rightarrow \quad \ddot{x} + \omega^2 x = 0, \quad where \; \omega^2 = \frac{k}{m}.$$

$$(3\text{-}41)$$

Dado que la convención es hablar de frecuencias positivas en este contexto, saque la raíz positiva: $\omega = \sqrt{k/m}$. La solución general de la ecuación diferencial es entonces: $x(t) = a\,\cos(\omega t) + b\sin(\omega t)$. Así, el resorte clásico 1-D tiene dos oscilaciones independientes posibles. Las condiciones de contorno a menudo se reducen a un grado de libertad de oscilación independiente. Tal como para el problema de la órbita circular con pequeña oscilación, donde el momento angular orbital es modificado por la pequeña oscilación (típicamente), donde la selección de la condición de contorno es para la oscilación del resorte que se traduce en una propagación de onda alrededor de la órbita circular de equilibrio en la misma orientación que la momento angular del sistema, lo que da un momento angular neto del sistema que es mayor, o lo contrario, con un momento angular neto menor. Supongamos que luego se selecciona una solución con solo una de las oscilaciones consistentes, eligiendo por conveniencia $x(t) = a\,\cos(\omega t)$, entonces tenemos:

$$E = \frac{1}{2}m\omega^2 a^2 \propto (amplitude)^2.$$

(3-42)

Entonces, la frecuencia del sistema no depende de la amplitud, pero la energía del sistema es la amplitud al cuadrado. Tenga en cuenta que la ecuación de movimiento de oscilación del resorte 1-D se puede reescribir como:

$$\frac{d^2x}{dt^2} + \omega^2 \frac{d^2x}{dX^2} = 0,$$

(3-43)

donde las dos clases de solución ahora se capturan en la forma:

$$x(t, X) = a\,\cos(\omega t - X) + b\cos(\omega t + X).$$

(3-44)

Estrechamente relacionada con esto está la ecuación de onda 1-D (diferencial parcial) para vibraciones en cuerdas $y(t, X)$:

$$\frac{\partial^2 y}{\partial t^2} - \omega^2 \frac{\partial^2 y}{\partial X^2} = 0,$$

donde las dos clases de solución independientes ahora se capturan en la forma (D'Alembert [7]):

$$y(t, X) = f(\omega t - X) + g(\omega t + X).$$

Tanto para el oscilador 1-D como para la vibración de cuerda 1-D, las condiciones límite afectan la evaluación de los grados de libertad funcionales disponibles.

3.8.1 Sistemas impulsados

Ahora que entendemos las oscilaciones "naturales" del sistema, ¿qué pasa si ejercimos repetidamente una fuerza sobre el sistema (aún dentro de la aproximación de pequeñas oscilaciones)? Al permanecer dentro del régimen de pequeñas oscilaciones debemos tener un potencial suficientemente débil, y siendo este el caso podemos expandirlo al orden más bajo en el desplazamiento del sistema de su equilibrio. Por lo tanto, además del resorte que restaura la fuerza a partir de energía potencial, $\frac{1}{2}kx^2$ ahora tenemos

$$U_{external}(x, t) \cong U_{ext}(0, t) + x[\partial U_{ext}/\partial x]_{x=0}$$

$$(3\text{-}45)$$

Eliminando el término sin dependencia de x ni fuerza de escritura, $F(t) = -[\partial U_{ext}/\partial x]_{x=0}$obtenemos el lagrangiano para el oscilador impulsado:

$$L = \frac{1}{2}m\dot{x}^2 - \frac{1}{2}kx^2 + xF(t).$$

$$(3\text{-}46)$$

Esto da lugar a la ecuación diferencial:

$$\ddot{x} + \omega^2 x = \frac{F(t)}{m},$$

$$(3\text{-}47)$$

cuya solución general se puede obtener de la forma habitual de ecuaciones diferenciales no homogéneas construyendo a partir de las soluciones de la ecuación diferencial homogénea. En este caso, supongamos que esto está escrito como solución general $x(t) = x_{hom}(t) + x_{inhom}(t)$, donde $x_{hom}(t) = a\cos(\omega t + \alpha)$como antes, está $\{a, \alpha\}$determinado por condiciones de contorno. Para calcular la $x_{inhom}(t)$pieza, consideremos fuerzas externas que son impulsores periódicos (la suma de estas puede luego, mediante la completitud de la transformada de Fourier, modelar cualquier fuerza externa que varía en el tiempo):

$$F(t) = f\cos(\gamma t + \beta).$$

$$(3\text{-}48)$$

Si adivinamos una solución $x_{inhom}(t) = b\cos(\gamma t + \beta)$, descubrimos que funciona para $b = f/m(\omega^2 - \gamma^2)$, por lo que tenemos para nuestra solución general:

$$x(t) = a\cos(\omega t + \alpha) + \left[\frac{f}{m(\omega^2 - \gamma^2)}\right]\cos(\gamma t + \beta).$$

$$(3\text{-}49)$$

Observe que esta solución consta de una parte que oscila a la frecuencia natural del sistema y una parte que oscila a la frecuencia impulsora de la fuerza. Observe también que sucede algo especial si la frecuencia de conducción coincide con la frecuencia natural del sistema. Este es el fenómeno de la resonancia.

Para examinar lo que sucede en la resonancia queremos tener una forma para tomar el límite $\gamma \to \omega$. Para ello necesitamos que el segundo término tenga una forma que permita utilizar la regla de L'Hopital. Simplemente rompiendo una parte del primer término y cambiando su término de fase según sea necesario (todo válido dentro de la aproximación de oscilación pequeña de primer orden), podemos simplemente reescribir:

$$x(t) = a' \cos(\omega t + \alpha) + \left[\frac{f}{m(\omega^2 - \gamma^2)}\right][\cos(\gamma t + \beta) - \cos(\omega t + \beta)],$$

(3-50)

y obtenemos:

$$\lim_{\gamma \to \omega} x(t) = a' \cos(\omega t + \alpha) + \left[\frac{ft}{2m\omega}\right][\sin(\omega t + \beta)].$$

(3-51)

Como puede verse, la conocida inestabilidad en resonancia aparece en el segundo término, que crece linealmente en el tiempo (violando pronto los supuestos de pequeña oscilación). Los sistemas a menudo se rompen cuando se accionan en resonancia porque son capaces de absorber eficientemente la energía del conductor suficiente no sólo para violar los supuestos de pequeña oscilación (y la receptividad a una mayor absorción de energía del conductor), sino también suficiente para romper una restricción del sistema. Nota: así es como un pequeño grupo de personas puede mover un automóvil estacionado empujando periódicamente el automóvil ("rebotando" sin "levantarlo") si la suspensión se acciona en resonancia y se realizan empujones laterales cuando se encuentra en un punto alto de rebote de la suspensión. .

Consideremos ahora sistemas con más de un grado de libertad. Generalmente los términos de orden inferior en la expresión potencial de los desplazamientos involucrarán términos cruzados. Aun así, generalmente se puede buscar que las coordenadas se desacoplen en un potencial de orden bajo sin términos cruzados (conocido como "coordenadas normales"), y el sistema con N grados de libertad se desacopla en N oscilaciones 1-D como ya se examinó.

Siguiendo la notación de [27] consideremos que U es una función de múltiples coordenadas. Estamos interesados en expansiones de este potencial con pequeños desplazamientos desde su mínimo (ya que se supone equilibrio con pequeña oscilación). Usando la libertad de cambiar la escala de energía, elegimos que el potencial mínimo sea cero y tenemos potencial hasta en términos cuadráticos (sin términos lineales ya que es mínimo):

$$U = \frac{1}{2}\sum_{i,k} K_{ik} x_i x_k,$$

71

donde las x son los desplazamientos de coordenadas desde el mínimo del potencial. De manera similar, el término cinético en coordenadas generalizadas seguirá siendo cuadrático en las velocidades, pero el coeficiente generalmente dependerá de las coordenadas:

$$T = \frac{1}{2} \sum_{i,k} m(x_i, x_k) \dot{x}_i \dot{x}_k \cong \frac{1}{2} \sum_{i,k} m_{ik} \dot{x}_i \dot{x}_k,$$

donde la última aproximación, con matriz de inercia constante, m_{ik} se obtiene al tomar el término de orden más bajo en la función de inercia generalizada $\sum_{i,k} m(x_i, x_k)$ (consistente con los escenarios de pequeño desplazamiento o pequeña oscilación). El lagrangiano es así:

$$L = \frac{1}{2} \sum_{i,k} (m_{ik} \dot{x}_i \dot{x}_k - K_{ik} x_i x_k),$$

y las ecuaciones de Euler-Lagrange resultantes:

$$\sum_k (m_{ik} \ddot{x}_k + K_{ik} x_k) = 0.$$

Considere como posible solución desplazamientos en las coordenadas generalizadas que tengan diferentes magnitudes pero la misma frecuencia: $x_k = A_k \exp i\omega t$. Sustituyendo ahora debemos resolver:

$$\sum_k (-\omega^2 m_{ik} + K_{ik}) A_k = 0 \quad \rightarrow \quad det|-\omega^2 m_{ik} + K_{ik}| = 0,$$

Por lo tanto, igualamos el determinante a cero, lo que da como resultado una ecuación característica de grado "N" (el número de coordenadas generalizadas). Las soluciones $\{\omega_\alpha\}$ son las frecuencias características del sistema. Esto sugiere que una solución general para cada desplazamiento de coordenadas generalizado consista en una suma de todas las frecuencias características (manteniéndose consistente con la notación de [27]):

$$x_k = \sum_\alpha \Delta_{k\alpha} \theta_\alpha \; ; \quad \theta_\alpha = Re[C_\alpha \exp i\omega_\alpha t],$$

(3-52)

donde C_α son constantes complejas arbitrarias y las $\Delta_{k\alpha}$ son los menores del determinante asociado con cada una de las frecuencias características ω_α (asumiendo que todas ω_α son diferentes). Así, la variación temporal de cada coordenada del sistema es una superposición de N osciladores periódicos simples (con amplitudes y fases arbitrarias pero N frecuencias definidas). Para simplificar, sigamos asumiendo que todos ω_α son diferentes y simplemente sustituyamos $x_k = \sum_\alpha \Delta_{k\alpha} \theta_\alpha$, de lo cual obtenemos N ecuaciones desacopladas al sustituirlas en el lagrangiano (por ejemplo, usando las frecuencias características diagonalizamos

72

simultáneamente los términos cinético y potencial, además de un factor de inercia I_α para cada contribución de frecuencia):

$$L = \frac{1}{2} \sum_\alpha I_\alpha (\dot{\theta}_\alpha{}^2 - \omega_\alpha{}^2 \theta_\alpha{}^2),$$

(3-53)

lo que requiere un cambio de escala de coordenadas para llegar a la convención para las coordenadas normales de que su término cinético tiene un coeficiente de 1/2. Por lo tanto $\theta_\alpha \rightarrow \theta_\alpha / \sqrt{I_\alpha}$, y si hay fuerza, el lagrangiano revisado se convierte en:

$$L = \frac{1}{2} \sum_\alpha (\dot{\theta}_\alpha{}^2 - \omega_\alpha{}^2 \theta_\alpha{}^2) + \sum_\alpha \sum_k \frac{F_k(t)}{\sqrt{I_\alpha}} \Delta_{k\alpha} \theta_\alpha.$$

(3-54)

Así, el uso de coordenadas normales hace posible la reducción de una oscilación forzada en un sistema con más de un grado de libertad a una serie de problemas de oscilador forzado unidimensional.

3.8.2 Ejemplos de pequeñas oscilaciones multimodales y modal bloqueado

Ejemplo 3.24. Péndulo suspendido del borde de un disco cilíndrico.
Un péndulo simple está suspendido del borde de un disco cilíndrico como se muestra en la figura 3.9. El péndulo tiene longitud l y masa m. El disco tiene un radio $r = l/2$, una masa $M = 2m$ y puede girar libremente alrededor de un eje que pasa por su centro. Encuentre los modos y frecuencias normales en la aproximación de pequeña oscilación.

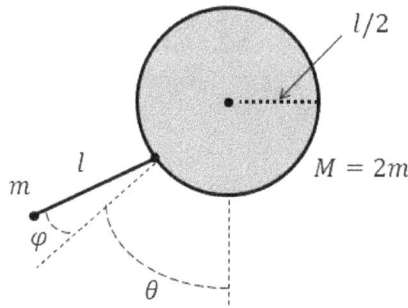

Figura 3.9.

Para obtener el lagrangiano primero necesitamos el momento de inercia de un disco sólido:

$$I = \int_0^r \rho r^2 (2\pi r) dr = 2\pi \rho \frac{r^4}{4}, \qquad where \; \rho(\pi r^2) = M,$$

de este modo,

$$I = \frac{1}{2} M r^2 = \frac{1}{2} (2m)(\frac{l}{2})^2 = \frac{1}{4} m l^2.$$

Para la coordenada angular de rotación del disco tenemos θ, con frecuencia angular $\omega = \dot{\theta}$. Consideremos ahora las coordenadas de la masa del péndulo:

$$y = \frac{l}{2} \cos\theta + l\cos(\theta + \varphi) \quad and \quad x = \frac{l}{2} \sin\theta + l\sin(\theta + \varphi)$$

con derivada del tiempo:

$$\dot{y} = -\left\{ \frac{l}{2} \sin\theta \dot{\theta} + l\sin(\theta + \varphi)(\dot{\theta} + \dot{\varphi}) \right\} \quad and \quad \dot{x}$$

$$= \left\{ \frac{l}{2} \cos\theta \dot{\theta} + l\cos(\theta + \varphi)(\dot{\theta} + \dot{\varphi}) \right\}.$$

Los términos cinéticos son así:

$$T = \frac{1}{2} I \omega^2 + \frac{1}{2} m(\dot{x}^2 + \dot{y}^2)$$

$$= \frac{1}{2} \left(\frac{1}{4} m l^2 \right) \dot{\theta}^2$$

$$+ \frac{1}{2} m \left\{ \left(\frac{l}{2} \dot{\theta} \right)^2 + \left[l(\dot{\theta} + \dot{\varphi}) \right]^2 + l^2 \dot{\theta}(\dot{\theta} + \dot{\varphi})\cos\varphi \right\}$$

El término potencial es:

$$U = -mgy = -mgl \left(\frac{1}{2} \cos\theta + \cos(\theta + \varphi) \right).$$

Juntando esto para obtener el Lagrangiano y cambiando a la aproximación de ángulo pequeño (y eliminando constantes):

$$L = \frac{1}{8} m l^2 \dot{\theta}^2 + \frac{1}{2} m \left\{ \left(\frac{l}{2} \dot{\theta} \right)^2 + \left[l(\dot{\theta} + \dot{\varphi}) \right]^2 \right\} + mgl(\frac{1}{2}(-\frac{1}{2}\theta^2)$$

$$- \frac{1}{2}(\theta - \varphi)^2$$

$$= \frac{5}{4} m l^2 \dot{\theta}^2 + \frac{3}{2} m l^2 \dot{\theta}\dot{\varphi} + \frac{1}{2} m l^2 \dot{\varphi}^2 - \frac{3}{4} mgl\theta^2 - mgl\theta\varphi - \frac{1}{2} mgl\varphi^2$$

Usando la relación EL, las ecuaciones de movimiento son entonces:

$$\frac{5}{2}ml^2\ddot{\theta} + \frac{3}{2}ml^2\ddot{\varphi} + \frac{3}{2}mgl\theta + mgl\varphi = 0$$

$$ml^2\ddot{\varphi} + \frac{3}{2}ml^2\ddot{\theta} + mgl\varphi + mgl\theta = 0$$

$$\begin{vmatrix} \left(3\left(\frac{g}{l}\right) - 5\omega^2\right) & \left(2\left(\frac{g}{l}\right) - 3\omega^2\right) \\ \left(2\left(\frac{g}{l}\right) - 3\omega^2\right) & \left(2\left(\frac{g}{l}\right) - 2\omega^2\right) \end{vmatrix} = 0$$

$$\omega^2 = \frac{4\left(\frac{g}{l}\right) \pm \sqrt{\left(4\left(\frac{g}{l}\right)\right)^2 - 4\left(2\left(\frac{g}{l}\right)^2\right)}}{2} = \left(\frac{g}{l}\right)\{2 \pm \sqrt{2}\}$$

y ahora podemos escribir para $\omega^2 = \left(\frac{g}{l}\right)(2 + \sqrt{2})$:

$$(v - \omega^2 m)\rho^{(1)} = \begin{pmatrix} \{3 - 5(2 + \sqrt{2})\}\left(\frac{g}{l}\right) & \{2 - 3(2 + \sqrt{2})\}\left(\frac{g}{l}\right) \\ \{2 - 3(2 + \sqrt{2})\}\left(\frac{g}{l}\right) & \{2 - 2(2 + \sqrt{2})\}\left(\frac{g}{l}\right) \end{pmatrix}\begin{pmatrix} \theta \\ \varphi \end{pmatrix}$$

$$= 0$$

$$(-7 - 5\sqrt{2})\theta + (-4 - 3\sqrt{2})\theta = 0$$
$$(-4 - 3\sqrt{2})\theta + (-2 - 2\sqrt{2})\theta = 0$$

$$\theta = -\frac{(4 + 3\sqrt{2})\varphi}{(7 + 5\sqrt{2})} \simeq -\frac{4.1}{7}\varphi$$

De este modo:

$$\rho^{(1)} \simeq c\begin{pmatrix} 1 \\ -7/4 \end{pmatrix} \quad for \quad \omega^2 = \left(\frac{g}{l}\right)(2 + \sqrt{2})$$

De manera similar, para $\omega^2 = \left(\frac{g}{l}\right)(2 - \sqrt{2})$

$$(v - \omega^2 m)\rho^{(2)} = \begin{pmatrix} \{3 - 5(2 - \sqrt{2})\}\left(\frac{g}{l}\right) & \{2 - 3(2 - \sqrt{2})\}\left(\frac{g}{l}\right) \\ \{2 - 3(2 - \sqrt{2})\}\left(\frac{g}{l}\right) & \{2 - 2(2 - \sqrt{2})\}\left(\frac{g}{l}\right) \end{pmatrix}\begin{pmatrix}\theta \\ \varphi\end{pmatrix}$$

$$= 0$$

$$\theta = \frac{(-4 - 3\sqrt{2})\varphi}{(-7 - 5\sqrt{2})} \simeq 4\varphi$$

$$\rho^{(2)} \simeq c\begin{pmatrix}1 \\ 1/4\end{pmatrix} \; for \; \omega^2 = \left(\frac{g}{l}\right)(2 - \sqrt{2})$$

Normalicemos ahora los vectores:

$$M = m\begin{pmatrix} \dfrac{5}{2} & \dfrac{3}{2} \\ \dfrac{3}{2} & 1 \end{pmatrix}$$

$$mc^2\begin{pmatrix}1 & \dfrac{-7}{4}\end{pmatrix}\begin{pmatrix} \dfrac{5}{2} & \dfrac{3}{2} \\ \dfrac{3}{2} & 1 \end{pmatrix}\begin{pmatrix}1 \\ -\dfrac{7}{4}\end{pmatrix} = mc^2\begin{pmatrix}1 & \dfrac{-7}{4}\end{pmatrix}\begin{pmatrix}-\dfrac{1}{8} \\ -\dfrac{1}{4}\end{pmatrix}$$

$$= mc^2\left(-\frac{1}{8} + \frac{7}{16}\right) = mc^2\left(\frac{5}{16}\right)$$

$$c \simeq \frac{4}{\sqrt{5m}}$$

$$\vec{\rho}^{(1)} = \frac{4}{\sqrt{5m}}\begin{pmatrix}1 \\ -7/4\end{pmatrix}$$

De manera similar obtenemos para el otro modo:

$$c \simeq \frac{4}{\sqrt{53m}}$$

$$\vec{\rho}^{(2)} = \frac{4}{\sqrt{53m}}\begin{pmatrix}1 \\ 1/4\end{pmatrix}$$

Así, los modos normales se combinan para dar la posición mediante:

$$\vec{x} = \frac{4}{\sqrt{5m}}\begin{pmatrix}1 \\ -7/4\end{pmatrix}\left\{c_1 \cos\left(\sqrt{(2 + \sqrt{2})\left(\frac{g}{l}\right)}\,t\right)\right.$$

$$\left. + d_1 \sin\left(\sqrt{(2 + \sqrt{2})\left(\frac{g}{l}\right)}\right)t\right\}$$

76

$$+ \frac{4}{\sqrt{53m}} \binom{1}{1/4} \left\{ c_2 \cos\left(\sqrt{(2-\sqrt{2})\left(\frac{g}{l}\right)}\, t\right) \right.$$
$$\left. + d_2 \sin\left(\sqrt{(2-\sqrt{2})\left(\frac{g}{l}\right)}\right) t \right\}$$

Ejercicio 3.24. En lugar de un disco sólido, tenga un aro (misma masa). Repetir el análisis.

Ejemplo 3.25. Dos pequeñas cuentas en un alambre circular.
Para el siguiente ejemplo, considere dos pequeñas cuentas de masa m y carga e que se mueven sin fricción sobre un alambre circular de radio a. En t=0, las perlas son diametralmente opuestas entre sí. Si la cuenta 2 está inicialmente en reposo y la cuenta 1 inicialmente tiene velocidad:

$$v \ll \sqrt{\left(\frac{e^2}{ma}\right)},$$

para oscilaciones pequeñas, encuentre la posición de la cuenta 1 en el tiempo t.

Primero, escribamos el lagrangiano donde las coordenadas son simplemente la posición angular de las cuentas:

$$L = \frac{1}{2} m \left(a^2 \dot{\theta}_1^{\,2} + a^2 \dot{\theta}_2^{\,2} \right) - U(r).$$

El potencial se debe a la fuerza de Coulomb, por lo que

$$F = \frac{-e^2}{r^2} \quad \Rightarrow \quad U = \frac{e^2}{r}.$$

Ahora para calcular la distancia r entre las cargas. Comience definiendo la separación angular entre las cuentas: $\alpha = \theta_2 - \theta_1$ y considerando la alineación del eje de manera que la cuenta uno esté en la parte inferior del alambre y en el origen y la cuenta dos tenga

$$x = a\sin\alpha \quad and \quad y = a(1 - \cos\alpha) \quad and \quad r = a\sqrt{2(1 - \cos\alpha)}$$
$$= 2a\sin\frac{\alpha}{2}.$$

Ahora podemos escribir el lagrangiano como:

$$L = \frac{1}{2}ma^2\left(\dot{\theta_1}^2 + \dot{\theta_2}^2\right) - \frac{e^2}{2a\sin\frac{\alpha}{2}}$$

$$= \frac{1}{2}ma^2\left(\dot{\alpha}^2 + 2\dot{\theta_1}\dot{\alpha} + 2\dot{\theta_1}^2\right) - \frac{e^2}{2a\sin\frac{\alpha}{2}}$$

Para oscilaciones pequeñas queremos $\alpha = \pi + \eta$, donde η es pequeño (cero en el potencial mínimo), y como tenemos $\sin\left(\frac{\pi}{2} + \frac{\eta}{2}\right) = \cos\left(\frac{\eta}{2}\right)$ obtenemos:

$$L = \frac{1}{2}ma^2\left(\dot{\eta}^2 + 2\dot{\theta_1}\dot{\eta} + 2\dot{\theta_1}^2\right) - \frac{e^2}{2a\sin\frac{2}{\eta}}$$

Las ecuaciones de movimiento se derivan entonces de la relación EL, $\frac{d}{dt}\left(\frac{\partial L}{\partial \dot{q}}\right) - \frac{\partial L}{\partial q} = 0$, para dar:

$$\frac{1}{2}ma^2(2\ddot{\eta} + 4\ddot{\theta_1}) = 0 \implies \ddot{\theta_1} = -\frac{1}{2}\ddot{\eta}$$

$$\frac{1}{2}ma^2(2\ddot{\eta} + 2\ddot{\theta_1}) + \frac{e^2}{2a}\left(\frac{-\left(-\sin\left(\frac{\eta}{2}\right)\frac{1}{2}\right)}{\cos^2\left(\frac{\eta}{2}\right)}\right) = 0$$

Y aproximando para pequeños η:

$$\ddot{\eta} + \frac{e^2}{2ma^3}\left(\frac{\eta}{2}\right) = 0,$$

y la frecuencia de pequeñas oscilaciones del sistema es:

$$\omega^2 = \frac{e^2}{4ma^3}.$$

En el momento t=0 tenemos $\alpha = \pi \implies \eta = 0$. Escribiendo la solución general para la frecuencia de oscilación dada:

$$\eta = B\sin(\omega t).$$

Ahora, en $t = 0$ tenemos $v_2 = v$, $v_1 = 0$, entonces:

$$v_2 = a\dot{\theta_2} = v, \quad and \quad \dot{\eta} = \dot{\alpha} = \dot{\theta_2} - \dot{\theta_1} = \dot{\theta_2} = \frac{v}{a} \quad at\ t = 0$$

$$\dot{\eta} = B\omega\cos(\omega t)\Big|_{t=0} = \left(\frac{v}{a}\right) \quad \rightarrow \quad B = \frac{v}{a\omega}$$

Así, $\eta = \dfrac{v}{a\omega}\sin(\omega t)$ y podemos escribir

$$\ddot{\theta}_1 = -\frac{1}{2}\ddot{\eta} \;\rightarrow\; \frac{d}{dt}\left(\dot{\theta}_1 + \frac{1}{2}\dot{\eta}\right) = 0 \;\rightarrow\; \dot{\theta}_1 + \frac{1}{2}\dot{\eta} = \frac{v}{2a}$$

y

$$\dot{\theta}_1 = \frac{v}{2a} - \frac{1}{2}\dot{\eta} \;\rightarrow\; \theta_1 = \frac{v}{2a}t - \frac{v}{2a\omega}\sin(\omega t) + \theta_0$$

¿Dónde θ_0 está el ángulo inicial para θ_1? De este modo,

$$\theta_1 = \frac{v}{2a}\left\{t - \frac{\sin(\omega t)}{\omega}\right\} + \theta_0, \quad \omega = \sqrt{\frac{e^2}{4ma^3}}$$

Ejercicio 3.25. Haga que las dos cuentas estén en reposo, colocadas a 175 grados de distancia y suéltelas. Para oscilaciones pequeñas, encuentre las posiciones de las cuentas en el tiempo t.

Ejemplo 3.26. Péndulo dentro de aro rodante.

Consideremos ahora un aro cilíndrico delgado de radio R y masa M que rueda sin deslizarse sobre una superficie horizontal rugosa (figura 3.10). Un péndulo físico de masa m está montado sobre el eje del cilindro mediante una disposición de radios de masa despreciable que convergen en el origen y proporcionan un soporte de péndulo que puede girar libremente alrededor del eje cilíndrico. El centro de masa del péndulo está a una distancia h del eje cilíndrico y su radio de giro es k. Para pequeñas oscilaciones sobre la posición de equilibrio obtenga el período de oscilación en términos de las variables antes mencionadas.

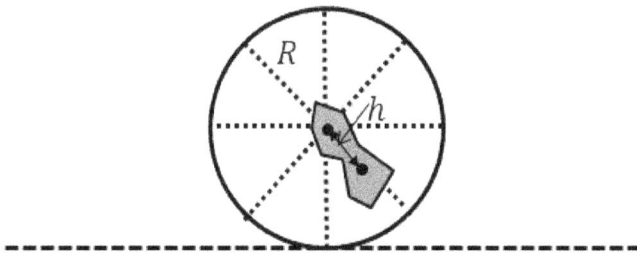

Figura 3.10.

La energía cinética del aro es:

$$T_h = \frac{1}{2}I_h\omega_h{}^2 + \frac{1}{2}Mv_h{}^2, \quad where \quad I_h = MR^2 \quad and \quad \omega_h = \dot{\theta}, \quad v_h = R\dot{\theta}$$

79

La energía cinética del péndulo es:

$$T_p = \frac{1}{2} I_{\rho(cm)} \omega_\rho{}^2 + \frac{1}{2} m v_\rho{}^2$$

El momento de inercia del péndulo viene dado por el teorema de los ejes paralelos:

$$I = I_{cm} + mh^2 \quad \rightarrow \quad I_{p(cm)} = mk^2 - mh^2$$

Escribiendo la posición del péndulo en coordenadas cartesianas:

$$x = hsin\varphi \quad \text{and} \quad y = -hcos\varphi,$$

con derivadas del tiempo:

$$\dot{x} = hcos\varphi\dot{\varphi} \quad \text{and} \quad \dot{y} = hsin\varphi\dot{\varphi}.$$

Para las velocidades entonces podemos escribir:

$$\omega_p = \dot{\varphi} \quad \text{and} \quad v_T = |\vec{v}_h + \vec{v}_p| = \sqrt{(v_h + h\dot{\varphi}cos\varphi)^2 + (h\dot{\varphi}sin\varphi)^2}$$

La velocidad total del centro de masa del péndulo es, por tanto,

$$v_T{}^2 = v_h{}^2 + (h\dot{\varphi})^2 + 2v_h(h\dot{\varphi})cos\varphi$$

y la energía potencial del péndulo es:

$$U = -mghcos\varphi.$$

Ahora podemos escribir el lagrangiano:

$$L = \frac{1}{2}MR^2\dot{\theta}^2 + \frac{1}{2}M(R\dot{\theta})^2 + \frac{1}{2}(mk^2 - mh^2)\dot{\varphi}^2$$
$$+ \frac{1}{2}m\{v_h{}^2 - (h\dot{\varphi})^2 + 2v_h(h\dot{\varphi})cos\varphi\} + mghcos\varphi$$

y ahora cambiando al formalismo de pequeña oscilación (eliminando términos de tercer ᵒʳᵈᵉⁿ y superiores):

$$L = MR^2\dot{\theta}^2 + \frac{1}{2}(mk^2 - mh^2)\dot{\varphi}^2 + \frac{1}{2}m\{(R\dot{\theta})^2 + (h\dot{\varphi})^2 + 2(R\dot{\theta})(h\dot{\varphi})\}$$
$$- \frac{1}{2}mgh\varphi^2$$
$$= \left(MR^2 + \frac{1}{2}mR^2\right)\dot{\theta}^2 + \frac{1}{2}mk^2\dot{\varphi}^2 + mRh\dot{\theta}\dot{\varphi} - \frac{1}{2}mgh\varphi^2$$

Ahora podemos obtener las ecuaciones de movimiento usando las ecuaciones EL:

$$\theta \ equation: \quad 2\left(MR^2 + \frac{1}{2}mR^2\right)\ddot{\theta} + mRh\ddot{\varphi} = 0$$

$$\Longrightarrow \quad \frac{d}{dt}\{(2M + m)R^2\dot{\theta} + mhR\dot{\varphi}\} = 0$$

Así obtenemos $\ddot{\theta} = -\frac{mRh\ddot{\varphi}}{(2M+m)R^2}$, que usamos en la otra ecuación:

$$\varphi \ equation: \quad mk^2\ddot{\varphi} + mhR\ddot{\theta} + mgh\varphi = 0$$

reescritura después de la sustitución:

$$\left\{ mk^2 - \frac{m^2h^2}{(2M+m)} \right\} \ddot{\varphi} + mgh\varphi = 0$$

$$\omega^2 = \frac{mgh}{mk^2 - \dfrac{m^2h^2}{(2M+m)}} \quad \rightarrow \quad \omega = \sqrt{\frac{g}{h}\left\{ \left(\frac{k}{h}\right)^2 - \frac{m}{(2M+m)} \right\}^{-1}}$$

Y a medida que $M \rightarrow \infty$ el aro se vuelve ignorable y la frecuencia se vuelve $\omega = \sqrt{\frac{gh}{k^2}}$ la esperada. Para el período obtenemos entonces:

$$T = \frac{2\pi}{\omega} = 2\pi\sqrt{\frac{k^2}{gh}}\sqrt{1 - \left(\frac{h}{k}\right)^2\frac{m}{(2M+m)}}.$$

Tenga en cuenta que no hay dependencia de R en la solución.

Ejercicio 3.26. Reemplace el aro con un disco sólido. (Ignore los efectos del grosor).

Ejemplo 3.27. Una partícula en un potencial $V(\vec{r}) = V_0 \log r$.
Una partícula de masa m se mueve en un potencial $V(\vec{r}) = V_0 \log r$. Sea Ω la frecuencia de una órbita circular en r = R, y sea ω la frecuencia de pequeñas oscilaciones radiales alrededor de esa órbita circular. Encontrar ω/Ω.

Empezando por el lagrangiano en coordenadas polares:

$$L = \frac{1}{2}m(\dot{r}^2 + r^2\dot{\theta}^2) - V(\vec{r}) = \frac{1}{2}m(\dot{r}^2 + r^2\dot{\theta}^2) - V_0 \log r$$

De las ecuaciones EL para la θ coordenada obtenemos:

$$\frac{d}{dt}(mr^2\dot{\theta}) = 0 \rightarrow mr^2\dot{\theta} = l.$$

Para la coordenada r obtenemos:

$$m\ddot{r} - mr\dot{\theta}^2 + \frac{v_0}{r} = 0 \rightarrow \ddot{r} - \frac{l^2}{m^2r^3} + \frac{v_0}{m}\frac{1}{r} = 0$$

Para órbitas circulares $r = R$ obtenemos $R^2 = \frac{l^2}{mv_0}$, o:

$$R = \frac{l}{\sqrt{mv_0}}.$$

El período de la órbita circular se obtiene integrando $mr^2\dot\theta = l$ para $mr^2\left(\frac{2\pi}{T}\right) = l$ superar un ciclo. Por tanto, el período es $T = mr^2\left(\frac{2\pi}{l}\right)$. Relacionando el periodo con la frecuencia, entonces tenemos:

$$\Omega = \frac{l}{mR^2} = \frac{v_0}{l}$$

Ahora consideremos pequeñas oscilaciones radiales:

$$r = R + \eta \rightarrow \ddot\eta - \frac{l^2}{m^2(R+\eta)^3} + \frac{v_0}{m}\frac{1}{(R+\eta)} = 0$$

lo que simplifica para pequeño η ser:

$$\ddot\eta + \eta\left(\frac{v_0{}^2}{l^2}\right)2 = 0 \quad \Rightarrow \quad \omega = \frac{v_0}{l}\sqrt{2}.$$

Por tanto, la relación de frecuencias es:

$$\frac{\omega}{\Omega} = \sqrt{2}.$$

Ejercicio 3.27. Pruebe como en el Ej. 3.27, pero con $V(\vec{r}) = -V_0/r$

Ejemplo 3.28. Aro sin masa con péndulo.
Un aro sin masa de radio 2l rueda sin deslizarse sobre un piso plano (figura 3.11). Unida al bucle hay una varilla de longitud 2l y masa m que puede oscilar libremente en el plano del aro. Encuentre la frecuencia del modo oscilatorio para pequeñas oscilaciones alrededor de la posición de equilibrio que se muestra.

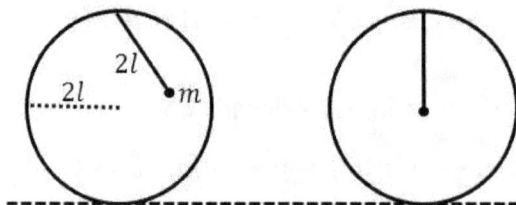

Figura 3.11.

Usemos el ángulo θ para especificar el desplazamiento desde la posición de equilibrio del punto de apoyo, luego $\omega_1 = \dot{\theta}$ la condición de antideslizante relaciona esto con la velocidad horizontal del aro: $v_h = 2l\omega_1\dot{\theta}$.

El momento de inercia de la varilla es:

$$I = \frac{1}{3}mR^2 = \frac{1}{3}(m)(2l)^2 = \frac{4}{3}ml^2$$

Expresemos ahora la posición del punto de apoyo de la varilla en coordenadas cartesianas:

$$x_s = (2l)\sin\theta \quad and \quad y_s = 2l + (2l)\cos\theta,$$

para lo cual las derivadas del tiempo de coordenadas son:

$$\dot{x}_s = 2l\cos\theta\dot{\theta} \quad and \quad \dot{y}_s = -2l\sin\theta\dot{\theta}.$$

Expresemos ahora la posición del centro de masa de la varilla, respecto al punto de apoyo, mediante el ángulo φ:

$$x = (l)\sin\varphi \quad and \quad y = -(l)\cos\varphi,$$

para lo cual las derivadas del tiempo de coordenadas son:

$$\dot{x} = l\cos\theta\dot{\varphi} \quad and \quad \dot{y} = -l\sin\varphi\dot{\varphi}.$$

Ahora podemos escribir la energía cinética:

$$v = |\overrightarrow{v_s} + \overrightarrow{v_{cm}}| = \sqrt{((v_s)_x + \dot{x})^2 + \left((v_s)_y + \dot{y}\right)^2}$$

después de las sustituciones:

$$v^2 = (v_h + (2l)\omega_1\cos\theta)^2 + 2(v_h + (2l)\omega_1\cos\theta)\dot{x} + \dot{x}^2$$
$$+ (-(2l)\omega_1\sin\theta)^2 - 2\left((2l)\omega_1\sin\theta\right)\dot{y} + \dot{y}^2$$
$$v^2 = 2[(2l)\omega_1]^2 + 2[(2l)\omega_1]\cos\theta + 2(2l)\omega_1(1+\cos\theta)\dot{x}$$
$$- 2(2l)\omega_1\sin\theta\dot{y} + (l\dot{\varphi})^2$$

De este modo,

$$T = \frac{1}{2}I\omega^2 + \frac{1}{2}mV^2$$
$$T = \frac{1}{2}\left(\frac{4}{3}ml^2\right)\dot{\varphi}^2$$
$$+ \frac{1}{2}m\left\{2\left(2l\dot{\theta}\right)^2(1+\cos\theta) + 2\left(2l\dot{\theta}\right)(1+\cos\theta)\dot{x}\right.$$
$$\left. - 2\left(2l\dot{\theta}\right)\sin\theta\dot{y} + (l\dot{\varphi})^2\right\}$$

La energía potencial viene dada por:

$$U = -mgy_{cm} = -mg(y_s + y) = -mg\{2l + 2l\cos\theta - l\cos\varphi\}$$

Juntando esto para obtener el lagrangiano y asumiendo ángulos pequeños:

$$L = T - U = \frac{2}{3}ml^2\dot{\varphi}^2 + 2m\left(2l\dot{\theta}\right)^2 + 2m\left(2l\dot{\theta}\right)(l\dot{\varphi}) + (l\dot{\varphi})^2 - mgl\theta^2$$
$$+ mgl\left(\frac{\varphi^2}{2}\right)$$

Ahora podemos calcular las ecuaciones de movimiento:

$$\theta: \quad 4m(2l)^2\ddot{\theta} + m(2l)^2\ddot{\varphi} + 2mgl\theta = 0$$

$$\varphi: \quad \frac{1}{3}m(2l)^2\ddot{\varphi} + m(2l)^2\ddot{\theta} - mgl\varphi = 0$$

Después de la simplificación:

$$\theta: \quad 4\ddot{\theta} + \ddot{\varphi} + \frac{g}{2l}\theta = 0$$

$$\emptyset: \quad \frac{1}{3}\ddot{\varphi} + \ddot{\theta} - \frac{g}{4l}\varphi = 0$$

Resolviendo para obtener las frecuencias del modo normal:

$$\begin{vmatrix} \dfrac{g}{2l} & -\omega^2 \\ -\omega^2 & \dfrac{g}{4l} - \dfrac{1}{3}\omega^2 \end{vmatrix} = 0 \quad \rightarrow \quad \omega^2 = \left(\frac{g}{2l}\right)\left\{\frac{-5 \pm \sqrt{25 + 6}}{2}\right\}$$

y para el modo oscilatorio tomamos la $\omega^2 > 0$ raíz:

$$\omega^2{}_{osc} = \left(\frac{g}{2l}\right)\left(\frac{\sqrt{31} - 5}{2}\right).$$

Ejercicio 3.28. Pruebe como en el Ej. 3.28, pero con aro de masa M.

Ejemplo 3.29. Problema de bolas y resortes.
Considere tres bolas B, C, D, que están conectadas en línea BCD por dos resortes. Considere que todo movimiento ocurre a lo largo del eje x. Considere una bola A que viene desde la izquierda en curso de colisión con la bola B. Considere que las cuatro masas de las bolas son m. Tome las dos constantes del resorte como k. El grupo inicial de tres bolas está en reposo, mientras que la bola A que se acerca tiene una velocidad v. Supongamos que la colisión ocurre en el tiempo = 0 y suponga que el tiempo de colisión es corto en comparación con $\sqrt{(m/k)}$. Encuentre la posición de la bola D en función del tiempo.

El Lagrangiano para el sistema BCD es simplemente:

$$L = \frac{1}{2}m\left(\dot{x_B}^2 + \dot{x_C}^2 + \dot{x_D}^2\right)$$
$$-\frac{1}{2}k\left([x_C - x_B]^2 + [x_D - x_C]^2\right)$$

$$\tilde{v} = k\begin{vmatrix} 1 & -1 & 0 \\ -1 & 2 & -1 \\ 0 & -1 & 1 \end{vmatrix} \;and\; \tilde{m} = m\begin{vmatrix} 1 & 0 & 0 \\ 0 & 1 & 0 \\ 0 & 0 & 1 \end{vmatrix} \;and\; |\tilde{v} - \omega^2\tilde{m}| = 0$$

Luego da el determinante:

$$\begin{vmatrix} k - \omega^2 m & -k & 0 \\ -k & 2k - \omega^2 m & -k \\ 0 & -k & k - \omega^2 m \end{vmatrix} = 0$$

de este modo

$$m\omega^2(k - \omega^2 m)(3k - \omega^2 m) = 0$$

Y las frecuencias son: $\omega = 0$; $\omega = \sqrt{k/m}$; y $\omega = \sqrt{3k/m}$, donde $\omega = 0$ corresponde a la traducción. Para el modo $\omega_1 = 0$:

$$(\tilde{v} - \omega^2\tilde{m})\rho^{(1)} = \begin{pmatrix} 1 & -1 & 0 \\ -1 & 2 & -1 \\ 0 & -1 & 1 \end{pmatrix}\begin{pmatrix} x_B \\ x_C \\ x_D \end{pmatrix} = 0 \quad \rightarrow \quad \rho^{(1)} = c\begin{pmatrix} 1 \\ 1 \\ 1 \end{pmatrix}$$

Ahora para obtener la normalización:

$$\rho^{(1)}m\rho^{(1)} = mc^2(1 \quad 1 \quad 1)\begin{pmatrix} 1 & \square & \square \\ \square & 1 & \square \\ \square & \square & 1 \end{pmatrix}\begin{pmatrix} 1 \\ 1 \\ 1 \end{pmatrix} = c^2(3)m = 1$$

De este modo

$$\rho^{(1)} = \frac{1}{\sqrt{3m}}\begin{pmatrix} 1 \\ 1 \\ 1 \end{pmatrix}$$

Para el modo $\omega_2 = \sqrt{\frac{k}{m}}$:

$$\begin{pmatrix} 0 & -k & 0 \\ -k & k & -k \\ 0 & -k & 0 \end{pmatrix}\begin{pmatrix} x_B \\ x_C \\ x_D \end{pmatrix} = 0 \quad \rightarrow \quad \rho^{(2)} = c\begin{pmatrix} 1 \\ 0 \\ -1 \end{pmatrix} \quad \rightarrow \quad \rho^{(2)}$$

$$= \frac{1}{\sqrt{2m}}\begin{pmatrix} 1 \\ 0 \\ -1 \end{pmatrix}$$

y por modo $\omega_3 = \sqrt{\frac{3k}{m}}$:

$$\begin{pmatrix} -2k & -k & 0 \\ -k & k & -k \\ 0 & -k & -2k \end{pmatrix}\begin{pmatrix} x_B \\ x_C \\ x_D \end{pmatrix} = 0 \quad \rightarrow \quad \rho^{(3)} = c\begin{pmatrix} 1 \\ -2 \\ 1 \end{pmatrix} \quad \rightarrow \quad \rho^{(2)}$$

$$= \frac{1}{\sqrt{6m}}\begin{pmatrix} 1 \\ -2 \\ 1 \end{pmatrix}$$

La forma general de la solución con estos tres modos es:

$$\vec{x}(t) = \vec{\rho}^{(1)}(c_1 + d_1 t) + \vec{\rho}^{(2)}(c_2 \cos \omega_2 t + d_2 \sin \omega_2 t)$$
$$+ \vec{\rho}^{(3)}(c_3 \cos \omega_3 t + d_3 \sin \omega_3 t)$$

$$\vec{x}(0) = \begin{pmatrix} 0 \\ 0 \\ 0 \end{pmatrix} \quad \Longrightarrow \quad c_1 = 0, c_2 = 0, c_3 = 0$$

Para las velocidades con las que comenzamos

$$\dot{\vec{x}}(0) = \begin{pmatrix} v \\ 0 \\ 0 \end{pmatrix} = \vec{v}$$

Entonces,

$$\dot{\vec{x}}(0)\tilde{m}\rho^{(1)} = d_1 = (v\ 0\ 0)\frac{m}{\sqrt{3m}}\begin{pmatrix} 1 \\ 1 \\ 1 \end{pmatrix} = \frac{mv}{\sqrt{3m}} \quad \rightarrow \quad d_1 = \frac{mv}{\sqrt{3m}}$$

$$\dot{\vec{x}}(0)\tilde{m}\rho^{(2)} = \omega_2 d_2 = (v\ 0\ 0)\frac{m}{\sqrt{2m}}\begin{pmatrix} 1 \\ 0 \\ -1 \end{pmatrix} = \frac{mv}{\sqrt{2m}} \rightarrow \quad d_2 = \frac{mv}{\sqrt{2k}}$$

$$\dot{\vec{x}}(0)\tilde{m}\rho^{(3)} = \omega_3 d_3 = (v\ 0\ 0)\frac{m}{\sqrt{6m}}\begin{pmatrix} 1 \\ -2 \\ 1 \end{pmatrix} = \frac{mv}{\sqrt{6m}} \rightarrow \quad d_3 = \frac{mv}{3\sqrt{2k}}$$

De este modo,

$$\vec{x}(t) = \frac{v}{3}\begin{pmatrix} 1 \\ 1 \\ 1 \end{pmatrix} t + \frac{v}{2\omega_2}\begin{pmatrix} 1 \\ 0 \\ -1 \end{pmatrix} sin\omega_2 t + \frac{v}{6\omega_2}\begin{pmatrix} 1 \\ -2 \\ 1 \end{pmatrix} sin\omega_3 t$$

Para la bola D específicamente:

$$x_D(t) = \frac{v}{3}t - \frac{v}{2\omega_2}sin\omega_2 t + \frac{v}{6\omega_2}sin\omega_3 t.$$

Ejercicio 3.29. Pruebe como en el Ej. 3.29, pero la bola C tiene una masa de 2 m, no m.

Ejemplo 3.30. Varillas con resortes de torsión.
Dos varillas delgadas y uniformes, cada una de masa m y longitud l, están conectadas mediante un resorte de torsión y una de ellas tiene el otro extremo unido mediante un resorte de torsión a un punto fijo. Los resortes de torsión tienen un par = k θ. El extremo libre de la varilla exterior es

empujado por una fuerza F. (a) ¿Cuáles son las ecuaciones de Euler-Lagrange? (b) En la aproximación de pequeña oscilación, ¿cuáles son las frecuencias?

Solución

(a) La energía potencial de los resortes de torsión es:

$$U = \frac{1}{2}k\left[\theta_1{}^2 + (\theta_2 - \theta_1)^2\right]$$

Tenga en cuenta que el momento de inercia de las dos varillas debe tratarse de manera diferente, ya que una varilla tiene un extremo fijo y, por lo tanto, sufrirá rotaciones alrededor de ese punto fijo, para lo cual el momento de inercia relevante es

$$I_1 = \frac{1}{3}ml^2,$$

mientras que la otra varilla no está fija, por lo que consideraremos su movimiento en su marco de centro de masa, donde el momento de inercia relevante es alrededor del centro:

$$I_2 = \frac{1}{12}ml^2.$$

Ahora podemos escribir el lagrangiano:

$$L = \frac{1}{2}I_1\omega_1{}^2 + \frac{1}{2}I_2\omega_2{}^2 + \frac{1}{2}M_2v_2{}^2 - U.$$

Ahora para obtener la velocidad del centro de masa de la varilla con extremos libres:

$$x = l\left(sin\theta_1 + \frac{1}{2}sin\theta_2\right) \quad and \quad y = l\left(cos\theta_1 + \frac{1}{2}cos\theta_2\right),$$

y las velocidades son:

$$\dot{x} = l\left(cos\theta_1\dot{\theta}_1 + \frac{1}{2}cos\theta_2\dot{\theta}_2\right) \quad and \quad \dot{y} = -l\left(sin\theta_1\dot{\theta}_1 + \frac{1}{2}sin\theta_2\dot{\theta}_2\right)$$

Así, las velocidades son:

$$v_2{}^2 = (l\dot{\theta}_1)^2 + \left(\frac{l}{2}\dot{\theta}_2\right)^2 + l^2\dot{\theta}_1\dot{\theta}_2\{cos\theta_1cos\theta_2 + sin\theta_1sin\theta_2\}$$

y según elección de ángulos:

$$\omega_1 = \dot{\theta}_1 \quad and \quad \omega_2 = -\dot{\theta}_2$$

El lagrangiano es así:

$$L = \frac{1}{2}\left(\frac{1}{3}ml^2\right)\dot{\theta}_1{}^2 + \frac{1}{2}\left(\frac{1}{12}ml^2\right)\dot{\theta}_2{}^2$$
$$+ \frac{1}{2}m\left\{(l\dot{\theta}_1)^2 + (\frac{l}{2}\dot{\theta}_2)^2 + l^2\dot{\theta}_1\dot{\theta}_2\cos(\theta_2 - \theta_1))\right\} - U$$

Para lo cual las ecuaciones de movimiento son:

$$\theta_1: \left(ml^2 + \frac{ml^2}{3}\right)\ddot{\theta}_1 + \frac{d}{dt}\left\{\frac{1}{2}ml^2\dot{\theta}_2 cos(\theta_2 - \theta_1)\right\}$$

$$-\frac{1}{2}ml^2\dot{\theta}_1\dot{\theta}_2 \sin(\theta_2 - \theta_1)) + \{k\theta_1 + k(\theta_2 - \theta_1)(-1)\}$$

$$= F_1$$

$$\frac{4ml^2}{3}\ddot{\theta}_1 + \frac{ml^2}{2}\left\{\ddot{\theta}_2 cos(\theta_2 - \theta_1)\right.$$

$$\left. - \left(\dot{\theta}_2\right)^2 sin(\theta_2 - \theta_1)\right\} + k\{2\theta_1 - \theta_2\} = F_1$$

y

$$\theta_2: \frac{ml^2}{3}\ddot{\theta}_2 + \frac{ml^2}{2}\left\{\ddot{\theta}_1 cos(\theta_2 - \theta_1) + \left(\dot{\theta}_1\right)^2 sin(\theta_2 - \theta_1)\right\} + k(\theta_2 - \theta_1)$$

$$= F_2$$

dónde

$$F_{\theta_2} = F_y \frac{\partial y}{\partial \theta_1} = (-F)(-lsin\theta_2) = Flsin\theta_2 \quad and \quad F_{\theta_1} = (-F)\frac{\partial y}{\partial \theta_1}$$

$$= Flsin\theta_1$$

De este modo,

$$\theta_1: \frac{4}{3}ml^2\ddot{\theta}_1 + \frac{ml^2}{2}\left\{\ddot{\theta}_2 cos(\theta_2 - \theta_1) - \dot{\theta}_2{}^2 sin(\theta_2 - \theta_1)\right\} + k\{2\theta_1 - \theta_2\}$$

$$= Flsin\theta_1$$

y

$$\theta_2: \frac{1}{3}ml^2\ddot{\theta}_2 + \frac{ml^2}{2}\left\{\ddot{\theta}_1 cos(\theta_2 - \theta_1) - \dot{\theta}_1{}^2 sin(\theta_2 - \theta_1)\right\} + k\{\theta_2 - \theta_1\}$$

$$= Flsin\theta_2$$

(b) Ahora cambiando a pequeñas oscilaciones:

$$\frac{4}{3}ml^2\ddot{\theta}_1 + \frac{ml^2}{2}\{\ddot{\theta}_2\} + k\{2\theta_2 - \theta_1\} - Fl\theta_1 = 0$$

y

$$\frac{1}{3}ml^2\ddot{\theta}_2 + \frac{ml^2}{2}\{\ddot{\theta}_1\} + k\{\theta_2 - \theta_1\} - Fl\theta_2 = 0$$

Ahora para obtener las frecuencias del modo normal al evaluar el determinante:

$$\begin{vmatrix} -[2k + Fl] - \frac{4}{3}ml^2\omega^2 & -k - \frac{1}{2}ml^2\omega^2 \\ -k - \frac{1}{2}ml^2\omega^2 & -[-k + Fl] - \frac{1}{3}ml^2\omega^2 \end{vmatrix} = 0$$

$$\left([-2k + Fl] + \frac{4}{3}ml^2\omega^2 \right)\left([-k + Fl] + \frac{1}{3}ml^2\omega^2 \right) - \left(-k - \frac{1}{2}ml^2\omega^2 \right)$$
$$= 0$$

Cuando $Fl \gg k$:

$$\left(Fl + \frac{4}{3}ml^2\omega^2 \right)\left(Fl + \frac{1}{3}ml^2\omega^2 \right) \cong 0 \ \rightarrow \ \omega_1^2 = -\frac{3F}{4ml} \ \text{ and } \ \omega_2^2$$
$$= -\frac{3F}{ml}$$

Cuando $Fl \ll k$:

$$\left(-2k + \frac{4}{3}ml^2\omega^2 \right)\left(-k + \frac{1}{3}ml^2\omega^2 \right) - (k + \frac{1}{2}ml^2\omega^2)^2 = 0$$

donde las frecuencias son:

$$\omega^2 = \frac{3kml^2 \pm \sqrt{9 - \frac{28}{36}(kml^2)}}{2 * \frac{7}{36}(ml^2)^2} \qquad (both\ positive).$$

Ejercicio 3.30. Pruebe como en el Ej. 3.30, pero con extremo fijo ahora gratis.

3.8.3 Amortiguación

Ahora que hemos cubierto las oscilaciones libres y forzadas, el siguiente efecto fenomenológico clave es la amortiguación (fricción), y esto finalmente nos da un término de primer orden para la derivada del tiempo en las ecuaciones de movimiento, por ejemplo, ahora tenemos una fuerza de fricción opuesta. lineal en velocidad ($F = -\alpha\dot{x}$):

$$m\ddot{x} + kx = -\alpha\dot{x} \ \rightarrow \ \ddot{x} + 2\lambda\dot{x} + \omega^2 x = 0, where\ \omega^2 = \frac{k}{m}\ and\ 2\lambda$$
$$= \frac{\alpha}{m}.$$

Para resolver, prueba la forma $x = \exp(rt)$ que tiene raíces de ecuación característica: $r_{1,2} = -\lambda \pm \sqrt{\lambda^2 - \omega^2}$. Así, $x(t) = c_1\exp(r_1 t) + c_2\exp(r_2 t)$ en la solución general ya tenemos los siguientes casos:

Caso $< \omega$: oscilaciones amortiguadas exponencialmente
$$x(t) = a\exp(-\lambda t)\cos(\omega' t + \alpha), \qquad \omega' = \sqrt{\omega^2 - \lambda^2}.$$
Observe que hay una disminución en la frecuencia ya que la fricción retarda el movimiento.

Caso $= \omega$: amortiguado exponencialmente sin oscilación
$$x(t) = (c_1 + c_2 t)\exp(-\lambda t).$$

Caso > ω: Amortiguación aperiódica

$x(t) = c_1 \exp(r_1 t) + c_2 \exp(r_2 t)$, with $r_{1,2}$ roots real and negative.

3.8.4 Primer encuentro con la función Disipativa

Considere la fricción en el caso multidimensional con N>1 grados de libertad $F_i = -\sum_k \alpha_{ik} \dot{x}_k$. Para evitar inestabilidad rotacional u otras patologías de la mecánica estadística, requerimos α_{ik} ser simétricos, por lo que podemos introducir una función de disipación $\mathcal{F}$:

$$\mathcal{F} = \frac{1}{2} \sum_{i,k} \alpha_{ik} \dot{x}_i \dot{x}_k, \qquad F_i = -\frac{\partial \mathcal{F}}{\partial x_i}$$

(3-55)

Consideremos la tasa de disipación de energía en el sistema:

$$\frac{dE}{dt} = \frac{d}{dt}\left(\sum_i \dot{x}_i \frac{\partial L}{\partial \dot{x}_i} - L\right) = -\sum_i \dot{x}_i \frac{\partial \mathcal{F}}{\partial \dot{x}_i} = -2\mathcal{F}.$$

(3-56)

Por tanto, $\mathcal{F}$ es proporcional a la tasa de disipación de energía como su nombre indica.

3.8.5 Oscilaciones forzadas bajo fricción

En esta sección combinamos la fuerza de fricción y la fuerza motriz en combinación. La forma general de la ecuación diferencial que describe la oscilación forzada con amortiguación (forma compleja) es:

$$\ddot{x} + 2\lambda \dot{x} + \omega^2 x = \left(\frac{F}{m}\right) \exp i\gamma t.$$

(3-57)

Pruebe $x(t) = B \exp(i\gamma t)$ con la solución particular, entonces la ecuación característica nos da:

$$B = \frac{F}{m(\omega^2 - \gamma^2 + 2i\lambda\gamma)} = b \exp(i\delta),$$

(3-58)

dónde

$$b = \frac{F}{m\sqrt{(\omega^2 - \gamma^2)^2 + (2\lambda\gamma)^2}}, \qquad \tan\delta = \frac{(2\lambda\gamma)}{(\omega^2 - \gamma^2)}.$$

(3-59)

Sumando la solución particular a la solución general de la ecuación homogénea (y considerando $\omega > \lambda$ la precisión en lo que sigue), y tomando la parte real como nuestra solución, tenemos:

$$x(t) = a \exp(-\lambda t) \cos(\omega t + \alpha) + b \cos(\gamma t + \delta),$$

$$(3\text{-}60)$$

y después de suficiente tiempo, simplemente aparece $x(t) \cong$ $b \cos(\gamma t + \delta)$.

Cerca de resonancia, $\gamma = \omega + \epsilon$ supongamos también que $\lambda \ll \omega$, entonces

$$b = \frac{F}{2m\omega\sqrt{\epsilon^2 + \lambda^2}}, \qquad \tan\delta = \frac{\lambda}{\epsilon}.$$

$$(3\text{-}61)$$

La diferencia de fase δ entre la oscilación y la fuerza externa es siempre negativa. Lejos de la resonancia, $\gamma < \omega$: $\delta \to 0$; y $\gamma > \omega$: $\delta \to -\pi$. Mientras pasa por la resonancia $\gamma = \omega$: $\delta \to -\frac{1}{2}\pi$. En ausencia de fricción, la fase de la oscilación forzada cambia de forma discontinua π en $\gamma = \omega$; cuando se agrega fricción, la discontinuidad se suaviza.

Una vez que se logra el movimiento en estado estacionario, $x(t) \cong$ $b \cos(\gamma t + \delta)$ la energía absorbida de la fuerza externa coincide con la disipada por la fricción. Tenemos la tasa de disipación debida a la fricción anteriormente como $-2\mathcal{F}$, donde $\mathcal{F} = \frac{1}{2}\alpha\dot{x}^2 = \lambda m b^2 \gamma^2 \sin^2(\gamma t + \delta)$, con el tiempo promedio: $2\bar{\mathcal{F}} = \lambda m b^2 \gamma^2$. Por tanto, la energía absorbida por unidad de tiempo es $\lambda m b^2 \gamma^2$. Ahora bien, si queremos la integral de la energía absorbida en todas las frecuencias impulsoras, la absorción estará dominada por las frecuencias cercanas a la resonancia, para las cuales la integral se aproxima a $\pi F^2/4m$.

Tenga en cuenta que en este análisis estamos considerando el resorte o péndulo con solo una fuerza de restauración lineal. Sin embargo, para el péndulo en la aproximación de ángulo pequeño, tal es el caso, donde el término de fuerza debida a la gravedad es $-mg\sin(\theta) \cong -mg\theta$. Cuando volvamos más adelante al oscilador accionado amortiguado sin esta aproximación, veremos que el movimiento caótico se vuelve omnipresente entre los posibles movimientos provocados.

Antes de continuar con el tema de la disipación y para echar un vistazo a la representación del diagrama de fases utilizada en el enfoque hamiltoniano que se analizará a continuación, consideremos el sistema:

$$m\ddot{x} + \gamma\dot{x} + \frac{dU}{dx} = 0,$$

$$(3\text{-}62)$$

cuando el potencial es un pozo doble. En la Figura 3.12 se muestra un bosquejo del potencial, del diagrama de fases del sistema cuando $\gamma = 0$(sin disipación) y del diagrama de fases del sistema cuando $\gamma \neq 0$. Para el sistema con disipación, vemos que hay una espiral de descomposición que selecciona un pozo para localizar cuando la energía se disipa al nivel de la separadora.

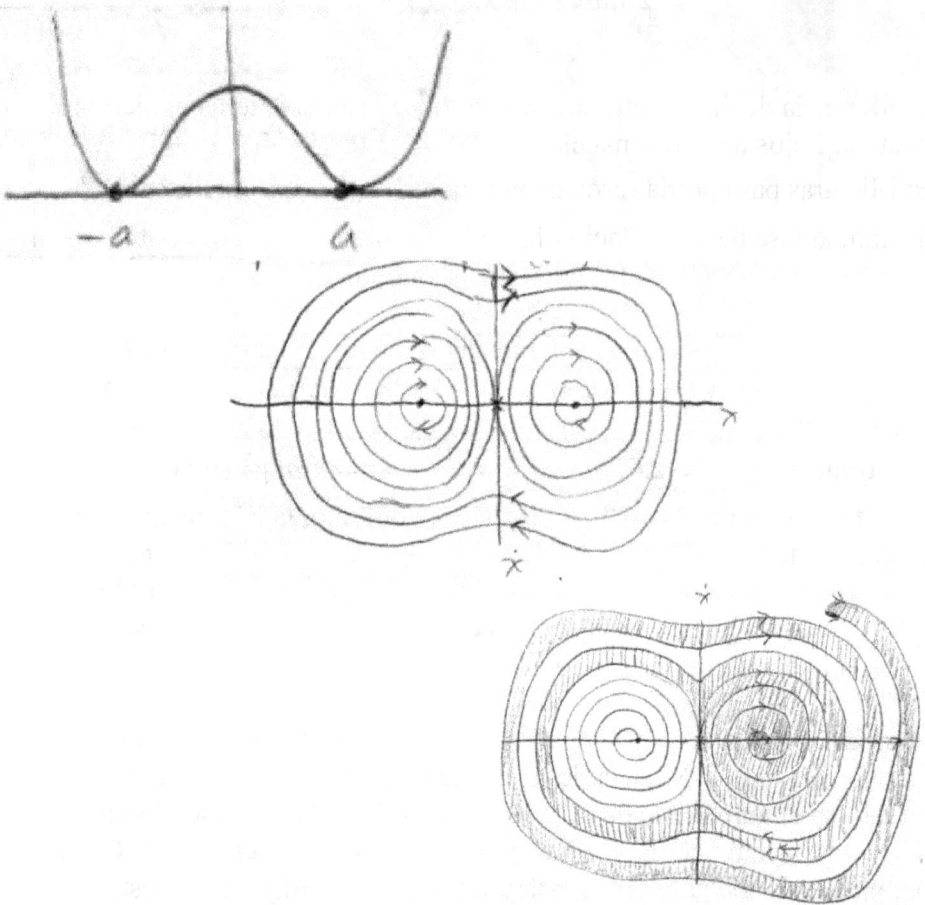

Figura 3.12. Izquierda: boceto del potencial de un pozo doble; Medio: Bosquejo del diagrama de fases sin disipación; Diagrama de fases con disipación (y eventual asentamiento en el pozo correcto).

3.8.6 Resonancia paramétrica

En lugar de una fuerza externa, consideremos ahora las modulaciones de los propios parámetros del sistema (el sistema no está cerrado). Para una fuerza externa que impulsa el sistema en resonancia, encontramos un crecimiento lineal a lo largo del tiempo en el desplazamiento del sistema desde el equilibrio. Para la resonancia paramétrica veremos que este crecimiento en resonancia es *exponencial* , donde el crecimiento es multiplicativo, pero esto también significa que este fenómeno de crecimiento de resonancia no ocurre si el desplazamiento (o sistema) está en equilibrio para comenzar (porque multiplicar el crecimiento por cero). Un ejemplo a tener en cuenta es el conocido swing. Una vez puesto en movimiento (con un inicio distinto de cero), el movimiento de oscilación se sostiene mediante la sincronización adecuada (coincidencia de resonancia) del movimiento de oscilación con un ciclo de oscilación, una resonancia paramétrica. Para capturar el fenómeno, consideremos un sistema de resorte 1-D con masa y constante de resorte k:

$$\frac{d}{dt}(m\dot{x}) + kx = 0.$$

$$(3\text{-}63)$$

Reescalemos el tiempo para permitir que se separe el supuesto m(t) dependiente del tiempo:

$$d\tau = \frac{dt}{m(t)} \rightarrow \frac{d^2x}{d\tau^2} + mkx = 0.$$

Así, sin pérdida de generalidad (wlog), podemos considerar el problema en la forma

$$\frac{d^2x}{dt^2} + \omega^2(t)x = 0,$$

$$(3\text{-}64)$$

a lo que podríamos haber llegado desde el principio, permitiendo m = constante, pero llegando a una forma con una frecuencia del sistema dependiente del tiempo $\omega(t)$.

Considere el caso donde $\omega(t)$es periódico con frecuencia γy período $T = 2\pi/\gamma$. Si $\omega(t) = \omega(t + T)$, entonces la solución global es invariante para $t \rightarrow t + T$. A su vez, esto significa que las dos soluciones independientes para los desplazamientos, $x_1(t)$y $x_2(t)$también deben ser invariantes para $t \rightarrow t + T$, como se puede ver mediante la sustitución en la ecuación diferencial de segundo orden anterior, además de un factor constante no dependiente del tiempo, por lo tanto, las soluciones generales deben satisfacer:

$$x_1(t + T) = c_1 x_1(t) \; and \; x_2(t + T) = c_2 x_2(t).$$

La solución más general es entonces:

$$x_1(t) = (c_1)^{t/T} P_1(t; T) \; and \; x_2(t) = (c_2)^{t/T} P_2(t; T),$$

$$(3\text{-}65)$$

donde $P_1(t; T)$ y $P_2(t; T)$ son funciones puramente periódicas con período T. Resulta, sin embargo, que las constantes c_1 y c_2 (que están exponenciadas) en las soluciones, tienen una relación que obliga a una de ellas a ser siempre inversa de la otra, por lo que siempre habrá ser un término de crecimiento exponencial. Considerar:

$$x_2(\ddot{x}_1 + \omega^2(t)x_1) = 0 \; and \; x_1(\ddot{x}_2 + \omega^2(t)x_2) = 0 \rightarrow \frac{d}{dt}(\dot{x}_1 x_2 - x_1 \dot{x}_2)$$
$$= 0$$

Si $\dot{x}_1 x_2 - x_1 \dot{x}_2 = constant$, entonces con $t \rightarrow t + T$ el factor general adicional de $c_1 c_2$ ese resultado debe ser igual a uno, es decir, uno c es el inverso del otro. Esto se conoce como resonancia paramétrica, pero observe que sucede para cualquier frecuencia de conducción paramétrica; en la práctica, el dominio accesible para este tipo de resonancia es más restringido, como se relaciona con la derivación que sigue. (Nota: las condiciones de contorno pueden ser tales que las funciones puramente periódicas sean simplemente cero, un caso especial donde el crecimiento exponencial no ocurre porque, para empezar, es cero).

Dado que la resonancia paramétrica es un fenómeno genérico al modular un parámetro del sistema, ¿existe una frecuencia óptima para hacerlo? La respuesta es sí, y es simplemente el doble de la frecuencia de resonancia natural del sistema. En aplicaciones del mundo real con resistencia, esta frecuencia de conducción optimizada a menudo aún puede funcionar en resonancia paramétrica (crecimiento exponencial). Para mostrar la resonancia especializada en el caso sin arrastre, comience con el parámetro de frecuencia dividido en el término resonante independiente del tiempo ω_0^2 y el término multiplicador de compensación dependiente del tiempo:

$$\omega^2(t) = \omega_0^2(1 + h\cos(\gamma t)),$$

$$(3\text{-}66)$$

dónde $h \ll 1$, y elegimos $\gamma = 2\omega_0 + \epsilon$, dónde $\epsilon \ll \omega_0$. Probemos una solución de la forma sin modulación paramétrica, luego tengamos en cuenta esa modulación mediante un desplazamiento de la frecuencia natural que coincida con la frecuencia del controlador paramétrico:

$$x(t) = x_1(t) + x_2(t) = a(t)\cos\left(\left[\omega_0 + \frac{1}{2}\epsilon\right]t\right) + b(t)\sin\left(\left[\omega_0 + \frac{1}{2}\epsilon\right]t\right)$$

Sustituyendo la solución anterior y expandiendo al primer orden en h, y al primer orden en ϵ, donde a(t) y b(t) varían lentamente en comparación con ω_0, y suponemos $\dot{a}\sim\epsilon a$ y $\dot{b}\sim\epsilon b$ (posteriormente verificado en el resultado), primero considere los términos cruzados trigonométricos:

$$\cos\left(\left[\omega_0 + \frac{1}{2}\epsilon\right]t\right)\cos([2\omega_0 + \epsilon]t)$$
$$= \frac{1}{2}\cos\left(3\left[\omega_0 + \frac{1}{2}\epsilon\right]t\right) + \frac{1}{2}\cos\left(\left[\omega_0 + \frac{1}{2}\epsilon\right]t\right).$$

Tenga en cuenta la mayor frecuencia múltiple en el primer término que resulta. Los términos de frecuencia múltiple más altos contribuirán con un orden de pequeñez más alto con respecto a h, por lo que, al igual que h de orden más alto, pueden eliminarse en el análisis de primer orden. La ecuación resultante es:

$$-(2\dot{a} + b\epsilon + \frac{1}{2}h\omega_0 b)\omega_0\sin\left(\left[\omega_0 + \frac{1}{2}\epsilon\right]t\right) + (2\dot{b} - a\epsilon + \frac{1}{2}h\omega_0 a)\omega_0\cos\left(\left[\omega_0 + \frac{1}{2}\epsilon\right]t\right) = 0$$

Los coeficientes de los términos trigonométricos deben ser independientemente cero. Probemos $a(t)\sim\exp(st)$ y $b(t)\sim\exp(st)$, lo que da lugar a las ecuaciones características:

$$sa + \frac{1}{2}\left(\epsilon + \frac{1}{2}h\omega_0\right)b = 0 \text{ and } \frac{1}{2}\left(\epsilon - \frac{1}{2}h\omega_0\right)a - sb = 0 \rightarrow s^2$$
$$= \frac{1}{4}\left[\left(\frac{1}{2}h\omega_0\right)^2 - \epsilon^2\right].$$

Tenga en cuenta que el rango de solución para el crecimiento exponencial es donde s es real, por lo que tenemos la restricción:

$$-\frac{1}{2}h\omega_0 < \epsilon < \frac{1}{2}h\omega_0.$$

3.8.7 Oscilaciones anarmónicas
Consideremos ahora un Lagrangiano con términos de tercer orden, pero con un plan para trabajar con expansiones en la magnitud de la perturbación. En efecto, estamos resolviendo ecuaciones diferenciales utilizando el método clásico de aproximaciones sucesivas. Lo que sucede con este enfoque es que el oscilador anarmónico se convierte en una sucesión de problemas de oscilador armónico impulsado. Comencemos con un Lagrangiano genérico de tercer orden:

$$L = \frac{1}{2}\sum_{\alpha}(\dot{\theta}_{\alpha}{}^{2} - \omega_{\alpha}{}^{2}\theta_{\alpha}{}^{2}) + \sum_{\alpha,\beta,\gamma} C_{\alpha\beta\gamma}\dot{\theta}_{\alpha}\dot{\theta}_{\beta}\theta_{\gamma} - \sum_{\alpha,\beta,\gamma} D_{\alpha\beta\gamma}\theta_{\alpha}\theta_{\beta}\theta_{\gamma}$$

$$(3\text{-}67)$$

lo que conduce a una ecuación EL de segundo orden de la forma:

$$\ddot{\theta}_{\alpha} + \omega_{\alpha}{}^{2}\theta_{\alpha} = f_{\alpha}(\theta_{\alpha}, \dot{\theta}_{\alpha}, \ddot{\theta}_{\alpha}).$$

$$(3\text{-}68)$$

Esto luego se resuelve mediante el método de aproximaciones sucesivas, un análisis de perturbaciones:

$$\theta_{\alpha} = \theta_{\alpha}^{(1)} + \theta_{\alpha}^{(2)}, where\ \theta_{\alpha}^{(2)} \ll \theta_{\alpha}^{(1)}, and\ \theta_{\alpha}^{(1)} + \omega_{\alpha}{}^{2}\theta_{\alpha}^{(1)} = 0.$$

Esto deja la perturbación en términos de la fuerza efectiva, pero en el análisis de perturbación podemos aproximar la dependencia de coordenadas generalizada de la fuerza generalizada por el nivel de aproximación anterior, aquí:

$$\ddot{\theta}_{\alpha}^{(2)} + \omega_{\alpha}{}^{2}\theta_{\alpha}^{(2)} = f_{\alpha}\left(\theta_{\alpha}^{(1)}, \dot{\theta}_{\alpha}^{(1)}, \ddot{\theta}_{\alpha}^{(1)}\right).$$

$$(3\text{-}69)$$

En la segunda aproximación tenemos la frecuencia natural del sistema modificada por varias frecuencias combinadas, como $\omega_{\alpha} \pm \omega_{\beta}$, incluyendo $2\omega_{\alpha}$ y $\omega_{\alpha} = 0$. Este proceso se puede repetir, yendo a niveles más altos de aproximación, pero las frecuencias fundamentales ω_{α} en aproximaciones más altas no son iguales a sus niveles no perturbados. Para corregir esto, se realizan modificaciones de modo que los factores periódicos en la solución contengan las frecuencias exactas. Para ser específicos, consideremos el ejemplo del siguiente oscilador anarmónico 1-D [27]:

$$L = \frac{1}{2}m\dot{x}^2 - \frac{1}{2}m\omega_0^2 x^2 + xF(t),$$

$$where\ F(t) = -\frac{1}{3}m\alpha x^2 - \frac{1}{4}m\beta x^3$$

$$(3\text{-}70)$$

para lo cual obtenemos:

$$\ddot{x} + \omega_0^2 x = -\alpha x^2 - \beta x^3.$$

$$(3\text{-}71)$$

Utilizando el método de aproximaciones sucesivas descrito anteriormente (más detalles sobre esto se pueden encontrar en el Apéndice A), tenemos:

$$x = x^{(1)} + x^{(2)} + x^{(3)} + \cdots,$$

$$(3\text{-}72)$$

donde comenzamos con la solución de la ecuación homogénea, es decir , donde $x^{(1)} = a \cos \omega t$con el valor exacto de ωdonde:

$$\omega = \omega_0 + \omega^{(1)} + \omega^{(2)} + \omega^{(3)} + \cdots,$$

(3-73)

y obtenemos:

$$\frac{\omega_0^2}{\omega^2}\ddot{x} + \omega_0^2 x = -\alpha x^2 - \beta x^3 - \left(1 - \frac{\omega_0^2}{\omega^2}\right)\ddot{x}.$$

(3-74)

Para pasar al siguiente nivel de aproximación, consideremos $x = x^{(1)} + x^{(2)}$y $\omega = \omega_0 + \omega^{(1)}$, y omitiendo términos por encima del segundo orden de pequeñez:

$$\ddot{x}^{(2)} + \omega_0^2 x^{(2)} = -\alpha a^2 \cos^2 \omega t + 2\omega_0 \omega^{(1)} a \cos \omega t$$

(3-75)

ahora elegimos $\omega^{(1)} = 0$llegar a una solución simple (elegimos las ωmodificaciones en aproximaciones sucesivas para un desacoplamiento o simplificación similar):

$$x^{(2)} = -\frac{\alpha a^2}{2\omega_0^2} + \frac{\alpha a^2}{6\omega_0^2}\cos 2\omega t$$

(3-76)

Pasando al siguiente nivel de aproximación con $x = x^{(1)} + x^{(2)} + x^{(3)}$y $\omega = \omega_0 + \omega^{(2)}$, obtenemos:

$$\ddot{x}^{(3)} + \omega_0^2 x^{(3)} = -2\alpha x^{(1)} x^{(2)} - \beta\left(x^{(1)}\right)^3 + 2\omega_0 \omega^{(2)} x^{(1)}$$

(3-77)

$$\ddot{x}^{(3)} + \omega_0^2 x^{(3)} = a^3\left[\frac{\beta}{4} - \frac{\alpha^2}{6\omega_0^2}\right]\cos 3\omega t$$
$$+ a\left[2\omega_0 \omega^{(2)} + \frac{5a^2\alpha^2}{6\omega_0^2} - \frac{3}{4}a^2\beta\right]\cos \omega t$$

(3-78)

donde, nuevamente, elegimos $\omega^{(2)}$tal que el término de la derecha sea cero para una solución simple:

$$\omega^{(2)} = -\frac{5a^2\alpha^2}{12\omega_0^3} + \frac{3\beta a^2}{8\omega_0}$$

(3-79)

y,

$$x^{(3)} = \frac{a^3}{16\omega_0^2}\left[\frac{\alpha^2}{3\omega_0^2} - \frac{\beta}{2}\right]\cos 3\omega t.$$

La resonancia paramétrica es principalmente evidente en estudios de sistemas que actúan bajo pequeñas oscilaciones e implica una variación temporal de los parámetros del sistema, como el punto de apoyo de un péndulo (que se describirá en la siguiente sección). Las oscilaciones forzadas, con o sin amortiguación, tienen una dependencia de la frecuencia de tipo dispersión con respecto a la absorción de energía del conductor. Hay resonancia en la frecuencia natural del sistema. Para movimientos que han sido sustancialmente excitados, llegamos al régimen no lineal de los términos de energía cinética y potencial en el lagrangiano. Las oscilaciones anarmónicas o no lineales (como en la sección anterior) se mezclan debido a las no linealidades que dan como resultado frecuencias combinadas que en sí mismas pueden parecer resonantes. En este sentido, el método de aproximaciones sucesivas debe usarse con cuidado, de manera consistente con no tener términos autorresonantes a través de la mezcla.

3.8.8 Movimiento en un campo que oscila rápidamente (también conocido como análisis de dos tiempos)

Considere el movimiento en un potencial U con período T donde se aplica una fuerza que oscila rápidamente,

$$m\ddot{x} = -\frac{dU}{dx} + f, \quad f = f_1 \cos \omega t + f_2 \sin \omega t, \quad \omega \gg \frac{1}{T}$$

(3-81)

No asumimos eso $f \ll U$ o incluso $f < U$, más bien asumimos un resultado con pequeñas oscilaciones además del camino suave que la partícula atravesaría si solo estuviera bajo el potencial U:

$$x(t) = X(t) + \varepsilon(t), \qquad \overline{\varepsilon(t)} = 0.$$

(3-82)

Esto a veces se denomina análisis en dos tiempos [30]. Sustituyendo, llegamos al primer orden en las expansiones de Taylor:

$$m\ddot{X} + m\ddot{\varepsilon} = -\frac{dU}{dx} - \varepsilon \frac{d^2U}{dx^2} + f(X,t) + \varepsilon \frac{\partial f}{\partial X}.$$

(3-83)

Ahora todos los términos de primer orden ε son insignificantes en comparación con los otros términos, excepto el $\ddot{\varepsilon}$ término, ya que se supone que los factores de frecuencia son muy grandes (ya que oscilan rápidamente). Dividiendo la trayectoria suave ($X(t)$ trayectoria con $f = 0$) y la parte que oscila rápidamente, obtenemos para esta última:

$$m\ddot{\varepsilon} = f(X,t) \rightarrow \varepsilon = -\frac{f}{m\omega^2}$$

$$(3\text{-}84)$$

Ahora considere el promedio con respecto al tiempo en la ecuación de primer orden, todas las primeras potencias independientes de ε y f serán cero:

$$m\ddot{X} = -\frac{dU}{dx} + \overline{\varepsilon\frac{\partial f}{\partial X}} = -\frac{dU}{dx} - \frac{1}{m\omega^2}\overline{f\frac{\partial f}{\partial X}} = -\frac{dU_{eff}}{dx},$$

dónde,

$$U_{eff} = U + \frac{\overline{f^2}}{2m\omega^2}, \quad U_{eff} = U + \frac{(f_1^2 + f_2^2)}{4m\omega^2} = U + \frac{1}{2}m\overline{\dot{\varepsilon}^2}$$

$$(3\text{-}85)$$

Para ver cómo se manifiesta esto en la práctica, consideremos el péndulo cuyo punto de apoyo sufre rápidas *oscilaciones horizontales* :

$x = l \sin\varphi + a\cos\gamma t \, y \, \dot{x} = l\dot{\varphi}\cos\varphi - a\gamma\sin\gamma t$

$y = l\cos\varphi \, y \, \dot{y} = -l\dot{\varphi}\sin\varphi$

$U = -mgl\cos\varphi$

$$L = T - U = \frac{1}{2}m(l\dot{\varphi})^2 - ml\dot{\varphi}a\gamma\cos\varphi\sin\gamma t + mgl\cos\varphi$$

haciendo uso de la libertad de sumar una derivada del tiempo total, $\frac{d}{dt}(mla\gamma\sin\varphi\sin\gamma t)$, para obtener:

$$L = T - U = \frac{1}{2}m(l\dot{\varphi})^2 + mla\gamma^2\sin\varphi\cos\gamma t + mgl\cos\varphi$$

Usando la ecuación de Euler-Lagrange obtenemos:

$$ml^2\ddot{\varphi} = mla\gamma^2\cos\varphi\cos\gamma t - mgl\sin\varphi = -\frac{dU}{dx} + f_\varphi,$$

dónde,

$$f_\varphi = mla\gamma^2\cos\varphi\cos\gamma t$$

Usando la relación de la discusión anterior:

$$U_{eff} = U + \frac{\overline{f_\varphi}^2}{2m\gamma^2} = mgl\left[-\cos\varphi + \frac{a^2\gamma^2}{4gl}\cos^2\varphi\right].$$

Resolviendo para $\frac{dU_{eff}}{d\varphi} = 0$ obtenemos soluciones en $\sin\varphi = 0$ y $\cos\varphi = 2gl/a^2\gamma^2$, donde la existencia de esta última solución requiere $2gl < a^2\gamma^2$.

De manera similar, podríamos considerar el péndulo cuyo punto de apoyo sufre rápidas *oscilaciones verticales* :

$x = l \sin \varphi y \dot{x} = l \dot{\varphi} \cos \varphi$
$y = l \cos \varphi + a \cos \gamma t y \dot{y} = -l \dot{\varphi} \sin \varphi - a \gamma \sin \gamma t$
$U = -mgl \cos \varphi + mga \cos \gamma t$

$$L = T - U = \frac{1}{2} m (l \dot{\varphi})^2 + m l \dot{\varphi} a \gamma \sin \varphi \sin \gamma t + \frac{1}{2} m a^2 \gamma^2 \sin^2 \gamma t$$
$$+ mgl \cos \varphi - mga \cos \gamma t$$

Eliminando funciones puras dependientes del tiempo y haciendo uso de la libertad de agregar una derivada de tiempo total,
$\frac{d}{dt} (m l a \gamma \cos \varphi \sin \gamma t)$ para obtener:

$$L = T - U = \frac{1}{2} m (l \dot{\varphi})^2 + m l a \gamma^2 \cos \varphi \cos \gamma t + mgl \cos \varphi$$

Usando la ecuación de Euler-Lagrange obtenemos:

$$ml^2 \ddot{\varphi} = -m l a \gamma^2 \sin \varphi \cos \gamma t - mgl \sin \varphi = -\frac{dU}{dx} + f_\varphi,$$

dónde,

$$f_\varphi = -m l a \gamma^2 \sin \varphi \cos \gamma t$$

Usando nuevamente la relación de la discusión anterior:

$$U_{eff} = U + \frac{\overline{f_\varphi}^2}{2m \gamma^2} = mgl \left[-\cos \varphi + \frac{a^2 \gamma^2}{4gl} \sin^2 \varphi \right].$$

Resolviendo para $\frac{dU_{eff}}{d\varphi} = 0$ obtenemos soluciones en $\varphi = 0$ y $\varphi = \pi$, donde la existencia de esta última solución requiere $2gl < a^2 \gamma^2$.

Capítulo 4. Medición clásica

4.1 Captura de pequeñas mediciones en sistemas integrables en el tiempo

La medición con mayor sensibilidad ocurre cuando el evento de medición se repite, a menudo en arreglos donde un valor clave se suma a lo largo del tiempo. Por lo tanto, es natural considerar los sistemas integrables en el tiempo como un componente clave de un detector sensible. Un oscilador es un ejemplo de dicho sistema, del cual se proporciona un breve resumen a continuación. Después hacemos una última generalización, la adición de las fluctuaciones de ruido (fundamentalmente presentes debido a fuentes de ruido térmico) para obtener una descripción de los límites experimentales reales. Inicialmente, para construir a partir de los resultados de la mecánica clásica mostrados en el Capítulo 3, desarrollaremos el oscilador accionado amortiguado con ruido y veremos qué fuerza mínima detectable que actúa sobre el oscilador (masa) es posible. Esto describe un método de "contacto" para la detección de fuerza.

Los métodos de contacto directo para la detección real se basan más típicamente en galgas extensométricas o elementos piezoeléctricos que pueden acoplarse directamente en circuitos eléctricos (resonancia) (tenga en cuenta la conversión de la señal a forma electrónica, que será la norma). Los métodos de contacto indirecto basados en medidores de capacitancia funcionan mejor en esta categoría, donde la medición de un desplazamiento altera directamente la capacitancia (a través de la separación de placas directamente relacionada con el desplazamiento). La capacitancia en reposo se elige en un circuito que opera en resonancia (o en la parte pronunciada de la curva de resonancia) [51] de modo que los cambios de frecuencia del circuito sean más notables mediante un dispositivo de medición del circuito secundario (contacto indirecto). Los ejemplos de medidores de capacitancia aparecen en descripciones de circuitos que, aunque sencillas [52], están fuera del alcance de esta descripción, por lo que no se analizarán más a fondo.

Los métodos ópticos sin contacto ofrecen la mayor sensibilidad, y se discutirán brevemente después de resultados más explícitos para los métodos de contacto (ya que la presentación de un detector oscilador de contacto directo demuestra muchos de los conceptos clave y factores limitantes). Tenga en cuenta que la detección "sin contacto" más extrema es la no demolición cuántica, pero eso no se discutirá. Notas del proyecto LIGO y obtenidas del curso Ph118 ca del Prof. Drever. 1988 (en el Apéndice B, ~1988, la lista de contactos de LIGO muestra menos de 30 en el proyecto, incluyéndome a mí como estudiante de posgrado en ese momento; ahora hay más de 3000 contribuyentes a este proyecto en todo el mundo).

4.1.1 Resumen del oscilador accionado amortiguado

Para el oscilador accionado amortiguado tenemos la Ecuación Diferencial Ordinaria:

$$\ddot{x} + 2\lambda\dot{x} + \omega^2 x = \left(\frac{F}{m}\right)\exp i\gamma t,$$

(4-1)

con solución:

$$x(t) = a\exp(-\lambda t)\cos(\omega t + \alpha) + b\cos(\gamma t + \delta) \cong b\cos(\gamma t + \delta),$$

(4-2)

dónde

$$b = \frac{F}{m\sqrt{(\omega^2 - \gamma^2)^2 + (2\lambda\gamma)^2}} \quad \tan\delta = \frac{(2\lambda\gamma)}{(\omega^2 - \gamma^2)}.$$

(4-3)

Una vez que se logra el movimiento en estado estacionario, $x(t) \cong b\cos(\gamma t + \delta)$la energía absorbida de la fuerza externa coincide con la disipada por la fricción. Tenemos la tasa de disipación debida a la fricción anteriormente como $-2\mathcal{F}$, donde $\mathcal{F} = \frac{1}{2}\alpha\dot{x}^2 = \lambda m b^2 \gamma^2 \sin^2(\gamma t + \delta)$, con el tiempo promedio: $2\bar{\mathcal{F}} = \lambda m b^2 \gamma^2$. Por tanto, la energía absorbida por unidad de tiempo es $\lambda m b^2 \gamma^2$. Ahora bien, si queremos la integral de la energía absorbida en todas las frecuencias impulsoras, la absorción estará dominada por las frecuencias cercanas a la resonancia, para las cuales la integral se aproxima a $\pi F^2/4m$.

4.1.2 Oscilador accionado amortiguado con fluctuaciones de ruido

Consideremos ahora el oscilador accionado amortiguado con fluctuaciones de ruido y determinemos la fuerza mínima detectable que el sistema puede proporcionar. Este es el escenario, con fluctuaciones de ruido realistas, que proporciona un límite preciso a la sensibilidad de la medición. Comencemos con la nueva ecuación diferencial ordinaria con el término de fluctuaciones de ruido agregado F_{fl}:

$$\ddot{x} + 2\lambda\dot{x} + \omega^2 x = F(t) + F_{fl},$$

(4-4)

donde el resultado del estado estacionario anterior, sin fuerzas de ruido de fluctuación, fue $x(t) \cong b\cos(\gamma t + \delta)$. ¿Existe todavía un estado estacionario pero con una forma un poco más general? Primero considere que el tiempo de relación de amplitud está dado por $\tau_m = 1/\lambda$ y asumimos que la intención es hacer mediciones precisas, por lo que buscamos una amortiguación mínima, por lo tanto un tiempo de relajación máximo τ_m, por lo tanto, efectivamente un estado estable en comparación con el tiempo de medición y el tiempo de el $F(t)$ efecto que se pretende detectar. De este modo tendremos indicada la forma de estado estacionario con una posible dependencia del tiempo en las constantes. Probar la suposición y validarla demuestra que es correcta [53] y [54]. Pasando ahora a la notación de Braginsky [51], resumiremos la derivación de Braginsky que se muestra en el Apéndice de [51] titulado "Criterios estadísticos para la determinación de la excitación de un oscilador por una fuerza externa":

$$x(\tau) \cong A(\tau)\sin(\omega_0\tau + \varphi(\tau)) \qquad \overline{A(\tau)} \gg \frac{1}{\omega_0}\frac{dA(\tau)}{d\tau}.$$

(4-5)

Nuestra afirmación de un evento de detección será probabilística, especialmente teniendo en cuenta la adición de un proceso estocástico (fluctuaciones de ruido). Deseamos considerar la probabilidad de que $F(t)$ ocurra un evento de fuerza en el tiempo $\hat{\tau}$ que cae dentro del marco de tiempo de la medición. La detectabilidad de un evento de este tipo requiere distinguirlo de las señales falsas del ruido de fluctuación F_{fl}. A su vez, debe examinarse la naturaleza de la detectabilidad para ambos. En ambos casos lo que buscamos es un cambio en la amplitud de oscilación según la diferencia $A(\tau) - A(0)$, y en el caso del ruido de fluctuación hay que calificar este límite para que sea válido con probabilidad "$1 - \alpha$". Este enfoque está motivado por la expresión de [54] para la densidad de probabilidad de una distribución arbitraria de amplitudes de oscilación después del tiempo del evento $\hat{\tau}$:

$$P[A(\hat{\tau})|A(0)]$$
$$= \frac{A(\hat{\tau})}{\sigma^2(1-\varepsilon^2)}I_0\left(\frac{\varepsilon A(0)A(\hat{\tau})}{\sigma^2(1-\varepsilon^2)}\right)\exp\left(-\frac{\left(A(\hat{\tau})\right)^2 + \varepsilon\left(A(0)\right)^2}{2\sigma^2(1-\varepsilon^2)}\right),$$

(4-6)

dónde,

$$\varepsilon = e^{(-\hat{\tau}/\tau_m)} \quad and \quad \sigma^2 = \overline{A(\tau)^2}.$$

103

El error estadístico del formalismo de primer tipo (con " $1 - \alpha$ ") ahora toma la forma:

$$1 - \alpha = \int_{A(0)}^{A(\hat{t})} P[A(\hat{t})|A(0)]dA(\hat{t}).$$

(4-7)

Siguiendo el análisis de Braginsky, ahora consideraremos resolver la integral para dos casos: $A(0) = 0$ y $A(0) = \sigma$. Encontraremos que la evaluación de la fuerza mínima detectable es aproximadamente la misma independientemente del valor inicial de la amplitud, mientras que el intercambio de energía con el oscilador se ve significativamente afectado por la amplitud inicial. Además, siguiendo a Braginsky, asumiremos que nuestra fuente de ruido es puramente una fuente de ruido térmico. Este es el mejor de los casos, ya que las fuentes de ruido térmico son fundamentales en los sistemas físicos de diversas maneras (consulte [24] para obtener la derivación de estas fuentes de ruido en circuitos, por ejemplo). Si asumimos "sólo" ruido térmico, entonces tenemos, según la temperatura de termalización, T lo siguiente:

$$\sigma^2 = \frac{k_B T}{k}, \quad where \; \omega_0 = \sqrt{k/m}.$$

(4-8)

Resolviendo la integral y sustituyendo obtenemos:

$$[A(\hat{t})]_{1-\alpha} = 2\sigma\sqrt{(\hat{t}/\tau_m)\ln(1/\alpha)}.$$

(4-9)

Por lo tanto, si comenzamos un evento de detección con $A(0) \cong 0$, y vemos que la amplitud crece con el tiempo $\hat{t}$ de manera que $A(\hat{t}) > [A(\hat{t})]_{1-\alpha}$, entonces tenemos con probabilidad o "confiabilidad" $(1 - \alpha)$ que haya ocurrido un evento. Como señaló Braginsky, lo que tenemos hasta el momento es sólo una condición de umbral que describe qué hacer si se alcanza el umbral. Si se alcanza el umbral, entonces estamos diciendo que no hay evento de detección, por ejemplo, eso $F(t) = 0$, pero esto solo puede deberse a una cancelación desafortunada de la fuerza del evento y las fuerzas de fluctuación. Para evaluar el error que se puede introducir a partir de esto, Braginsky introduce una medición de un error estadístico del segundo tipo correspondiente a la probabilidad de tener $F(t) \neq 0$ y al mismo tiempo tener el evento por debajo del umbral $A(\hat{t}) < [A(\hat{t})]_{1-\alpha}$. Específicamente, considere la fuerza $F(t)$ cuando no hay fuerza de fluctuación presente y de modo que el cambio en la amplitud en el tiempo $\hat{t}$ sea a un valor Γ mayor que el umbral, de modo que tenemos

$$\gamma = \Gamma / [A(\hat{\tau}) - A(0)]_{1-\alpha}$$

(4-10)

con $\gamma \geq 1$. Esto sienta las bases para evaluar el error del segundo tipo (más detalles en [51]). La conclusión es que un simple factor constante, ~ 1, es todo lo que modificaría la condición de umbral para el evento de detección.

Ahora relacionemos el cambio mínimo detectable en amplitud con la energía impartida o extraída del oscilador usando el formulario γ anterior:

$$\Delta E = k\gamma^2 [A(\hat{\tau})]^2_{1-\alpha} = 2\ln(1/\alpha)\,(2\hat{\tau}/\tau_m)\gamma^2 k_B T.$$

(4-11)

Volviendo al caso simple de $F(t) = F_0 \sin(\omega\tau)$ un intervalo de tiempo de 0 a $\hat{\tau}$ (y fuerza cero fuera de ese intervalo de tiempo), entonces tenemos el crecimiento lineal en amplitud de acuerdo con:

$$\Gamma = \frac{F_0 \hat{\tau}}{2m\omega}, \qquad where \quad \omega = \sqrt{k/m}$$

(4-12)

y requiriendo que $\Gamma > [A(\hat{\tau}) - A(0)]_{1-\alpha}$ entonces se obtenga el mínimo detectable F_0:

$$[F_0]_{min} = \rho\sqrt{4k_B T m/(\hat{\tau}\tau_m)},$$

(4-13)

donde ρ es un factor de confiabilidad adimensional que oscila entre 2,45 y 4,29 para valores de confiabilidad típicos α (consulte la Tabla A1 en [51]). Un análisis similar para el caso en el que $A(0) \cong \sigma$ al inicio del evento de detección se reduce a la misma fórmula con factores de confiabilidad que varían entre 1,96 y 3,88. Por tanto, la fuerza mínima detectable es aproximadamente la misma independientemente del valor inicial de la amplitud y tiene la forma:

$$[F_0]_{min} \propto \sqrt{\frac{4k_B T m}{(\hat{\tau}\tau_m)}}.$$

(4-14)

4.1.3 Métodos ópticos sin contacto

Hay dos tipos de medición óptica en los que nos centraremos aquí: (i) filo de cuchillo; y (ii) autointerferencia. Los métodos de filo de cuchillo implican una palanca óptica de alguna manera. Si proyectamos un rayo láser sobre un espejo y medimos sus fluctuaciones en una pantalla a una distancia D, entonces la señal proyectada es el doble si simplemente duplicamos la distancia de proyección a 2D. Más común, y una

105

combinación de tipo (i) y (ii), es utilizar una rejilla de difracción, donde el efecto de ganancia se multiplica según la separación en la rejilla de difracción móvil que forma parte de una medición de transmisión de haz (que implica una segunda, fija, rejilla de difracción). Sin embargo, el tipo de detección de autointerferencia óptica más sensible suele implicar un interferómetro de Michelson-Morley. La idea básica es que el haz se divide y se le permite interferir consigo mismo de modo que se sintonice una cancelación perfecta en la parte transmitida del divisor de haz. Cuando se produce un desplazamiento en el espejo (o distancia entre el espejo y la cavidad), vemos un deslizamiento desde el estado cancelado y vemos un destello de luz de acuerdo con el grado de no cancelación, que está relacionado con la intensidad de la señal. Como ocurre con muchos de los métodos de detección, una evaluación de la sensibilidad a menudo parece prometedora pero, en realidad, la obtención de los parámetros físicos necesarios del dispositivo suele ser imposible de obtener. Sin embargo, con los enfoques interferométricos, lo que se necesita a menudo está al alcance de la mano, utilizando láseres muy potentes, espejos altamente reflectantes, espejos exquisitamente estabilizados y espejos divisores de haz, para empezar. Resulta que esto se puede hacer, pero es una cuestión de escala.

El trabajo en el que participé en el prototipo del detector LIGO en la década de 1980 fue un ejemplo en el que se demostró que los métodos interferométricos funcionan extremadamente bien. Pero los brazos del interferómetro prototipo tenían 20 m de largo, no 2 km, como eventualmente tendrían que ser. Por lo tanto, la escala de vacío era muy diferente (las cavidades del interferómetro láser se mantienen en alto vacío para eliminar el ruido y, lo que es más importante, evitar un proceso destructivo en los (muy caros) espejos altamente reflectantes (un efecto EM que se analizará en [40] , da como resultado que el "polvo" sin carga tome una carga efectiva y, en el campo eléctrico no uniforme de la cavidad, el resultado es que el polvo ingresa a los espejos causando su degradación constante. Esto y otros problemas de incrustación requirieron otros 30 años. de desarrollo hasta que el proyecto LIGO finalmente entró en funcionamiento con el primer observatorio de ondas gravitacionales (Premio Nobel para Kip Thorne, et al.) En la década de 1980, cuando participé durante algunos años (antes de pasar a cuestiones más teóricas, que se describirán en [). 45,46]) el grupo LIGO era bastante pequeño (alrededor de 30, consulte el antiguo Directorio en la Figura B.1). El aumento de 100 veces en el tamaño del dispositivo se cumplió en parte con un reescalamiento de 100 veces en el esfuerzo del grupo para el año 2020.

Una descripción adecuada de la metodología de detección LIGO nos llevaría muy lejos en las propiedades del ruido del láser y las propiedades de la cavidad óptica, pero aún así se proporciona una descripción de alto nivel. En primer lugar, el interferómetro en "forma de L" es doblemente importante para el tipo de evento de detección buscado, que para LIGO era una onda gravitacional. Una onda así sería medible sólo a través de su efecto cuadrupolo (con brazos detectores ortogonales, ver el Libro 3 para más detalles) por el cual un brazo del interferómetro se alarga mientras el otro se acorta, proporcionando un cambio en la señal de interferencia (esto para la onda cuadrupolo golpeando el detector perfectamente transversalmente y alineado sobre los brazos del detector). En segundo lugar, el ruido del láser (multimodalidad) se relaciona directamente con los cambios en el modo principal que se está "fijando", lo cual es un problema de ruido y, por lo tanto, requiere algo para "limpiar" el ruido del láser. En la época en que yo trabajaba en LIGO, la cavidad resonante que se utilizaba para esta tarea fue denominada por Ron Drever como " dewiggler ". Por lo tanto, hay una cavidad láser (de alta potencia) que alimenta un modo de limpieza (el dewiggler) que luego alimenta el interferómetro en "forma de L". Y, en tercer lugar, está la cuestión de estabilizar la longitud de los brazos frente a fluctuaciones posicionales en la banda de frecuencia de interés para la detección. En esencia, los espejos laterales y el espejo divisor de haz deben tener servomotores en una posición fija entre sí (todo el sistema flota con respecto a la cámara de vacío circundante mientras está relativamente "bloqueado"). Al final, se necesita un procesamiento de señales especializado para la detección de un perfil de señal conocido (o grupo de perfiles). En esencia, se emplea un filtro especializado basado en la coincidencia con la señal buscada para una capacidad de detección óptima.

4.2 Teoría de la medición: variables aleatorias y procesos

Se describen muchos experimentos en los que existe una frecuencia prevista u otra característica medible . Nos gustaría obtener una "medición precisa", pero ¿qué significa esto? Para empezar, consideremos un conjunto de medidas para alguna circunstancia, quizás tan simple como la medición repetida de algo. En la teoría de la medición, el conjunto de tales mediciones, en los casos más simples que no varían en el tiempo, se considera una muestra de un único tipo de distribución de fondo. Al realizar mediciones repetidas (x_N), sabemos intuitivamente que obtenemos una medición mejor o más "segura", pero ¿a qué se debe esto? Resulta que es sencillo derivar la propiedad de que la varianza muestral disminuye con el número de mediciones tomadas. La cantidad de mediciones a tomar se convierte en qué tan ajustadas desea que sean sus "barras de error" (la región delineada desde una desviación estándar, o σ(sigma), por debajo de la media hasta una desviación estándar por encima). Veremos que $Var(\bar{x}_N) = \sigma^2/N$, donde σ es la desviación estándar de una sola medición de la variable aleatoria (X), y Var es la varianza (desv. estándar al cuadrado) de la medición repetida. Este cálculo se conoce como calcular el sigma de la media y lo obtenemos $\sigma_\mu = \sigma/\sqrt{N}$, por lo que podemos mejorar la precisión de nuestra medición (sigma reducido en la media) de acuerdo con el número de mediciones tomadas (N). El resultado principal anterior (justificación de mediciones repetidas en el proceso experimental), así como otros, se describirán ahora con más detalle. Sin embargo, ya han surgido varios términos técnicos en la discusión anterior, por lo que ahora se brindará primero una breve revisión de la terminología y las definiciones básicas.

Definiciones
La mayoría de las definiciones que siguen en esta sección se detallan con más detalle en [55].

Variable aleatoria
Una variable aleatoria X es una asignación de un número, x(θ), a cada resultado θ de X.

Proceso estocástico
Un proceso estocástico es una asignación de un número dependiente del parámetro de tiempo, x(θ,t), a cada resultado θ de X.

Visto como un índice, si el parámetro de tiempo t es continuo, entonces tenemos un proceso de tiempo continuo; de lo contrario, es un proceso de tiempo discreto. Trabajemos con procesos de tiempo discreto por ahora y brindemos más definiciones, sentando las bases para el escenario de mediciones experimentales repetidas:

La expectativa, E(X), de la variable aleatoria X
La expectativa, E(X), de la variable aleatoria X se define como:

$$EX) \equiv \sum_{i=1}^{L} x_i\, p(x_i)\, si\ x_i \in \mathcal{R}.$$

(4-15)

De manera similar, la expectativa, E(g(X)), de una función g(X) de variable aleatoria X es:

$$mi(g(X)) \equiv \sum_{i=1}^{L} g(x_i)\, p(x_i)\, si\ x_i \in \mathcal{R}.$$

Consideremos ahora el caso especial donde $g(x_i) = -log(p(x_i))$, que da lugar a la entropía de Shannon:

$$H(X) \equiv E[g(X)] = -\sum_{i=1}^{L} p(x_i)\, log(p(x_i))\ si\ p(x_i) \in \mathcal{R}^{+},$$

Para información mutua, de manera similar, use $g(X,Y)= log(p(x_i,y_i)/p(x_i)p(y_i))$ para obtener:

$$I(X;Y) \equiv E[g(X,Y)] \equiv \sum_{i=1}^{L} p(x_i,y_i)\, log(p(x_i,y_i)/p(x_i)p(y_i)),$$

y si $p(x_i)$, $p(y_i)$, $p(x_i, y_i)$ son todos $\in \mathcal{R}^{+}$, entonces esto es equivalente a la entropía relativa entre una distribución conjunta y la misma distribución si las variables aleatorias son independientes, también conocido como la divergencia de Kullback-Leibler. : $D(p(x_i,y_i) \,||\, p(x_i)p(y_i))$ que prevalece en la teoría de la información [24].

La desigualdad de Jensen

Se han sentado las bases para una prueba sencilla de la desigualdad de Jensen, que se proporciona a continuación. Esta desigualdad es una maniobra clave empleada en otras definiciones siguientes (Hoeffding).

Sea $\varphi(\cdot)$ una función convexa sobre un subconjunto convexo de la recta real: $\varphi: \chi \rightarrow \mathcal{R}$. Convexidad por definición: $\varphi(\lambda_1 x_1 + ... y_n x_n) \leq \lambda_1 \varphi(x_1) + ... + \lambda_n \varphi(x_n)$, donde $\lambda_i \geq 0$ y $\sum \lambda_{yo} = 1$. Por lo tanto, si $\lambda_1 = p(x_1)$, satisfacemos las relaciones para la interpolación de líneas así como las distribuciones de probabilidad discretas, por lo que podemos reescribir en términos de la definición de Expectativa:

$$\varphi(mi(X)) \leq mi(\varphi(X)).$$

Apliquemos esto para obtener una relación que involucre la entropía de Shannon eligiendo $\varphi(x) = -log(x)$, que es una función convexa, por lo tanto tenemos que:

$$Iniciar\ sesión(E(X)) \geq E(Iniciar\ sesión(X)) = -H(X).$$

Diferencia

$$Var(X) \equiv E([X - E(X)]^2) = \sum_{i=1}^{L}(x_i - E(X))^2 p(x_i) = E(X^2) - (E(X))^2$$

(4-16)

Variación de la muestra

$$Var_N(X) = \frac{1}{N-1}\sum(x_i - E(x))^2$$

La desigualdad de Chebyshev

$$Para\ k>0,\ P(|X - E(X)|>k) \leq Var(X)/k^2$$

Prueba: $Var(X) = \sum_{i=1}^{L}(x_i - E(X))^2 p(x_i)$

$$= \sum_{\{x_i|\ |x_i-E(X)|>k\}}(x_i - E(X))^2 p(x_i)$$
$$+ \sum_{\{x_i|\ |x_i-E(X)|\leq k\}}(x_i - E(X))^2 p(x_i)$$
$$\geq k^2 P(|X - E(X)|>k)$$

Medición repetida y sigma de la media.

Sea $X_{k\ copias}$ independientes distribuidas idénticamente (iid) de X, y sea X el "alfabeto" de números reales. Sea $\mu = E(X)$, $\sigma^2 = Var(X)$, y denotemos

$$\overline{x}_{norte} = \frac{1}{N}\sum_{k=1}^{N} X_k$$
$$mi(\overline{x}_{norte}) = \mu$$
$$Var(\overline{x}_{norte}) = \frac{1}{N^2}\sum_{k=1}^{N} Var(X_k) = \frac{1}{N}\sigma^2$$

Por tanto, para mediciones repetidas, la sigma de la media es $\sigma_\mu = \sigma/\sqrt{N}$, Como se mencionó previamente. Tenga en cuenta que si continuamos el análisis de este escenario obtenemos para la relación de Chebyshev:

$$P(|\overline{x}_N - \mu|>k) \leq Var(\overline{x}_N)/k^2 = \frac{1}{Nk^2}\sigma^2 .$$

de donde se puede derivar la Ley de los Grandes Números.

La ley de los grandes números, forma débil (Weak-LLN)

El LIN ahora se derivará en la forma clásica "débil". (La forma "fuerte" se deriva en el contexto matemático moderno de Martingalas en una sección posterior.) Como N $\rightarrow \infty$ obtenemos lo que se conoce como la Ley de los Números Grandes (débil), donde $P(|\overline{x}_N - \mu|>k) \rightarrow 0$, para cualquier k>0. Por tanto, la media aritmética de una secuencia de iid RVS converge a su expectativa común. La forma débil tiene convergencia "en probabilidad", mientras que la forma fuerte tendrá convergencia "con probabilidad uno".

4.3 Colisiones y dispersión

Pasemos ahora a considerar la colisión y la dispersión. Esta es una aplicación del análisis lagrangiano que suele ser sencilla, especialmente cuando se considera la dispersión clásica para la que siempre hay una respuesta [56]. Haremos esto en la formulación basada en Lagrangiano, con la energía como una cantidad conservada, y consideraremos las trayectorias ilimitadas (entrante y saliente). Más adelante se dará una descripción muy breve, pero formal, de la dispersión clásica siguiendo las líneas de Reed y Simon [56], que luego puede pasar directamente a una descripción de dispersión cuántica (como se muestra en [56]). Antes de embarcarnos en la descripción formal, primero analicemos los conceptos básicos mediante un reexamen de la dispersión de Rutherford (1911) [57] y la dispersión de Compton (1923) [73], la primera nos aleja del modelo del átomo a lo moderno con núcleo compacto y nube de electrones, y revelando el papel central de alfa; este último proporciona evidencia directa de las matemáticas de 4 vectores (evidencia de la Relatividad Especial). (Si se hubiera observado la dispersión Compton antes de 1905, habría sido otra parte de la física, accesible desde los dispositivos experimentales clásicos de la época, que indicaría la Relatividad Especial.)

El enfoque de la mecánica clásica hasta ahora ha estado en la teoría matemática y no en los parámetros observados de las partículas elementales observadas o en la descripción fenomenológica de los "medios ponderables" (que se discutirán, para el entorno de la mecánica clásica, en la Sección 5.1 para Rígidos). Cuerpos Materiales y el Apartado 5.2 para Cuerpos Materiales). Y esto se ha hecho para separar claramente los parámetros fundamentales de las partículas y los parámetros fenomenológicos de la estructura matemática, incluidos los parámetros matemáticos fundamentales. Sin embargo, en la Sección 4.3 sobre Dispersión y el Capítulo 5 sobre Movimiento colectivo (una exploración temprana de las propiedades de los materiales), los parámetros físicos son inevitables y también pertenecen a experimentos clave que demuestran la solidez de ciertos modelos experimentales, por lo que comenzarán a aparecer en la presentación. . Comenzamos con la dispersión de Rutherford [57], que es simplemente la dispersión de Coulomb a baja velocidad (no relativista). Obtenemos una fórmula, y se adapta notablemente bien al experimento si asumimos el modelo atómico moderno (núcleo positivo y compacto, con nube de electrones negativa). Sólo hay un "parámetro de ajuste" en la fórmula y es el parámetro adimensional alfa. Por lo tanto, tenemos nuestra primera aparición de alfa en la discusión sobre mecánica clásica (agrupado como $\alpha\hbar$), y se relaciona directamente con propiedades atómicas (carga), propiedades electromagnéticas (permisividad del espacio libre), propiedades relativistas especiales (velocidad de la luz) y propiedades cuánticas. (Constante de Planck). (Tenga en cuenta que alfa ya había aparecido en los primeros esfuerzos de la Mecánica Cuántica , como la constante de estructura fina, en el análisis espectrográfico de Sommerfeld [58], como se discutirá en el Libro 4.) Antes de trabajar con varios ejemplos, también se muestra la Dispersión Compton. . El experimento de dispersión de Compton en realidad se realizó y la descripción se basa en las notas de laboratorio de Caltech Ph 7 donde se realizó el experimento de Compton como parte de un requisito de laboratorio estándar para estudiantes universitarios de Física. El uso de la capacidad de detección de coincidencias permite la adquisición de datos excelentes. La validación de la fórmula de dispersión de Compton, a su vez, sirve para demostrar: (i) que la luz no puede explicarse puramente como un fenómeno ondulatorio (la discusión cuántica se retrasó hasta el Libro 4 [42]); y (ii) que la coherencia requiere el uso de la relación relativista de 4 vectores energía-momento (la Relatividad Especial se trata en el Libro 2 [40]).

En la dispersión, a menudo buscamos examinar la cantidad de dispersión (o la probabilidad de dispersión) en un ángulo determinado (como en el caso de Rutherford). La medida de la probabilidad de un proceso dado se reduce así a la evaluación de la "sección transversal" relevante. Se obtendrán más detalles sobre estas definiciones y convenciones durante el examen de la dispersión de Rutherford que se analiza a continuación.

4.3.1. Dispersión de Rutherford

Considere dos partículas puntuales cargadas que interactúan bajo un potencial de Coulomb central. El potencial central clásico permite desacoplar el movimiento del centro de masa y el movimiento relativo, por lo que elegimos un "marco" conveniente con la partícula 1 en movimiento (incidente sobre la partícula 2) con parámetros: m_1, $q_1 = Z_1 e$ (donde e está la carga fundamental y Z_1 es un entero positivo), y una velocidad distinta de cero v_1 medida cuando está muy lejos.

La sección 3.7 describe el movimiento en un campo de Coulomb central (con dos partículas puntuales con cargas opuestas), para lo cual obtuvimos la solución:

$$p = r(1 + e \cos \theta).$$

(4-20)

La solución general (incluido el movimiento ilimitado) está estrechamente relacionada y viene dada por:

$$u = u_0 \cos(\theta - \theta_0) - C, \qquad u = \frac{1}{r}.$$

112

Si ahora consideramos las condiciones de frontera, asintóticamente, para la dispersión de interés entrante/saliente, debemos tener soluciones que satisfagan:

$$u \to 0 \ and \ r \sin \theta \to b \ as \ \theta \to \pi,$$

¿Dónde b está el parámetro de impacto? Cuando se resuelve para proporcionar una relación entre b y el ángulo de deflexión obtenemos:

$$b = \frac{Z_1 Z_2 e^2}{4\pi\epsilon_0 m v_1^2} \cot \frac{\theta}{2}.$$

(4-22)

Ahora hemos obtenido una relación $b(\theta)$ de la cual la sección transversal se obtiene fácilmente usando la fórmula estándar:

$$\frac{d\sigma}{d\Omega} = \frac{b}{\sin\theta} \left| \frac{db}{d\theta} \right|.$$

(4-23)

Sin embargo, antes de continuar, volvamos a derivar esta fórmula y, al hacerlo, sepamos con precisión qué se entiende por "sección transversal de dispersión". La definición formal es:

$$\frac{d\sigma}{d\Omega} d\Omega = \frac{number \ scattered \ into \ d\Omega \ per \ unit \ time}{incident \ intensity}.$$

(el número disperso en un ángulo sólido por unidad de tiempo por intensidad del incidente)

(4-24)

Considere un haz entrante (axial) de partículas, con intensidad uniforme, con parámetro de impacto entre b y $b + db$, el número de partículas incidentes con el parámetro de impacto deseado es entonces:

$$2\pi I b |db| = I \frac{d\sigma}{d\Omega} d\Omega,$$

(4-25)

donde se hace uso de la definición del número de partículas dispersas en un ángulo sólido $d\Omega$. Dado que el potencial de dispersión es radialmente simétrico tenemos $d\Omega = 2\pi \sin\theta \, d\theta$, por tanto:

$$\frac{d\sigma}{d\Omega} = \frac{b}{\sin\theta} \left| \frac{db}{d\theta} \right|.$$

Aplicando la fórmula:

$$\frac{d\sigma}{d\Omega} = \left(\frac{Z_1 Z_2 e^2}{8\pi\epsilon_0 m v_1^2 \sin^2 \frac{\theta}{2}} \right)^2 = \left(\frac{Z_1 Z_2 (\alpha\hbar c)}{2 m v_1^2 \sin^2 \frac{\theta}{2}} \right)^2, \quad \alpha = \frac{e^2}{4\pi\epsilon_0 \hbar c}.$$

(4-26)

4.3.2. Dispersión Compton

Consideremos a continuación la dispersión de rayos X. Los rayos X no sólo se dispersan en varios ángulos como si fueran partículas, sino que la "partícula" misma parece cambiar en el sentido de que la longitud de onda de los rayos X cambia según la cantidad (ángulo) de dispersión. Compton considerará los fotones en un formalismo partícula-onda utilizando la fórmula del efecto fotovoltaico de Einstein. Compton también considerará los fotones en un entorno relativista, de modo que la energía-momento de la relatividad especial es la representación de la energía total. El experimento de dispersión consistirá en un haz de rayos X entrante (colimado) que incide sobre un electrón fijo con dispersión de rayos X y retroceso del electrón. Así tenemos de la conservación de la energía (relativista):

$$hf + mc^2 = hf' + \sqrt{(pc)^2 + (mc^2)^2},$$

(4-27)

donde f está la frecuencia de los rayos X entrantes (usando la relación de Einstein con la constante de Planck h), m es la masa (en reposo) del electrón, c es la velocidad de la luz y, mc^2 por lo tanto, es la energía en reposo del electrón según la relatividad especial de Einstein. En el RHS, tenemos la nueva frecuencia de rayos X f', el momento de retroceso del electrón distinto de cero p, de modo que la energía-momento relativista del electrón en retroceso es $\sqrt{(pc)^2 + (mc^2)^2}$. Para la conservación del impulso de 4 tenemos:

$$\boldsymbol{p} = \boldsymbol{p_\gamma} - \boldsymbol{p_{\gamma'}}$$

(4-28)

que se puede reescribir como:

$$(pc)^2 = \left(p_\gamma c\right)^2 + \left(p_{\gamma'} c\right)^2 - 2(p_\gamma c)(p_{\gamma'} c)\cos\theta,$$

(4-29)

y cuando se combina con la relación de conservación de la energía obtenemos la famosa ecuación de Compton:

$$\frac{c}{f'} - \frac{c}{f} = \frac{h}{mc}(1 - \cos\theta).$$

(4-30)

La distribución angular de los fotones dispersos se describe mediante la fórmula de Klein-Nishina:

$$\frac{d\sigma}{d\Omega} = \frac{\left(\frac{1}{2r_0}\right)[1 + \cos^2\theta]}{\left[1 + 2\varepsilon\sin^2(\frac{\theta}{2})\right]}\left\{1 + \frac{4\varepsilon^2\sin^4(\frac{\theta}{2})}{[1 + \cos^2\theta]\left[1 + 2\varepsilon\sin^2(\frac{\theta}{2})\right]}\right\}$$

(4-31)

Ejercicio. Deduzca la fórmula de Klein-Nishina.

4.3.3. Discusión teórica y ejemplos.

Hasta ahora, las descripciones de dispersión han involucrado potenciales con fuerzas de atracción, como la gravedad o Coulomb con cargas opuestas. También podrían involucrar fuerzas repulsivas con el mismo resultado, siempre que sean inherentemente coulombinas (por lo tanto, esféricamente simétricas, entre otras cosas), con el análisis como antes. Se podrían considerar una variedad de potenciales más complejos, pero la cualidad esencial es que hay estados asintóticos y, tal vez, estados ligados. Podemos determinar en gran medida el potencial de los estados asintóticos entrantes que se "dispersan" en estados asintóticos salientes (por el potencial de interacción distinto de cero) o, a su vez, verificar nuestra predicción teórica de cuál sería ese potencial. Aquí es donde "la goma se encuentra con el camino" cuando la física teórica se conecta con la física experimental.

Tenga en cuenta que cuando hablamos de estados asintóticos no ligados, o estados libres y estados ligados, estamos hablando de dos resultados dinámicos que existen dentro del mismo sistema dinámico. Hemos visto esto antes, en el contexto del análisis de dos tiempos y del análisis perturbativo en general (el análisis perturbativo asume la dinámica de un sistema de referencia, luego considera un segundo sistema, el sistema perturbado). Podemos "ver" los estados asintóticos que están "libres" de la interacción de interés, asintóticamente, capturándolos en nuestro aparato de detección. No se puede decir lo mismo de los Estados vinculados, que identificamos indirectamente.

Recapitulemos las preguntas clave, según Reed y Simon [56], que la teoría de la dispersión busca responder (ver [56] para más detalles). Para empezar, adoptemos su notación para estados libres y ligados: ρ_+es asintóticamente libre en el futuro ($t \to \infty$), ρ_-es asintóticamente libre en el pasado ($t \to -\infty$) y ρes un estado ligado. De la formulación hamiltoniana sabemos que podemos hablar de un "operador de transformación de tiempo" que actúa sobre los estados antes mencionados con respecto a una elección de hamiltoniano, aquí con/sin interacción: { $T_t, T_t^{(0)}$}. Así, es posible considerar los límites asintóticos:

$$\lim_{t \to -\infty} \left(T_t \rho - T_t^{(0)} \rho_- \right) = 0 \qquad \lim_{t \to \infty} \left(T_t \rho - T_t^{(0)} \rho_+ \right) = 0 .$$

$$(4\text{-}32)$$

Estos límites sólo están bien definidos si las soluciones ocurren para los pares $\{ \rho_-, \rho \}$ donde para cada uno ρ solo hay uno correspondiente ρ_-, lo mismo ocurre con $\{ \rho_+, \rho \}$. Las preguntas clave:

(1) ¿Qué son los estados libres? ¿Se pueden preparar todos experimentalmente (integridad en la preparación)?

(2) ¿Existe unicidad en la correspondencia $\{ \rho_-, \rho \}$ y $\{ \rho_+, \rho \}$?

(3) ¿Existe una integridad (débil) en la dispersión? por ejemplo, asignar todo ρ_- a $\rho \in \Sigma$, llamar a ese subconjunto de Σ, Σ_{in}; repetir para ρ_+ llegar Σ_{out}, ¿verdad $\Sigma_{in} = \Sigma_{out}$? Esto se conoce como completitud asintótica débil [56].

(4) Dado lo anterior, podemos definir una biyección de Σ sobre sí mismo, de modo que lo siguiente quede bien definido: $\rho_- = \Omega^- \rho$ y $\rho_+ = \Omega^+ \rho$, donde Ω^- y Ω^+ son las asignaciones biyectivas. Por tanto, podemos describir la dispersión en términos de una biyección:

$$S = (\Omega^-)^{-1} \Omega^+.$$

En la mecánica clásica esto siempre existirá como una biyección en el espacio de fases. En mecánica cuántica, S será una transformación unitaria lineal conocida como matriz S.

(5) ¿Hay simetrías? A veces S puede determinarse debido a simetrías; esto se explorará más a fondo en el contexto de la Mecánica Cuántica en [42].

(6) ¿Cuál es la continuación analítica? Un refinamiento común para una teoría Real, para abarcar fenómenos ondulatorios (como en la transición a una teoría cuántica), es cambiar a una teoría compleja al ver la teoría Real como el valor límite de una función analítica. La analiticidad de la transformación S, según la elección, también imparte causalidad (como ocurre con la elección de Feynman de definiciones de integrales de contorno para propagadores en [43]).

(7) ¿Es asintóticamente completo: $\Sigma_{bound} + \Sigma_{in} = \Sigma_{bound} + \Sigma_{out}$? Para la mecánica clásica, las operaciones "+" son teóricas de conjuntos, por lo que esto se reduce a la cuestión de si $\Sigma_{in} = \Sigma_{out}$ (completitud asintótica débil) aparte de un posible conjunto de medida cero (es decir, hay problemas con el conjunto de medida cero; el conjunto de estados ligados puede ser de medida cero con respecto al superconjunto). En teoría cuántica, el "+" es una suma directa de espacios de Hilbert, lo cual es más complicado y no se analiza aquí.

Ejemplo 4.1. Decadencia clásica.

Considere una desintegración clásica, A$\rightarrow$ 3B, en la que la primera partícula se desintegra en tres partículas idénticas de masa m .
Supongamos que cada partícula final tiene la misma energía en el marco

del centro de masa , que la partícula original se mueve con velocidad V a lo largo del eje z del laboratorio y que la energía de desintegración es ϵ. Si una de las partículas emerge a lo largo del eje z positivo, ¿en qué ángulo con respecto al eje z emergen las otras dos partículas?

Solución
Tenemos la misma energía en el marco del centro de masa , es decir, el mismo impulso. Por lo tanto, en el sistema de centro de masa

$$\frac{1}{2}(3m)V^2 = 3\frac{1}{2}(m)V'^2 + \epsilon \rightarrow (mV') = \sqrt{m^2V^2 - \frac{2}{3}m\epsilon}$$

y

$$\tan\phi = \frac{\left|\left(m\vec{V'}\right)\right|\sin(60°)}{\left|(3m\vec{V})\right| - \left|(m\vec{V'})\right|\cos(60°)} \qquad \sin 60° = \frac{\sqrt{3}}{2} \qquad \cos 60° = \frac{1}{2}$$

De este modo,

$$\phi = \tan^{-1}\left\{\frac{\sqrt{m^2V^2 - \frac{2}{3}m\epsilon}\,\frac{\sqrt{3}}{2}}{3mV - \sqrt{m^2V^2 - \frac{2}{3}m\epsilon}\,\frac{1}{2}}\right\}$$

$$= \tan^{-1}\left\{\frac{\sqrt{3m^2V^2 - 2m\epsilon}}{6mV - \sqrt{m^2V^2 - \frac{2}{3}m\epsilon}}\right\}$$

Ejercicio 4.1. Decadencia clásica.

Ejemplo 4.2. (A&W 1.14)
Considere la dispersión de Rutherford desde una superficie nuclear cuando la sección transversal para golpear la superficie nuclear es $\sigma_r = \pi b^2$ para el parámetro de impacto en r mínimo: $r_{min} = b$. Recuerde que la energía del sistema asintóticamente, con velocidad entrante V_∞, es simplemente

$$E = \frac{1}{2}mV_\infty^2 \quad \rightarrow \quad V_\infty = \sqrt{\frac{2E}{m}}.$$

También tenemos para el momento angular (conservado):
$$M_\theta = mV_\infty b = \sqrt{m2E}\,b.$$

Por tanto, el potencial efectivo con M_θ potencial indicado y de Coulomb $V_c = \frac{zZe^2}{R}$ es:

$$U_{eff} = \frac{M_\theta^2}{2mR^2} + V_c = E \quad \rightarrow \quad \frac{m2Eb^2}{2mR^2} + V_c = E \quad \rightarrow \quad b^2 = R^2\frac{(E - V_c)}{E}$$

De este modo,

$$\sigma_r = \pi b^2 = \pi R^2(1 - V_c/E).$$

Ejercicios relacionados : ver Fetter&Walecka [29].

Ejemplo 4.3. (A&W 1.17)

Considere la posibilidad de desperdiciar el potencial

$$V(r) = \begin{cases} 0 & r > a \\ -V_0 & r < a \end{cases}$$

(1) Demuestre que la órbita es idéntica a un rayo de luz refractado por una esfera de radio $ay .= \sqrt{(E + V_0)/E}$

(2) Encuentre la sección transversal elástica diferencial.

Solución

(1) Recordar $F2\pi b db = F d\sigma_d(\theta) \; and \; d\Omega = 2\pi \sin\theta \, d\theta \Rightarrow \frac{d\sigma}{d\Omega} = \frac{b}{\sin\theta}\left|\left(\frac{db}{d\theta}\right)\right|$

Tener: $mV_1 \sin\theta_1 = mV_2 \sin\theta_2$ y $E = \frac{P_1^2}{2m} + U_1 = \frac{P_2^2}{2m} + U_2$. De este modo:

$$\sin\theta_1 = \sin\theta_2 \sqrt{1 + \frac{2}{mV_1^2}V_0} \quad \rightarrow \quad \sin\theta_1 = \sqrt{(E + V_0)/E}\,\sin\theta_2$$

Por tanto, la órbita es idéntica a la de un rayo de luz refractado por una esfera de radio a y $n = \sqrt{(E + V_0)/E}$

$$\sin\theta_2 = \frac{\sin\theta_1}{\sqrt{(E + V_0)/E}}$$

El ángulo de deflexión correspondiente a θ_1 y θ_2 es $\theta = (\theta_1 - \theta_2)$. Así, $\theta_1 = \frac{\theta}{2} + \theta_2$ y desde $b = a\sin\theta_1$ tenemos:

$$\sin \theta_1 = \sin\left\{\frac{\theta}{2} + \theta_2\right\} = \sin\left(\frac{\theta}{2}\right)\sin\theta_2 + \cos\left(\frac{\theta}{2}\right)\cos\theta_2 = \frac{\sin\left(\frac{\theta}{2}\right)\sin\theta_1}{n} +$$
$$\cos\left(\frac{\theta}{2}\right)\sqrt{1-\sin^2\theta_1^2}$$

$$\sin^2\theta_1 = \frac{\sin^2\left(\frac{\theta}{2}\right)}{\left(\frac{1}{n}-\cos\left(\frac{\theta}{2}\right)\right)^2 + \sin^2\left(\frac{\theta}{2}\right)}$$

$$b^2 = a^2\sin^2\theta_1 = \frac{a^2n^2\sin^2\left(\frac{\theta}{2}\right)}{+n^2\sin^2\left(\frac{\theta}{2}\right)+\left(1-2n\cos\left(\frac{\theta}{2}\right)+n^2\cos^2\left(\frac{\theta}{2}\right)\right)} = \frac{a^2n^2\sin^2\left(\frac{\theta}{2}\right)}{1+n^2-2n\cos\left(\frac{\theta}{2}\right)}$$

$$2bdb = a^2n^2\left\{\frac{2\sin\left(\frac{\theta}{2}\right)\cdot\frac{1}{2}\cos\left(\frac{\theta}{2}\right)}{1+n^2-2n\cos\left(\frac{\theta}{2}\right)}\right.$$
$$\left. + \frac{(-1)a^2n^2\sin^2\left(\frac{\theta}{2}\right)\left[-2n\left(-\frac{1}{2}\sin\frac{\theta}{2}\right)\right]}{(\boxed{})^2}\right\}$$

$$= \frac{a^2n^2}{\left(1+n^2-2n\cos\left(\frac{\theta}{2}\right)\right)^2}\left\{\sin\left(\frac{\theta}{2}\right)\cos\left(\frac{\theta}{2}\right)\left(1+n^2-2n\cos\frac{\theta}{2}\right) -\right.$$
$$\left. n\sin^3\left(\frac{\theta}{2}\right)\right\}$$

De este modo,

$$\frac{d\sigma}{d\Omega} = \frac{b}{\sin\theta}\left|\frac{db}{d\theta}\right|$$

$$= \frac{a^2n^2}{4\cos\left(\frac{\theta}{2}\right)}\frac{1}{\left(1+n^2-2n\cos\left(\frac{\theta}{2}\right)\right)^2}\left\{\cos\left(\frac{\theta}{2}\right)(1+n^2)\right.$$
$$\left. - 2n + n\left(1-\cos^2\left(\frac{\theta}{2}\right)\right)\right\}$$

$$\frac{d\sigma}{d\Omega} = \frac{a^2n^2}{4\cos\left(\frac{\theta}{2}\right)}\frac{1}{\left(1+n^2-2n\cos\left(\frac{\theta}{2}\right)\right)^2}\left\{\left(n\cos\left(\frac{\theta}{2}\right)-1\right)\left(n\right.\right.$$
$$\left.\left. - \cos\left(\frac{\theta}{2}\right)\right)\right\}$$

Ejercicios relacionados: ver Fetter&Walecka [29].

Ejemplo 4.4. (A&W 1.18)

Considere una partícula pequeña con un parámetro de impacto grande b desde el potencial central V(r) con solo una ligera desviación al dispersarse.

(a) Utilice una aproximación de impulso para derivar el ángulo de deflexión pequeño.

(b) Examine el caso $V(r) = \gamma r^{-n}$, donde tanto γ como n son positivos.

(c) Examinar el caso $V(r) = \gamma e^{-\lambda r}$.

(d) En la mecánica cuántica, la parte de ángulo pequeño de la sección transversal es diferente a la clásica, analícela.

Solución

(a) En la aproximación de impulso tenemos $\theta_1 \approx \dfrac{P'_{1y}}{m_1 v_\infty}$ y $P'_{1y} =$

$$\int_{-\infty}^{\infty} F_y \, dt = \int_{-\infty}^{\infty} -\frac{dU}{dr}\frac{y}{r}\, dt$$

Suponga una pequeña deflexión $y = b, dt = \dfrac{dx}{v_\infty}$:

$$\theta = \frac{b}{m_1 v_\infty^2}\int_{-\infty}^{\infty} -\frac{dU}{dr}\frac{dx}{r} = \frac{2b}{m_1 v_\infty^2}\left|\int_{b}^{\infty}\frac{dU}{dr}\frac{dr}{\sqrt{r^2 - b^2}}\right|$$

(b) $V(r) = \gamma r^{-n} \qquad r > 0, n > 0$

$$\theta = \frac{2b}{m_1 v_\infty^2}\left|\int_{b}^{\infty}\gamma(-n)r^{-n-1}\frac{dr}{\sqrt{r^2-b^2}}\right| = \frac{2b}{m_1 v_\infty^2}n\gamma\left|\int_{b}^{\infty}\frac{r^{-(n-1)}dr}{\sqrt{r^2-b^2}}\right|$$

$$\theta = \frac{2b}{mv_\infty^2}\int_{b}^{\infty}\frac{dr}{\sqrt{r^2-b^2}}\gamma n r^{-n-1} = \frac{2b}{mv_\infty^2}\int_{1}^{\infty}\frac{\gamma n b\, dx\, b^{-(n+1)}x^{-(n+1)}}{b\sqrt{x^2-1}}$$

$$= \frac{2b}{mv_\infty^2 b^n}\int_{1}^{\infty}\frac{x^{-(n+1)}}{\sqrt{x^2-1}}dx$$

De este modo, $\theta = \dfrac{C}{b^n} \qquad C = \dfrac{2}{mv_\infty^2}\displaystyle\int_{1}^{\infty}\frac{x^{-(n+1)}}{\sqrt{x^2-1}}dx.$

Entonces,
$$\frac{d\theta}{db} = \frac{-nC}{b^{n+1}} \quad and \quad \frac{d\sigma}{d\Omega} = \frac{1}{nC}\frac{b^{n+2}}{\sin\theta} \cong \frac{1}{nC}\frac{b^{n+2}}{\theta}$$
De este modo,
$$b^{n+2} = \left(\frac{C}{\theta}\right)^{\left(\frac{n+2}{n}\right)} \quad and \quad \frac{d\sigma}{d\Omega} = C'\theta^{-\left(2+\frac{2}{n}\right)}.$$

Para $n = 1$, $\quad \frac{d\sigma}{d\Omega} \simeq C'\theta^{-4} \leftarrow$ Rutherford: $\left(\frac{d\sigma}{d\Omega}\right)_{el} = \left(\frac{zZe^3}{4E\sin^2\frac{1}{2}\theta}\right)^2$

$n = 2$, $\quad \frac{d\sigma}{d\Omega} \simeq C'\theta^{-3} \leftarrow \left(\frac{d\sigma}{d\Omega}\right)_{el} = \frac{\gamma\pi^2}{E\sin\theta}\frac{\pi-\theta}{\theta^2(2\pi-\theta)^2}$

Para σ_τ que quede bien definido: $\int \frac{d\sigma}{d\Omega}d\Omega < \infty$. Aquí tenemos:

$$\int_0^\theta C'\theta^{-\left(2+\frac{2}{n}\right)}d\Omega \sim \int_0^\theta C'\theta^{-\left(2+\frac{2}{n}\right)}\theta d\theta \sim \theta^{-\frac{2}{n}}\Big|_0^\theta = \infty \text{ for } n > 0$$

Entonces, la sección transversal solo está bien definida si n<0.

(c) Tener: $V(r) = \gamma e^{-\lambda r} \qquad r = bx$

$$\theta = \frac{2b}{m_1 v_\infty^2}\left|\int_b^\infty -\frac{\gamma\lambda e^{-\lambda r}\,dr}{\sqrt{r^2-b^2}}\right| = b^2\left(\frac{\lambda 2\lambda}{m_1 v_\infty^2}\right)\int_1^\infty \frac{xe^{-\lambda bx}\,dx}{\sqrt{x^2-1}}$$

Considerar $b\lambda \gg 1$ solo $x \approx 1$ contribuye

$$\theta = \gamma b\lambda\left(\frac{2}{m_1 v_\infty^2}\right)\int_1^\infty \frac{e^{-\lambda b}\,e^{-\lambda b\epsilon}}{\sqrt{2}\,\sqrt{\epsilon}}d\epsilon = \gamma be^{-\lambda b}K \qquad K$$

$$= \left(\frac{\sqrt{2}\lambda}{m_1 v_\infty^2}\right)\int_1^\infty \frac{e^{-\lambda b\epsilon}}{\sqrt{\epsilon}}d\epsilon$$

De este modo,
$$\theta = \gamma\sqrt{\frac{\pi b}{\lambda}}e^{-\lambda b}\left(\frac{\lambda}{m_1 v_\infty^2}\right).$$

Desde
$$\log\theta \approx -\lambda b \quad \rightarrow \quad b \sim \lambda^{-1}\log\left(\frac{1}{\theta}\right) \quad \rightarrow \quad \frac{d\sigma}{d\Omega} \sim \frac{b}{\theta}\frac{db}{d\theta}$$

121

Por lo tanto, σ_τ no está bien definido porque $\int_0^x \frac{dx}{x \log x} = \log(\log x)\big|_{x \to \infty}^{\square} \to \infty$

(d) Clásicamente: sin dispersión de ángulo cero para b finito; mientras que la mecánica cuántica tiene una densidad de probabilidad finita para la dispersión de ángulo cero.

Ejercicios relacionados: ver Fetter&Walecka [29].

Capítulo 5. Moción colectiva

Ahora se hará una breve mención al movimiento colectivo para casos idealizados como cuerpos rígidos y cuerpos materiales simples, dejando en parte la discusión fenomenológica que involucra cuerpos materiales para el Capítulo 8 Fenomenología y análisis dimensional. Esta breve revisión comienza con el movimiento del cuerpo rígido.

5.1 Movimiento del cuerpo rígido

Para un cuerpo rígido, todas las cargas internas son netas cero. Si la geometría de un cuerpo rígido es estática, entonces las fuerzas aplicadas deben equilibrarse y transmitirse a través del cuerpo rígido de manera que las fuerzas y torsiones netas sean cero. En cualquier posición del cuerpo podemos evaluar las fuerzas netas y los momentos de fuerza según seis ecuaciones escalares de equilibrio:

$$\sum F_x = 0, \sum F_y = 0, \sum F_z = 0, \sum M_x = 0, \sum M_y = 0, \sum M_z = 0.$$

$$(5\text{-}1)$$

Cuando se habla de un material homogéneo que comprende el cuerpo rígido, se puede hablar del esfuerzo normal promedio a una superficie de la sección transversal ($\sigma = N/A$, donde N es la carga axial interna y A es el área de la sección transversal) y el esfuerzo cortante promedio a una superficie de la sección transversal ($\tau_{avg} = S/A$, donde S es la fuerza cortante que actúa sobre la sección transversal A). Consideremos algunos problemas clásicos de Hibbeler [59,60] para resolver algunos de estos problemas de estática y ver su aplicación.

Ejemplo 5.1. (Hibbeler 1-12)

Una viga se sostiene horizontalmente con su extremo izquierdo en un pasador montado en la pared (punto A). Siguiendo de izquierda a derecha a lo largo de la viga tenemos puntos etiquetados de la siguiente manera: 1 pie a la derecha de A está el punto D, otro 2 pies y el punto B, otro 1 pie y el punto E, otro 2 pies y el punto G, y otro 1 pie hacia Llegue al final donde se indica una carga debido a una conexión de cable a 30 grados hacia afuera (hacia la derecha) de la vertical. En el punto B hay una viga de soporte, dirigida hacia arriba a la pared, formando un triángulo 3-4-5 con la pared (montaje con pasador superior etiquetado como C), donde el 3 corresponde con los 3 pies de A a B. La carga sobre el cable es 150 lb. También hay una carga distribuida uniformemente entre el punto B y el extremo de la viga de 75 lb/ft. A lo largo de la viga de soporte diagonal, a 1 pie del pasador de soporte en el punto C, hay un punto interno de la viga etiquetado como F.

"Determine las cargas internas resultantes en las secciones transversales en los puntos F y G del conjunto".
Considere el diagrama libre para la viga horizontal, esto nos permitirá resolver la fuerza axial de la viga F_{CB} a partir de la cual se puede obtener trivialmente la carga interna en F. Un corte (sección) de un cuerpo libre en la sección transversal de G se lleva hacia el lado derecho para realizar otro análisis de cuerpo libre simple para obtener la carga interna en G.
Primero, para F_{CB}:

$$\sum M_A = 0 \rightarrow 3(0.8)F_{BC} - 5(300) - 7(150)(0.5)\sqrt{3} = 0 \rightarrow F_{BC}$$
$$= 1{,}003.9 \; lb.$$

De esto tenemos a la carga interna en F:
$$N_F = F_{BC} = 1{,}003.9 \; lb, \quad S_F = 0, \quad and \quad M_F = 0.$$
Consideremos ahora la carga interna en G a través de la sección de cuerpo libre (ver [59,60] para más detalles) que consiste en el cuerpo en el lado derecho del corte:

$$\sum M_G = 0 \rightarrow M_G - (0.5)(75) - (1)(150)(0.5)\sqrt{3} = 0 \rightarrow M_G$$
$$= 167.4 ft \; lb \; .$$
$$\sum F_x = 0 \rightarrow N_G + 150(0.5) = 0 \rightarrow N_G = -75 lb.$$
$$\sum F_y = 0 \rightarrow V_G - 75 - 150(0.5)\sqrt{3} = 0 \rightarrow N_G = 205 lb$$

Ejercicio 5.1. *Rehacer con 150 lb →250 libras.*

Ejemplo 5.2. Hibeler (1-66)
Un "marco" está formado por una pared vertical y dos vigas que se unen para formar un triángulo 3-4-5 (hipotenusa hacia arriba, por lo que la viga está bajo tensión, no comprimida). Los soportes de pared son pasadores articulados, al igual que la conexión entre las vigas. La distancia entre los soportes de pared (longitud vertical) es de 2 m y la viga horizontal tiene una longitud de 1,5 m. El soporte de pared inferior está etiquetado como punto A, el superior B y el punto de conexión de las vigas es el punto C. Por lo tanto, la hipotenusa tiene la longitud BC. En el punto C se indica una carga P verticalmente hacia abajo. Al cortar verticalmente la viga BC se indica un corte transversal etiquetado como "aa".

124

"Determine la carga más grande **P** que se puede aplicar al marco sin causar que el esfuerzo normal promedio o el esfuerzo cortante promedio en la sección aa excedan $\sigma = 150MPa$ y $\tau = 60MPa$, respectivamente. El miembro CB tiene una sección transversal cuadrada de 25 mm en cada lado.

Comencemos considerando la viga horizontal como un cuerpo libre para obtener F_{BC} en términos de **P** :

$$\sum M_A = 0 \rightarrow \quad 0.8F_{BC} = P.$$

(5-2)

La sección transversal considerada no es ortogonal al eje de la viga, por lo que es necesario corregir la fuerza normal y la fuerza cortante (distinta de cero) en consecuencia:

$$N_{aa} = 0.6F_{BC} = 0.75P \quad and \quad S_{aa} = 0.8F_{BC} = P.$$

El área de la sección transversal es: $A_{aa} = A/\cos\theta = (5/3)A$. Por lo tanto, la tensión normal en la sección transversal aa indicada es máxima cuando se encuentra en el límite de tensión indicado:

$$\sigma = \frac{N_{aa}}{A_{aa}} = 150MPa \rightarrow P_{max} = 208kN.$$

(5-3)

La carga máxima P que puede soportarse según la tensión normal está limitada a $P_{max} = 208kN$.
El esfuerzo cortante indicado en aa puede ser como máximo de 60 MPa a partir del cual calculamos:

$$\tau = \frac{S_{aa}}{A_{aa}} = 60MPa \rightarrow \quad P_{max} = 22.5kN.$$

(5-4)

La carga máxima P que puede ser de acuerdo con el esfuerzo cortante está limitada a $P_{max} = 22.5kN$, y dado que este límite se alcanza antes, la carga máxima posible en P es 22,5 kN (para evitar fallas por corte).

Consideremos algunas situaciones dinámicas con cuerpos rígidos (algunas ya se han mencionado, pero con barras idealizadas sin masa).

Ejercicio 5.2. *Rehacer con* $\sigma = 250MPa$.

Ejemplo 5.3. Un tablón apoyado contra una pared .

Consideremos el problema de una tabla apoyada contra una pared. Si inicialmente la tabla forma un ángulo θ_0 con el piso y puede deslizarse libremente a lo largo del piso (sin fricción), ¿cuál es su movimiento? ¿Cuándo, si es que alguna vez, deja el tablón contacto con la pared? ¿Cuándo, si es que alguna vez, la tabla deja contacto con el piso? Esto es similar al problema 3.18 en la página 85 de [29], con una tabla de longitud L y masa M.

Para empezar, recuerde que el momento de inercia de una tabla (uniforme) con respecto a su centro de masa es $I = \frac{1}{12}ML^2$. El término de energía cinética puede entonces expresarse en términos del movimiento lineal del centro de masa y la rotación alrededor de ese centro:

$$T = \frac{1}{2}M(\dot{x}^2 + \dot{y}^2) + \frac{1}{2}I\dot{\theta}^2,$$

donde las coordenadas (x, y) del centro de masa están relacionadas con θ by $x = \frac{L}{2}\cos\theta$ y $y = \frac{L}{2}\sin\theta$ (manteniendo contacto con la pared). La energía potencial es simplemente: $V = Mgy$. El lagrangiano es, por tanto:

$$L = \frac{1}{2}M(\dot{x}^2 + \dot{y}^2) + \frac{1}{2}I\dot{\theta}^2 - Mgy \quad \rightarrow \quad L$$
$$= \frac{1}{2}M\left(\frac{L}{2}\right)^2 \dot{\theta}^2 + \frac{1}{2}I\dot{\theta}^2 - Mg\frac{L}{2}\sin\theta$$

La ecuación de Euler-Lagrange (EL) para este último (forma restringida) da:

$$\dot{\theta}^2 = \frac{3g}{l}(\sin\theta_0 - \sin\theta).$$

Como estamos interesados en las restricciones de contacto (y cuándo fallan), volvamos a la forma inicial y agreguemos multiplicadores de Lagrange para las restricciones:

$$L(\lambda, \tau) = \frac{1}{2}M(\dot{x}^2 + \dot{y}^2) + \frac{1}{2}I\dot{\theta}^2 - Mgy + \tau\left(x - \frac{L}{2}\cos\theta\right)$$
$$+ \lambda\left(y - \frac{L}{2}\sin\theta\right).$$

Las ecuaciones de movimiento para las coordenadas (x, y) del centro de masa y los (λ, τ) multiplicadores de Lagrange para la restricción x son:

$$M\ddot{x} - \tau = 0 \quad \rightarrow \quad \tau = -\frac{ML}{2}\left(\cos\theta\,\dot{\theta}^2 + \sin\theta\,\ddot{\theta}\right)$$
$$= \frac{3gM}{2}\cos\theta\left(\frac{3}{2}\sin\theta - \sin\theta_0\right)$$

donde el τmultiplicador llega a cero cuando:
$$\frac{3}{2}\sin\theta_c - \sin\theta_0 = 0\,.$$

Así, el tablón sale de la pared cuando el punto de contacto está en altura:
$$Y = 2y = 2\left(\frac{L}{2}\right)\sin\theta_c = \frac{2}{3}L\sin\theta_0.$$

En el instante en que la escalera sale de la pared la coordenada x está libre y tiene:

$$x = \frac{L}{2}\sqrt{1 - \left(\frac{2}{3}\right)^2\sin^2\theta_0} \quad and \quad \dot{x} = -\frac{\sqrt{gL}}{3}(\sin\theta_0)^{\frac{3}{2}} \quad and \quad \ddot{x} = 0$$

Examinemos ahora la restricción y antes y después de que la tabla abandone la pared:

$$M\ddot{y} + Mg - \lambda = 0 \quad \rightarrow \quad \lambda = \frac{ML}{2}\left(-\sin\theta\,\dot{\theta}^2 + \cos\theta\,\ddot{\theta}\right) + Mg$$

Antes de que el tablón salga de la pared tenemos $\dot{\theta}^2 = \frac{3g}{L}(\sin\theta_0 - \sin\theta)$y $\ddot{\theta} = -\frac{3g}{2L}\cos\theta$, para lo cual $\lambda > 0$siempre. Después de que el tablón salga de la pared tenemos $\dot{\theta}^2 = \frac{g}{L}\sin\theta_0$y $\ddot{\theta} = 0$, para lo cual $\lambda > 0$siempre. Por lo tanto, λnunca llega a cero y la tabla nunca abandona el suelo, con un movimiento en y expresado de manera similar al movimiento en x anterior.

Ejercicio 5.3. Supongamos que hay un trabajador en la escalera en el punto medio, de masa M, repita el análisis.

Ejemplo 5.4. Tubo giratorio, en ángulo fijo, con bola en su interior.
Considere un tubo que gira con velocidad angular constante ω alrededor de un eje vertical formando un ángulo fijo α con él. Dentro del tubo hay una bola de masa m que se desliza libremente sin fricción. Usando coordenadas esféricas, en el momento t=0 sea la posición de la bola $r = a$ y $\dfrac{dr}{dt} = 0$. Para todos los momentos de interés la bola permanece en la parte superior del tubo. (a) Encuentre el lagrangiano; (b) Encuentre las ecuaciones de movimiento; (c) Encuentre las constantes del movimiento; (d) Encuentre t en función de r en forma de integral.

Solución

(a) El lagrangiano para el movimiento de la pelota está dado por

$$L = \frac{1}{2}m\left(\frac{ds}{dt}\right)^2 - mgr\cos\alpha$$

donde, para coordenadas esféricas: $ds^2 = dr^2 + r^2(d\theta^2 + \sin^2\theta d\varphi^2)$. Así,

$$L = \frac{1}{2}m\left(\dot{r}^2 + r^2\left(\dot{\theta}^2 + \sin^2\theta\dot{\varphi}^2\right)\right) - mgr\cos\alpha, \quad with \quad \theta = \alpha, \ \dot{\varphi} = \omega$$

y obtenemos:

$$L = \frac{1}{2}m(\dot{r}^2 + r^2\sin^2\alpha\omega^2) - mgr\cos\alpha$$

(b) La ecuación de movimiento para r para una frecuencia de rotación fija y un ángulo de declinación especificado:

$$m\ddot{r} - mr\sin^2\alpha\omega^2 + mg\cos\alpha = 0 \rightarrow \frac{d}{dt}\left\{\frac{1}{2}\dot{r}^2 - \frac{1}{2}r^2\sin^2\alpha\omega^2 + rg\cos\alpha\right\}$$
$$= 0.$$

(c) La constante del movimiento es entonces

$$\dot{r}^2 - r^2\sin^2\alpha\omega^2 + r2g\cos\alpha = const$$

De r=a e $\dfrac{dr}{dt} = 0$ inicialización tenemos

$$const = 2ag\cos\alpha - (a\omega\sin a)^2.$$

(d) Podemos escribir

$$\left(\frac{dr}{dt}\right)^2 = \dot{r}^2 = 2g\cos\alpha(a - r) + (\omega\sin\alpha)^2(r^2 - a^2)$$

o, cambiando a forma integral:

$$dt = \frac{dr}{\sqrt{2g\cos\alpha(a - r) + (\omega\sin\alpha)^2(r^2 - a^2)}}$$

De este modo,

$$t = \int \frac{dr}{\sqrt{2g\cos\alpha(a - r) + (\omega\sin\alpha)^2(r^2 - a^2)}}.$$

Ejercicio 5.4. Repita el análisis para un tubo curvo paraboloide giratorio con una bola en su interior.

5.2 Cuerpos Materiales

Hasta ahora hemos visto cómo calcular la tensión como una fuerza sobre un área ($\sigma = F/A$). En el caso de cuerpos no idealizados (como los rígidos), es decir, cuerpos materiales, habrá una respuesta, una deformación, a esta tensión. Para cuantificar esta deformación definamos deformación:

$$\epsilon = \frac{\Delta L}{L}.$$

(5-5)

La relación entre la tensión normal aplicada y la deformación por deformación resultante viene dada por la ley de Hooke:

$$\sigma = Y\epsilon,$$

(5-6)

donde Y es una constante apropiada para el material considerado conocida como módulo de Young. A partir de esto podemos calcular la densidad de energía de deformación: $u = \sigma\epsilon/2$. Existen relaciones similares para el esfuerzo cortante. Si consideramos una carga y un área de sección transversal constantes, podemos agrupar las ecuaciones para obtener una relación sobre el cambio de longitud para una fuerza aplicada (normal) dada:

$$\delta = \frac{FL}{AY}.$$

(5-7)

Si hay secciones conectadas con diferentes secciones transversales de área, etc., sus δ's son aditivas.

Por último, en esta breve descripción de los cuerpos materiales, debemos tener en cuenta el estrés térmico (la mayoría de los efectos térmicos no se analizan hasta [44]). Es bien sabido que los cuerpos materiales se expanden o contraen ante cambios de temperatura. Esto se describe a continuación:

$$\delta_T = \alpha\Delta TL,$$

(5-8)

donde α es el coeficiente lineal de expansión térmica.

Ejemplo 5.5. Hibeler (3-8)
Una viga se sostiene horizontalmente, inicialmente, con una longitud $10ft$, y una carga distribuida en su totalidad de w. Se sujeta en un extremo mediante un pasador articulado (montado en la pared) y en el otro extremo mediante un soporte de alambre a 30 grados con respecto a la horizontal.

"La viga rígida está sostenida por un pasador en C y un alambre de sujeción A-36 AB. Si el alambre tiene un diámetro de 0.2 pulgadas, determine la carga distribuida w si el extremo B se desplaza 0.75 pulgadas. hacia abajo."

Primero debemos calcular la tensión en el cable de sujeción y a partir de esto determinar qué carga está presente. La longitud original AB es 11,547 pies. La longitud estirada del cable tensor es de 11,578 pies, por lo que la deformación es de $\epsilon = 0.00269$. El módulo de Young para el alambre tensor A-36 es $29x10^3 ksi$, por lo tanto tiene:

$$\frac{F}{A} = Y\epsilon \quad \rightarrow \quad F = 2.45 kip \quad \rightarrow \quad w = \frac{0.245 kip}{ft}.$$

Ejercicio 5.5.
Repita para un diámetro de alambre de 0,3 pulgadas y el desplazamiento del extremo B es de 1,0 pulgadas a lo largo de la longitud AB.

Ejemplo 5.6. Hibeler (4-70)
Una varilla se monta horizontalmente entre dos paredes mediante el uso de dos resortes (idénticos) en cada extremo, entre la pared y los extremos de la varilla.

"La varilla está hecha de acero A992 [$\alpha = 6.6x10^{-6}/°F$] y tiene un diámetro de 0.25 pulg. Si la varilla mide 4 pies de largo cuando los resortes [$k = 1000lb/in$] se comprimen 0.5 pulg. y la temperatura de la varilla es $T = 40°F$, determine la fuerza en la varilla cuando su la temperatura es $T = 160°F$."

De $\delta_T = \alpha\Delta TL \rightarrow \delta_T = 3.168 \times 10^{-3} ft$. Con los dos resortes actuando juntos tenemos la fuerza que actúa hacia adentro en ambos lados de:

$$F = k\left(\frac{\delta_T}{2}\right) = 19 \; lb.$$

Ejercicio 5.6. Repita para T $= 360°F$ una compresión del resorte de 0,75 pulgadas.

5.3 Hidrostática y flujo de fluido estacionario
Indicios de la relatividad especial: Fizeau, el efecto Doppler relativista y el cálculo Bondi K

La Relatividad Especial se revela cuando se recurre a la teoría de campos para describir los EM. En los primeros experimentos primitivos con luz se ven indicios de la existencia de la Relatividad Especial por motivos de coherencia, pero su significado no se comprendía en ese momento.

Fizeau 1851 [22] encontró que la velocidad de la luz en el agua que se mueve con una velocidad v (relativa a la del laboratorio) podría expresarse como:

$$u = \frac{c}{n} + kv,$$

(5-9)

donde se midió que el "coeficiente de arrastre" era $k = 0.44$. El valor de k predicho por la adición a la velocidad de Lorentz:

$$x = \frac{x' + vt'}{\sqrt{1 - \frac{v^2}{c^2}}} \rightarrow u_x = \frac{dx' + vdt'}{dt' + \frac{v}{c^2}dx'} = \frac{u_x' + v}{1 + \frac{v}{c^2}u_x'}$$

(5-10)

Al tratar la luz como una partícula, el observador de laboratorio encontrará que su velocidad es:

$$u_x = \frac{c/n + v}{1 + \frac{v}{c^2}\frac{c}{n}} \cong \frac{c}{n} + \left(1 - \frac{1}{n^2}\right)v.$$

El agua tiene $n \cong 4/3$, así:

$$u_x \cong \frac{c}{n} + (0.44)v,$$

por tanto, de acuerdo con el experimento realizado en 1851.

Capítulo 6. La transformación de Legendre y el hamiltoniano

Comencemos con el lagrangiano y realicemos una transformación de Legendre para obtener la formulación hamiltoniana:

$$dL = \sum_i \frac{\partial L}{\partial q_i} dq_i + \frac{\partial L}{\partial \dot{q}_i} d\dot{q}_i$$

Sustituyendo la relación por momentos generalizados, $p_i = \frac{\partial L}{\partial \dot{q}_i}$ y las

ecuaciones de Lagrange $F_i = \dot{p}_i = \frac{\partial L}{\partial q_i}$:

$$dL = \sum_i \dot{p}_i dq_i + p_i d\dot{q}_i.$$

Reagrupando llegamos al Hamiltoniano del sistema (visto anteriormente como la energía si el sistema se conserva):

$$dH = d\left(\sum_i p_i \dot{q}_i - L \right) = - \sum_i \dot{p}_i dq_i + \dot{q}_i dp_i,$$

(6-1)

lo que indica que, $\dot{p}_i = -\frac{\partial H}{\partial q_i}$, y $\dot{q}_i = \frac{\partial H}{\partial p_i}$.

Consideremos ahora la derivada temporal total del hamiltoniano:

$$\frac{dH}{dt} = \frac{\partial H}{\partial t} + \sum_i \frac{\partial H}{\partial q_i} \dot{q}_i + \frac{\partial H}{\partial p_i} \dot{p}_i = \frac{\partial H}{\partial t}$$

(6-2)

y si H no depende explícitamente del tiempo, obtenemos $\frac{dH}{dt} = 0$, por lo tanto $H = E$, para constante E, la energía conservada del sistema.

6.1 Mapeos de conservación de áreas

Consideremos el movimiento infinitesimal de un objeto en términos de coordenadas generalizadas que van de (q_0, p_0) a (q_1, p_1) en el espacio de fase:

$$q_1 = q_0 + \delta t \dot{q}|_{q=q_0} + O(\delta t^2) = q_0 + \delta t \frac{\partial H(q_0, p_0, t)}{\partial p_0} + O(\delta t^2)$$

$$p_1 = p_0 + \delta t \dot{p}|_{p=p_0} + O(\delta t^2) = p_0 - \delta t \frac{\partial H(q_0, p_0, t)}{\partial q_0} + O(\delta t^2)$$

Visto como una transformación de coordenadas, el jacobiano es:

$$\frac{\partial(q_1, p_1)}{\partial(q_0, p_0)} = \begin{vmatrix} \dfrac{\partial q_1}{\partial q_0} & \dfrac{\partial p_1}{\partial q_0} \\ \dfrac{\partial q_1}{\partial p_0} & \dfrac{\partial p_1}{\partial p_0} \end{vmatrix} = 1 + O(\delta t^2).$$

(6-3)

Cuando el infinitesimal se lleva a cero, vemos que cualquier flujo que satisfaga las ecuaciones de Hamilton conserva el área (Jacobiano = 1). Lo contrario también es cierto: si el flujo es una región cerrada bajo el mapeo del espacio de fase o el flujo conserva el área, entonces el flujo satisface las ecuaciones de Hamilton.

6.2 Hamiltonianos y mapas de fases

Dado que el hamiltoniano se conserva, implica movimiento en el espacio de fase a lo largo de curvas de constante $H = E$. Por tanto, el diagrama de fases de un sistema hamiltoniano consta de contornos de H constante, como un mapa de contornos. Previamente,

$$L = \frac{1}{2} m \dot{q}^2 - U(q) \rightarrow E = \frac{1}{2} m \dot{q}^2 + U(q)$$

(6-4)

usando,

$$H = \sum_i p_i \dot{q}_i - L, \text{with } p_i = \frac{\partial L}{\partial \dot{q}_i}$$

(6-5)

Ahora tienen:

$$H(p, q) = \frac{p^2}{2m} + U(q).$$

(6-6)

Los contornos, o curvas de nivel, del hamiltoniano son conjuntos invariantes, al igual que los puntos fijos. Los puntos fijos en el espacio de fases ocurren cuando el gradiente del hamiltoniano es cero: $\nabla H = 0$, i.e. $\partial H / \partial q = 0$, y $\partial H / \partial p = 0$. El sistema está en equilibrio cuando está en un punto fijo, por lo que identificar estos puntos y los atractores y ciclos límite relacionados será de interés para comprender la dinámica de un sistema y el comportamiento asintótico (todo por discutir).

Los casos 1 a 4 que siguen describen casos de ecuaciones diferenciales ordinarias, con estabilidad como se indica. Un análisis completo en este sentido, a nivel local, revela los distintos tipos de estabilidad y los criterios generales [31] y se analizan en la sección siguiente. Si se puede obtener una separabilidad totalmente global, queda más claro en el formalismo hamiltoniano-jacobi (que también se analiza en una sección posterior).

Comencemos con un análisis de sistemas autónomos de segundo orden según la línea de [28]. Esto cubre muchos sistemas de interés, así como la aproximación linealizada (local) para cualquier sistema. Comenzamos describiendo el sistema mediante un vector real, $r(t)$ con 2N componentes si hay N grados de libertad, con una "velocidad de fase" asociada $\dot{r}(t) = v(t)$, que es una ecuación diferencial vectorial de primer orden. El orden se define como el número mínimo de ecuaciones de primer orden acopladas, aquí 2N.

Los movimientos de un sistema de segundo orden se pueden describir en términos de líneas de flujo y puntos fijos (si los hay), en su $\{r(t), v(t)\}$ "retrato de fases" o "diagrama de fases" asociado. Esto permite un análisis cualitativo de las propiedades de un sistema, donde los casos especiales analizados en los casos I-VI proporcionan una comprensión de los componentes básicos de dicho análisis cualitativo.

Siguiendo [28], consideremos primero mapas de espacio de fase para casos especiales de orden más bajo q, $U(q)$ luego describamos una clase general de potenciales a los que se llega mediante la construcción a partir de esos casos especiales. Para empezar, considere $U(q) = aq$:

Ejemplo 6.1. Caso 1 . $U(q) = aq$. El campo de fuerza uniforme. $aq = E - \frac{p^2}{2m}$:

Recuerde que $\dot{p}_i = -\frac{\partial H}{\partial q_i}$, y $\dot{q}_i = \frac{\partial H}{\partial p_i}$ y supongamos $p = 0$ en t_0 y q_0:

$$H(p,q) = \frac{p^2}{2m} + aq \rightarrow \quad \dot{p}_\square = -a \quad \dot{q}_\square = \frac{p}{m}$$

Integrando las ecuaciones de primer orden:

$$p = -a(t - t_0) \quad q = q_0 - \frac{a}{2m}(t - t_0)^2.$$

Ejercicio 6.1. Muestre el mapa del espacio de fases del hamiltoniano con potencial $U(q) = aq$(y la gráfica de potencial). Demuestre que no hay puntos fijos.

Ejemplo 6.2. Caso 2 . $U(q) = +\frac{1}{2}aq^2$. El oscilador lineal. $\frac{1}{2}aq^2 + \frac{p^2}{2m} = E$(círculos/elipses en el espacio de fase):

$$H(p,q) = \frac{p^2}{2m} + \frac{1}{2}aq^2 \rightarrow \dot{p}_\square = -aq \quad and \quad \dot{q}_\square = \frac{p}{m}$$

La ecuación de movimiento de segundo orden resultante es:

$$\ddot{q} = -\frac{a}{m}q = -\omega^2 q \rightarrow q = Acos(\omega t + \delta) \rightarrow p = -m\omega A \sin(\omega t + \delta).$$

Este es el clásico movimiento armónico simple con período $T = 2\pi/\omega$ y $E = \frac{1}{2}mA^2\omega^2$.

Ejercicio 6.2. Muestre el mapa del espacio de fases del hamiltoniano con potencial $U(q) = +\frac{1}{2}aq^2$(junto con el gráfico de potencial). Demuestre que las curvas de nivel son elipses y que hay un punto fijo elíptico en q=0, p=0.

Ejemplo 6.3. Caso 3 . $U(q) = -\frac{1}{2}aq^2$. La fuerza repulsiva lineal (barrera de potencial cuadrática).

$$H(p,q) = \frac{p^2}{2m} - \frac{1}{2}aq^2 \rightarrow \dot{p}_\square = aq \quad \dot{q}_\square = \frac{p}{m}$$

La ecuación de movimiento de segundo orden resultante es:

$$\ddot{q} = \frac{a}{m}q = \gamma^2 q \rightarrow q = Ae^{\gamma t} + Be^{-\gamma t} \rightarrow p$$
$$= m\gamma Ae^{\gamma t} - m\gamma Be^{-\gamma t}, and \ E = -2m\gamma^2 AB.$$

Hasta ahora hemos visto un caso sin punto fijo, un punto fijo elíptico y un punto fijo hiperbólico. Estas son algunas de las principales categorías de interés, pero para estar completos, consideremos un sistema descrito por una función vectorial del tiempo $r(t) = (q(t), p(t))$que satisface una ecuación diferencial vectorial de movimiento de primer orden:

$$\frac{dr(t)}{dt} = \left(\dot{q}(t), \dot{p}(t)\right) = v(q, p, t)$$

Un punto (q, p)donde $v(q, p, t) = 0$se le conoce como punto fijo, representa el sistema en equilibrio. Si como $t \rightarrow \infty$tenemos $r(t) \rightarrow r_0$, entonces r_0 se llama atractor. Un atractor fuerte ocurre cuando una trayectoria de fase en cualquier lugar en alguna vecindad del punto del atractor r_0 da como resultado que la trayectoria se una (asintote) al atractor.

La separación de variables es generalmente posible, a partir de la teoría de ecuaciones diferenciales ordinarias [32] y de estabilidad [31], y se utilizará para categorizar los tipos de flujos (con o sin puntos estables) en el resto de esta sección (a lo largo de la líneas de [28]). Una discusión más detallada sobre la separabilidad ocurre en una sección posterior donde se analiza la ecuación de Hamilton-Jacobi [27].

Ejercicio 6.3. Muestre el mapa del espacio de fases del hamiltoniano con potencial $U(q) = -\frac{1}{2}aq^2$. Muestre que las curvas de nivel son hipérbolas o líneas rectas si es un caso degenerado (muestre la separatriz). Demuestre que hay un punto fijo en p=0, q=0 (hiperbólico y claramente inestable).

Ejemplo 6.4. Caso 4 . $U(q) = cubic$. La barrera de potencial cúbico, solución de espacio de fases construida a partir de los casos 1-3:

Ejercicio 6.4. Muestre el mapa del espacio de fases del hamiltoniano con potencial $U(q) = cubic$(junto con el gráfico de potencial).

Ejemplo 6.5. Considere el hamiltoniano: $H = a|p| + b|q|$describe todas las soluciones consistentes.

1er ^{caso},$a > 0, b > 0$

$$\text{Cuadrantes:} \quad \begin{array}{l} \text{I:} H_I = ap + bq \\ \text{II:} H_{II} = ap - bq \\ \text{III:} H_{III} = ap - bq \\ \text{IV:} H_{IV} = ap + bq \end{array}$$

Para obtener la dinámica utilice las ecuaciones de Hamilton:

Considere el Cuadrante I: $\dot{q} = a, \dot{p} = -b$, por lo tanto $q = at + a_0, p = -bt + b_0$. Entonces $q = at, p = -bt + \frac{H}{a}$esto da el flujo.

137

2do ^{caso}, $a < 0, b < 0$

Cuadrantes:
$$H_I = -ap - bq$$
$$H_{II} = -ap + bq$$
$$H_{III} = ap + bq$$
$$H_{IV} = ap - bq$$

H ≤ 0 es la única solución consistente para $a < 0, b < 0$.

3er ^{caso}, $a > 0, b < 0$

$H_I = ap - bq$ $\frac{dp}{dq} = b/a$, $q = 0, p = \frac{H}{a}$

$H_{II} = ap + bq$ $\dot{q} = a, \dot{p} = b$

$H_{III} = -ap + bq$ $q = at, p = bt + \frac{H}{a}$

$H_{IV} = ap + bq$ $\dot{q} = -a, \dot{p} = -b$ $\rightarrow$ $q =$

$-at, p = -bt - \frac{H}{a}$

cuarto ^{caso}, $a < 0, b > 0$

$H_I = -ap + bq$ $p = 0, q = \frac{H}{b}$

$H_{II} = -ap - bq$ $\dot{q} = a, \dot{p} = -b$

$H_{III} = ap - bq$ $q = at + a_0, p = bt +$

$b_0$dónde$a_0 = 0$ $b_0 = \frac{H}{b}$

$H_{IV} = ap + bq$ similar

Ejercicio 6.5. ¿Qué sucede en (0, 0)?

Ejemplo 6.6. Considere el potencial para el movimiento 1D con $V = -Ax^4$, $A > 0$.

$$H(x, P_x) = \frac{P_x^2}{2m} + V(x)$$

$$2mE = P_x^2 - 2mAx^4 = \left(P_x - \sqrt{2mA}x^2\right)\left(P_x + \sqrt{2mA}x^2\right)$$

Hay un punto fijo en el origen, $x = P_x = 0$ y los contornos de energía consisten en las parábolas $P_x = \pm\sqrt{2mA}x^2$ que pasan por ese punto fijo. La separatriz es la trayectoria inestable que pasa por un punto fijo inestable. Tener:

$$\dot{x} = \frac{\partial H}{\partial P_x} = \frac{P_x}{m} = \frac{\sqrt{2mA}x^2}{m} = \sqrt{\frac{2A}{m}}x^2$$

138

$$t = \frac{1}{x\sqrt{\frac{2A}{m}}} \ as \ x \to 0 \ \ and \ \ t \to \infty \ motion \ terminates.$$

Por tanto, la moción termina.

Ejercicio 6.6. Que pasa cuando$sqn(P_0 X_0) = 1$? Muestre las gráficas de potencial y fase.

6 .3 Repaso de Ecuaciones Diferenciales Ordinarias y clasificación de puntos fijos a nivel local, linealizado (separable)

Comencemos desplazando el origen en el diagrama de fases para que esté en un punto fijo de interés y escribamos explícitamente la función de velocidad en términos de una función de expansión en la posición:

$$v(r) = Ar + O(|r|^2),$$

(6-7)

ya que $v(0) = 0$en el punto fijo, donde A es una matriz real no singular. Siguiendo la notación de Percival [28], sea

$$A = \begin{pmatrix} a & b \\ c & d \end{pmatrix}.$$

(6-8)

Para valores suficientemente pequeños $r(x, y)$obtenemos sólo el término lineal y $\dot{r} = Ar$. Nos gustaría diagonalizar la matriz Ay a partir de ahí tener una evaluación estandarizada del comportamiento del punto fijo. Para lograr esto, considere la transformación a nuevas coordenadas.$R(X, Y) = Mr \rightarrow \dot{R} = BR$, dónde $B = MAM^{-1}$. Resultan tres casos:

Caso (1) los valores propios de Bson reales y distintos, en cuyo caso $\dot{X} = \lambda_1 X, \ \dot{Y} = \lambda_2 Y$, entonces

$$\left(\frac{X}{X_0}\right)^{\lambda_2} = \left(\frac{Y}{Y_0}\right)^{\lambda_1}.$$

(6-9)

Si es así, $\lambda_1 < \lambda_2 < 0$entonces también tenemos un nodo estable $\lambda_2 < \lambda_1 < 0$. Si tenemos $\lambda_1 > \lambda_2 > 0$, entonces tenemos un nodo inestable, lo mismo ocurre con $\lambda_2 > \lambda_1 > 0$. Si tenemos $\lambda_1 < 0 < \lambda_2$tenemos un nodo inestable (un punto hiperbólico); y de manera similar pero con las flechas invertidas si $\lambda_2 < 0 < \lambda_1$.

Caso (2) los valores propios de B son reales e iguales. Hay dos subcasos: supongamos $b = c = 0$, entonces debe tener $\lambda_1 = \lambda_2 < 0$ ($b = c = 0$) conocida como la estrella estable. Asimismo, el $\lambda_1 = \lambda_2 > 0$ ($b = c = 0$) El caso es la estrella inestable. Si, por el contrario, $c \neq 0$ entonces tenemos

$$B = \begin{pmatrix} \lambda & 0 \\ c & \lambda \end{pmatrix},$$

(6-10)

con solución:

$$\frac{Y}{X} = \frac{c}{\lambda} \ln\left(\frac{X}{X_0}\right)$$

(6-11)

Las curvas de fase para este caso describen un nodo inadecuado que es estable si $\lambda_1 = \lambda_2 < 0$ ($b \neq 0\ c \neq 0$), o un nodo inadecuado inestable si $\lambda_1 = \lambda_2 > 0$ ($b \neq 0\ c \neq 0$).

Caso (3), los valores propios de B son complejos y conjugados entre sí $\lambda_1 = \alpha + i\omega = \lambda_2 *$. Supongamos que los valores propios son imaginarios puros ($\alpha = 0$), esto da lugar a un punto elíptico, con rotación en sentido horario o antihorario según el signo de ω. Supongamos $\alpha < 0$ que tenemos un punto espiral estable, con rotación según el signo de ω. Asimismo, si $\alpha > 0$, entonces tenemos un punto espiral inestable, con rotación según el signo de ω.

Hasta ahora hemos identificado los diferentes comportamientos de los puntos fijos. Para los sistemas de primer orden, todo movimiento tiende a un punto fijo o al infinito, por lo que tenemos una "taxonomía" completa con lo que se ha descrito hasta ahora. Para sistemas de segundo orden y superiores este no es necesariamente el caso. A continuación se ofrece el ejemplo explícito del ciclo límite, dejando los atractores extraños para una sección posterior donde analizamos la transición al caos.

Al identificar el comportamiento del punto fijo hemos pasado por alto la posibilidad de que exista un subconjunto fijo que no sea simplemente un punto. Incluso en sistemas de segundo orden esto puede ocurrir, dando como resultado el clásico fenómeno del "ciclo límite". Consideremos el siguiente caso explícito dado por [28] a este respecto. Supongamos que tenemos un sistema separable en coordenadas polares según:

$$\dot{r} = \alpha r(r - R), \quad R > 0, and \quad \dot{\theta} = \omega.$$

140

El círculo $r = R$ es invariante y, para el movimiento en las proximidades del ciclo, es un fuerte atractor (estable) o lo contrario (p. ej., inestable, con líneas de flujo invertidas).

$$\dot{x} = x^2 \rightarrow \frac{dx}{dt} = x^2 \rightarrow -x^{-1} + x_0^{-1} = t$$

$$\dot{y} = -y \rightarrow \frac{dy}{dt} = y \rightarrow y = y_0 e^{-t}$$

Ejemplo 6.7. Espiral inestable y ciclo límite estable.

Para x_1, x_2 sistemas pequeños:

$$\dot{x}_1 = -x_2 + x_1 r(1-r)$$
$$\dot{x}_2 = x_1 + x_2 r(1-r)$$
$$r^2 = x_1^2 + x_2^2$$

se reduce a un sistema lineal que tiene un centro en $(0,0)$. Demuestre que el sistema no lineal tiene una espiral inestable en $(0,0)$ y un ciclo límite estable en $r=1$.

Solución

$$\dot{x}_1 = -x_2 + x_1 r(1-r)$$
$$\dot{x}_2 = x_1 + x_2 r(1-r)$$
$$r^2 = x_1^2 + x_2^2$$

para (x_1, x_2) los pequeños como para los pequeños r $(\sim x)$, tenga

$$\dot{x}_1 = -x_2 \rightarrow \begin{pmatrix} \dot{x}_1 \\ \dot{x}_2 \end{pmatrix} = \begin{pmatrix} 0 & -1 \\ 1 & 0 \end{pmatrix} \begin{pmatrix} x_1 \\ x_2 \end{pmatrix}$$
$$\dot{x}_2 = x_1$$
$$\lambda^2 + 1 = 0 \quad \rightarrow \quad \lambda = \pm i.$$

El último resultado establece que se trata de un punto elipsoide{Percival], con centro en $(0,0)$. Examinemos ahora el comportamiento r. Empiece por agrupar:

$$x_1 \dot{x}_1 + x_2 \dot{x}_2 = (x_1^2 + x_2^2)\gamma(1-r) = r^2(1-r).$$

Esto se puede reescribir:

$$\frac{1}{2}\frac{d}{dt}(x_1^2 + x_2^2) = \frac{1}{2}\frac{d}{dt}\dot{r}^2 = r^3(1-r) \rightarrow \frac{dr}{dt} = r^2(1-r).$$

Un ciclo límite se indica en $r = 1$. Para confirmar,

$$dt = \frac{dr}{r^2(1-r)}, and \ as \ r \rightarrow 1 \ we \ get \ dt = \frac{dr}{1-r}.$$

En el barrio de $r = 1$:

$$t = -\ln|1-r| \rightarrow r = 1 \pm \exp(-t), and \ as \ t \rightarrow \infty, r$$
$$\rightarrow 1, a \ limit \ cycle.$$

Ahora consideremos cuando r es cercano a cero. Para r cerca de cero tenemos $\dot{r} \cong r^2$ y desde que comenzamos $r > 0$ claramente tendremos $\dot{r} > 0$ una espiral hacia afuera.

Ejemplo 6.8. *Punto fijo elíptico (ver Percival [28], p41)*

Demuestre que el origen es un punto fijo elíptico del sistema:

$$\dot{x}_1 = -x_2 + x_1 r^2 \sin\left(\frac{\pi}{r}\right)$$

$$\dot{x}_2 = x_1 + x_2 r^2 \sin\left(\frac{\pi}{r}\right).$$

Además, demuestre que:

(a) los círculos r=1/n, n=1,2,…, son curvas de fase.

(b) las trayectorias entre dos círculos consecutivos cualesquiera se alejan o se acercan al origen

(c) las curvas de fase fuera de r=1 son ilimitadas

Solución

Tenemos un punto elíptico con centro (0,0) si $\dot{x}_1 = -x_2$ y $\dot{x}_2 = x_1$ precisamente en el caso en que r tiende a cero.

(a) Cuando sustituimos r=1/n identificamos estas curvas de fase como círculos concéntricos:

$$\dot{x}_1 = -x_2 + x_1 \left(\frac{1}{n}\right)^2 \sin(\pi n) = -x_2$$

$$\dot{x}_2 = x_1 + x_2 \left(\frac{1}{n}\right)^2 \sin(\pi n) = x_1$$

(b) Agrupar las ecuaciones para obtener una derivada total:

$$x_1 \left(\dot{x}_1 = -x_2 + x_1\, r^2\, \sin\left(\frac{\pi}{r}\right)\right)$$

$$+x_2 \left(\dot{x}_2 = x_1 + x_2\, r^2 \sin\left(\frac{\pi}{r}\right)\right)$$

$$x_1\dot{x}_1 + x_2\dot{x}_2 = (x_1^2 + x_2^2)r^2 \sin\left(\frac{\pi}{r}\right)$$

Así, tenemos:

$$\frac{1}{2}\frac{d}{dt}(x_1^2 + x_2^2) = r^4 \sin\left(\frac{\pi}{r}\right) \quad \to \quad 2r\dot{r} = 2r^4 \sin\left(\frac{\pi}{r}\right) \quad \to \quad \dot{r}$$

$$= r^3 \sin\left(\frac{\pi}{r}\right).$$

El signo de $\dot{r}$ los cambios según $\sin(\pi/r)$. Si nos agrupamos para obtener la segunda solución, veríamos que el grupo gira en espiral hacia adentro. Entre dos círculos consecutivos cualesquiera r=1/n el signo cambiará. Por lo tanto, las curvas r=1/n serán ciclos límite $\dot{r} < 0$ si están por encima y $\dot{r} > 0$ por debajo del ciclo límite r=1/n.

(c) Si $r > 1$, entonces $\sin\left(\frac{\pi}{r}\right)$ es siempre positivo, por lo tanto $\dot{r}$ siempre es positivo, en espiral hacia afuera.

6.4 Sistemas lineales y formalismo propagador

El caso 4 anterior es un ejemplo de un sistema no autónomo, donde la función de velocidad es una función explícita del tiempo. Para un sistema lineal de segundo orden (posiblemente por aproximación de perturbaciones que se discutirá más adelante) tenemos las ecuaciones:

.

$$\frac{d\boldsymbol{r}(t)}{dt} = A(t)\boldsymbol{r}(t) + b(t).$$

(6-12)

Tomemos $b(t) = 0$, para lo cual existe una función con valor matricial de 2x2 que nos permite escribir:

$$\boldsymbol{r}(t_1) = \boldsymbol{K}(t_1, t_0)\boldsymbol{r}(t_0),$$

(6-13)

donde la matriz $\boldsymbol{K}(t_1, t_0)$ es el propagador de t_0 hasta t_1. Tenga en cuenta que el propagador satisface la relación Chapman-Kolmogorov (que ocurre en la teoría de la información):

$$\boldsymbol{K}(t_2, t_0) = \boldsymbol{K}(t_2, t_1)\boldsymbol{K}(t_1, t_0)$$

(6-14)

Las matrices propagadoras en esta representación no necesitan conmutar. La discusión sobre el criterio de intercambiabilidad de Chapman-Kolmogorov y deFinetti se realiza en secciones posteriores (variantes cuánticas en el Libro 4, variantes Stat. Mech en el Libro 5 y cuestiones de teoría de la información en el Libro 9).

Numerosos resultados son convenientemente accesibles en el formalismo del propagador. Para empezar, establezcamos una relación entre las soluciones conocidas y la matriz del propagador, para llegar a una rápida transformación al formalismo del propagador. Siguiendo la discusión de [28], comencemos escribiendo el vector columna de dos elementos como una mezcla de cualquier par de soluciones:

$$\boldsymbol{r}(t) = c_1\boldsymbol{r_1}(t) + c_2\boldsymbol{r_2}(t).$$

Centrémonos ahora en el caso en el que, en t_0, tenemos $\boldsymbol{r_1}(t_0) = \binom{1}{0}$ y $\boldsymbol{r_2}(t_0) = \binom{0}{1}$, $c_1 = x(t_0)$ y $c_2 = y(t_0)$:

$$\begin{pmatrix} x(t_1) \\ y(t_1) \end{pmatrix} = c_1 \begin{pmatrix} x_1(t_1) \\ y_1(t_1) \end{pmatrix} + c_2 \begin{pmatrix} x_2(t_1) \\ y_2(t_1) \end{pmatrix} = c_1 \begin{pmatrix} K_{11} \\ K_{21} \end{pmatrix} + c_2 \begin{pmatrix} K_{12} \\ K_{22} \end{pmatrix},$$

donde los valores de la matriz se eligen como se indica, dadas las soluciones especiales elegidas en t_0, y para ser consistentes con la eventual forma del propagador que se obtiene:

$$\begin{pmatrix} x(t_1) \\ y(t_1) \end{pmatrix} = \begin{pmatrix} K_{11}x(t_0) \\ K_{21}x(t_0) \end{pmatrix} + \begin{pmatrix} K_{12}y(t_0) \\ K_{22}y(t_0) \end{pmatrix} = \begin{pmatrix} K_{11}x(t_0) + K_{12}y(t_0) \\ K_{21}x(t_0) + K_{22}y(t_0) \end{pmatrix}$$

$$= \begin{pmatrix} K_{11} & K_{12} \\ K_{21} & K_{22} \end{pmatrix} \begin{pmatrix} x(t_0) \\ y(t_0) \end{pmatrix}$$

De este modo,

$$r(t_1) = K(t_1, t_0)r(t_0),$$

$$(6\text{-}15)$$

Considere el caso 2 anterior, donde $U(q) = +\frac{1}{2}aq^2$ (el oscilador lineal). Las soluciones encontradas fueron:

$$q = Acos(\omega t + \delta) \quad and \quad p = -m\omega A\sin(\omega t + \delta)$$

$$(6\text{-}16)$$

Dejemos que t_0 corresponda a $t = 0$, entonces tenemos para la solución 1:

$$r_1(t_0) = \begin{pmatrix} x(t_0) \\ y(t_0) \end{pmatrix} = \begin{pmatrix} Acos(\delta) \\ -m\omega A\sin(\delta) \end{pmatrix},$$

$$(6\text{-}17)$$

donde nos encontramos con la forma especial necesaria si $\delta = 0$ y $A = 1$. De manera similar, para $r_2(t_0)$, elegimos $\delta = 90$ y $A = 1/(-m\omega)$. De este modo:

$$K(t = t_1, t_0 = 0) = \begin{pmatrix} cos(\omega t) & (m\omega)^{-1}\sin(\omega t) \\ -m\omega\sin(\omega t) & cos(\omega t) \end{pmatrix}$$

$$(6\text{-}18)$$

Observe que $K = 1$, describe así un mapeo que preserva el área, como es necesario para los sistemas hamiltonianos. Para la matriz K tenemos evaluaciones de estabilidad similares a las anteriores para la matriz B; se puede encontrar más información sobre este tema en [28].

Capítulo 7. Caos

Hay muchas maneras en que el caos se ha exhibido en la literatura científica (ver [61], otros). El caos se encuentra fácilmente en muchos sistemas unidimensionales que exhiben períodos de duplicación en ciertos regímenes, donde este régimen de períodos de duplicación eventualmente se convierte en un régimen de caos. Examinaremos varios de estos sistemas a continuación. Otros caminos hacia el caos, como la intermitencia y las crisis [61], cuando se ven gráficamente, tienen regiones de cuello de botella en sus mapeos iterativos, o regiones cíclicas semiestables, que explicarían la aparición de un comportamiento similar al caos. Por lo tanto, los ejemplos de caos proporcionados serán bastante generales en general.

En la Sección 7.1 discutiremos un camino general hacia el fenómeno del caos cuando hay movimiento periódico. Esto se debe a que el caos es ubicuo y al centrarnos en el movimiento periódico tenemos una base matemática simple, a través de una formulación de mapas iterativo, que permitirá identificar los dominios del caos con facilidad.

Sin embargo, antes de continuar con el caos, reagrupémonos por un momento y consideremos qué es lo opuesto al caos para obtener un poco de perspectiva. El sistema más ordenado es aquel que es "integrable" o para el cual existe "integrabilidad". Recuerde cómo utilizamos cantidades conservadas, tal como fueron identificadas, para reducir la complejidad de las ecuaciones diferenciales, como en la identificación del momento angular. También podemos representar simetrías como cantidades conservadas (teorema de Noether). Si tanto las constantes del movimiento como las simetrías son suficientes para tener una solución completa de las ecuaciones del sistema, entonces tenemos integrabilidad; si no, entonces no es integrable. Se puede encontrar más información sobre la integrabilidad en [38,32,37].

Un ejemplo de la importancia de la integrabilidad y la no integrabilidad para acceder al comportamiento caótico lo transmite la Máquina de Swinging de Atwood (Figura 7.1) [79]:

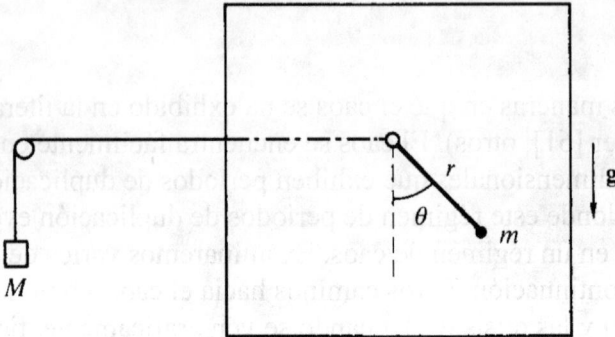

Figura 7.1.

El hamiltoniano es

$$H = \frac{p_r^2}{2m(1+\mu)} + \frac{p_\theta^2}{2mr^2} + mgr(\mu - \cos\theta), \quad \mu = \frac{M}{m},$$

(7-1)

y el movimiento no es, en general, integrable, ya que H suele ser la única constante del movimiento.

En el caso $\mu > 1$, el movimiento de m siempre está limitado por una curva de velocidad cero ($p = 0$), que es una
Elipse cuya forma depende de la relación de masas μ y de la energía H.

Cuando $\mu \leq 1$, el movimiento no está limitado por ninguna energía y, finalmente, la masa M pasa sobre la polea.

¡El sistema es integrable en el caso $\mu = 3$! En ese caso especial, hay una segunda cantidad conservada dada por

$$J = \frac{p_\theta}{4m}\left(p_r \cos\frac{\theta}{2} - \frac{2p_\theta}{r}\sin\frac{\theta}{2}\right) + mgr^2 \sin\frac{\theta}{2}\cos^2\frac{\theta}{2}.$$

(7-2)

dónde $j = 0$. Cuando $\mu = 3$ el movimiento es completamente ordenado. Para todas las demás relaciones de masa existen regiones de movimiento caótico.

7.1. Camino general hacia el fenómeno del caos: movimiento periódico, →mapa iterativo →del caos

Supongamos que un sistema lineal en estudio, $dr(t)/dt = A(t)r(t)$ con una elección adecuada del tiempo, tiene parámetros que son periódicos en el tiempo: $A(t + T) = A(t)$ para todo t. Si consideramos el propagador a lo largo de uno de esos períodos T, tenemos, con una elección conveniente para el origen del tiempo, el propagador $K = K(T, 0) =$. $K(nT, (n - 1)T)$ Ahora considere el propagador para nT pasos en el tiempo (y use la relación de Chapman-Kolmogorov) para obtener:

$$K(nT, 0) = K^n.$$

(7-3)

De la ecuación anterior podemos ver que los sistemas con parámetros dependientes del tiempo que son periódicos en el tiempo, el propagador, $K(t, 0)$ **tiene** la propiedad de que puede determinarse en ciertos momentos posteriores, nT simplemente mediante propagaciones repetidas por el propagador del período K. Teniendo en cuenta que el propagador de período es un mapa lineal (y que preserva el área para los sistemas hamiltonianos), esto indica que gran parte del comportamiento futuro (estable o no) de un sistema de parámetros periódicos puede determinarse mediante las clases de comportamiento bajo mapeos repetidos del propagador de período. . En otras palabras, el comportamiento del sistema se reduce principalmente al análisis del comportamiento de su mapa iterado de propagación del período.

Consideremos ahora la definición formal de "mapa" en el sentido de un sistema con tiempo discreto. El tiempo discreto podría deberse a la definición de los datos (una secuencia de lecturas anuales), o a la periodicidad (con mediciones tomadas con muestreo por período), o por una variedad de otras razones. Describamos el sistema con un vector de valor real $r(t)$, ahora con n componentes, y para el escenario de tiempo discreto con mapa, supongamos que $r(t + 1) = F(r(t), t)$, ¿dónde F está la función de mapa (una función con valor vectorial) del espacio de fase sobre sí mismo? Para funciones de mapa que no dependen explícitamente del tiempo obtenemos la notación $r_{t+1} = F(r_t)$. Por lo tanto, el formalismo de mapas es muy natural para las ecuaciones diferenciales lineales cuando hay funciones de velocidad periódicas (p. ej., $dr(t)/dt = A(t)r(t)$ con $(t + T) = A(t)$). La condición de una función de velocidad periódica parece muy poderosa en este sentido, y si relajamos la condición de linealidad encontramos que el resultado del mapa iterativo aún se cumple.

Considere $dr(t)/dt = v(r,t)$con $v(r,t+T) = v(r,t)$en general (no lineal). En el primer paso de tiempo discreto, t=1, tenemos $r(1) = F(r(0))$por definición del mapa introducido. Luego vemos que $dr(t+1)/dt = v(r(t+1),t)$, por tanto, $r(2) = F(r(1))$con la misma función cartográfica y por inducción debe tener $r_{t+1} = F(r_t)$en general. En otras palabras, tanto los sistemas autónomos como los no autónomos, si tienen funciones de velocidad periódicas, pueden describirse en términos de una función de mapeo asociada con un sistema autónomo con tiempo discreto. Esto conduce a un proceso de dos pasos para resolver ecuaciones diferenciales: (1) Determinar la función de mapeo$F$ del examen de la solución durante un período de movimiento (de t=0 a t=1); (2) Determinar el comportamiento de la solución mediante la aplicación repetida de la función de mapeo. De esto vemos que el comportamiento caótico del sistema es omnipresente. Incluso los sistemas hamiltonianos simples con un grado de libertad pueden exhibir caos, o los sistemas hamiltonianos simples y *conservadores* de 2 o más grados de libertad. De hecho, para sistemas con movimiento acotado, una porción significativa del espacio de fase involucra puntos de fase que experimentan movimiento caótico.

En el ejemplo del péndulo amortiguado forzado que se describirá a continuación (un sistema hamiltoniano simple), encontraremos movimiento caótico en un conjunto general de circunstancias. En otras palabras, veremos que el comportamiento caótico (que debe definirse con precisión) es un resultado "normal" cuando se superan los límites perturbativos de un sistema, o incluso dentro de un dominio perturbativo si el espacio de parámetros empuja la "fase de caos". del sistema. La última descripción de una "fase" de caos en un parámetro dado es precisa ya que el parámetro que entra en una fase de caos (movimiento clásico pero indeterminista) para el sistema puede salir de esa fase de caos, regresando a un dominio de movimiento determinista clásico (y de regreso). y adelante). Este último comportamiento es universal en sistemas de primer y segundo orden [19], y describe un conjunto de parámetros universales para sistemas clásicos al "borde del caos". En [45] veremos que la máxima emanación/propagación de información está al borde del caos.

7.2 El caos y el péndulo amortiguado
Anteriormente, para oscilaciones pequeñas, el oscilador de péndulo se aproximaba como el clásico oscilador de resorte (fuerza restauradora

lineal), donde la ecuación diferencial que describía la oscilación forzada con amortiguación era (forma real):

$$\ddot{x} + 2\lambda\dot{x} + \omega^2 x = \left(\frac{F}{m}\right)\cos\gamma t,$$

(7-4)

para lo cual encontramos las soluciones:

$$x(t) = a\exp(-\lambda t)\cos(\omega t + \alpha) + b\cos(\gamma t + \delta),$$

(7-5)

dónde

$$b = \frac{F}{m\sqrt{(\omega^2 - \gamma^2)^2 + (2\lambda\gamma)^2}}, \qquad \tan\delta = \frac{(2\lambda\gamma)}{(\omega^2 - \gamma^2)}.$$

(7-6)

Si no usamos la aproximación de ángulo pequeño para hacer $\sin x \cong x$, y asumimos que el alambre del péndulo es rígido (es decir, una varilla de péndulo), entonces tenemos:

$$\ddot{x} + 2\lambda\dot{x} + \omega^2\sin x = \left(\frac{F}{m}\right)\cos\gamma t.$$

(7-7)

Consideremos ahora esto siguiendo las líneas del estudio realizado por [34]. Primero, cambiemos las variables y normalicemos en general de manera que $\omega = 1$:

$$\ddot{\theta} + \frac{1}{q}\dot{\theta} + \sin\theta = \alpha\cos\gamma t.$$

(7-8)

Usando la notación de [34] tenemos $\omega = \dot{\theta}$, que no debe confundirse con la anterior ω, obtener tres ecuaciones independientes de primer orden:

(1) $\dot{\omega} = -\omega/q - \sin\theta + \alpha\cos\varphi$, donde, q es el factor de calidad.
(2) $\dot{\theta} = \omega$
(3) $\dot{\varphi} = \gamma$

Llegados a este punto hemos cumplido las dos condiciones generales para que existan dominios de solución que sean caóticos:

(1) El sistema tiene tres o más variables dinámicas.
(2) Las ecuaciones de movimiento contienen términos de acoplamiento no lineales.

Para nuestro problema, la condición (2) se cumple con los términos de acoplamiento sin θ y α cos φ. De [34], para el caso en el que $q = 2$, obtenemos el siguiente comportamiento a medida que aumentamos la amplitud de conducción α:

(1) $\alpha = 0.5$, el péndulo moderadamente impulsado, con comportamiento periódico de tipo péndulo simple una vez que se establece en un estado estacionario (la trayectoria es un ciclo límite, por lo tanto asintóticamente un ciclo como con un péndulo simple).

(2) $\alpha = 1.07$, el péndulo con una trayectoria de doble bucle en su diagrama de fases pero con la rareza de que su trayectoria en un diagrama de configuración aún tiene que completar un bucle a pesar de que pueden ocurrir oscilaciones superiores a 180 grados.

(3) $\alpha = 1.15$, el movimiento del péndulo no tiene un estado estacionario, es caótico, sin embargo, su diagrama de fases indica una estructura que se revela mejor en términos de una sección de Poincaré (que rastrea la posición en múltiplos del período de la oscilación forzada). Para el movimiento caótico, la estructura de las secciones de Poincaré (trayectorias del espacio de fase) es *autosemejante* , lo que permite determinar una dimensión fractal precisa [34] para el movimiento caótico.

(4) $\alpha = 1.35$, el péndulo ahora completa un bucle en el espacio de configuración (real).

(5) $\alpha = 1.45$, el péndulo ahora completa dos bucles en el espacio de configuración (real).

(6) $\alpha = 1.50$, el movimiento pendular es caótico

Cómo interpolar entre las observaciones anteriores, cuál es el límite entre los sistemas con estado estacionario y los que no lo tienen (caóticos). Esto se representa más fácilmente en lo que se conoce como diagrama de bifurcación (ver Figura 7.2). En el diagrama de bifurcación, las frecuencias instantáneas observadas en un rango de oscilaciones impulsoras $\alpha = 1$ muestran $\alpha = 1.50$ un comportamiento claro de duplicación del período que se multiplica rápidamente al acercarse a un dominio de caos (detalles a continuación).

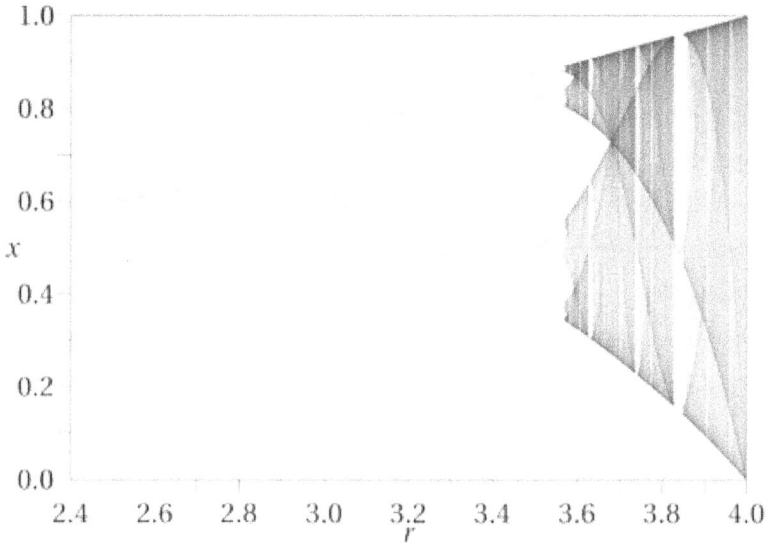

Figura 7.2. Diagrama de bifurcación para mapa logístico: $x_{n+1} = rx_n(1 - x_n)$[80].

El diagrama de bifurcación captura más claramente la transición del comportamiento del sistema en estado estacionario al comportamiento caótico. El sistema de péndulo anterior es omnipresente, pero generar resultados numéricos precisos con él lleva mucho tiempo si lo único que se quiere es demostrar el comportamiento universal de los sistemas caóticos. Esto se debe a que la transición al caos que duplica el período es un rasgo distintivo tanto de los sistemas dinámicos de segundo orden como de los sistemas dinámicos de primer orden cuyos mapeos iterativos (secciones de Poincaré) involucran funciones de posiciones de mapeo anteriores que tienen un máximo simple [19]. Las condiciones generales para cuando un sistema dinámico con dependencia de mapeo específica da lugar a un comportamiento caótico han sido probadas por [19] y las constantes universales también se revelan (detalles a continuación). En lugar de trabajar con una evaluación compleja en cada paso de la Sección de Poincaré para, digamos, el péndulo, exploremos el diagrama de mapeo y bifurcación en la Figura 7.2 que resulta del mapa logístico mucho más simple, que es de primer orden, pero cuyas constantes clave son supuestamente universales, por lo que es más fácil evaluarlos de esta manera. Aquí está la sinopsis de [34]: "Al variar el parámetro r, se observa el siguiente comportamiento:

151

- Con r entre 0 y 1, la población eventualmente morirá, independientemente de la población inicial.
- Con r entre 1 y 2, la población se acercará rápidamente al valor $r - 1/r$, independientemente de la población inicial.
- Con r entre 2 y 3, la población eventualmente también se acercará al mismo valor $r - 1/r$, pero primero fluctuará alrededor de ese valor durante algún tiempo. La tasa de convergencia es lineal, excepto $r = 3$, cuando es dramáticamente lenta, menos que lineal (ver Memoria de bifurcación).
- Con r entre 3 y $1 + \sqrt{6} \approx 3,44949$ la población se acercará a oscilaciones permanentes entre dos valores. Estos dos

valores dependen de r y están dados por   .
- Con r entre 3,44949 y 3,54409 (aproximadamente), desde casi todas las condiciones iniciales la población se acercará a oscilaciones permanentes entre cuatro valores. Este último número es una raíz de un polinomio de grado 12 (secuencia A086181 en la OEIS).
- Con r aumentando más allá de 3,54409, desde casi todas las condiciones iniciales la población se acercará a oscilaciones entre 8 valores, luego 16, 32, etc. Las longitudes de los intervalos de parámetros que producen oscilaciones de una longitud determinada disminuyen rápidamente; la relación entre las longitudes de dos intervalos de bifurcación sucesivos se acerca a la constante de Feigenbaum $\delta \approx 4,66920$. Este comportamiento es un ejemplo de una cascada de duplicación de períodos.
- En $r \approx 3,56995$ (secuencia A098587 en el OEIS) está el inicio del caos, al final de la cascada de duplicación del período. En casi todas las condiciones iniciales, ya no vemos oscilaciones de período finito. Ligeras variaciones en la población inicial producen resultados dramáticamente diferentes a lo largo del tiempo, una característica principal del caos.
- La mayoría de los valores de r más allá de 3,56995 exhiben un comportamiento caótico , pero todavía hay ciertos rangos aislados de r que muestran un comportamiento no caótico; A veces se les llama *islas de estabilidad* . Por ejemplo, comenzando en $1 +$ $\sqrt{8}$(aproximadamente 3,82843) hay un rango de

152

parámetros r que muestran oscilación entre tres valores, y para valores ligeramente más altos de r oscilación entre 6 valores, luego 12, etc.

Si la primera bifurcación ocurre para $\mu = \mu_1$, y la segunda para $\mu = \mu_2$, entonces es posible definir una constante universal F, según Feigenbaum [19]:

$$F = \lim_{k \to \infty} \frac{\mu_k - \mu_{k-1}}{\mu_{k+1} - \mu_k} = 4.66920160910299\ ...,$$

(7-9)

donde, sorprendentemente, este es un comportamiento universal para todos los mapas con máximo cuadrático. Entonces, en otras palabras, para un mapa cuadrático simple (real) o un mapa cuadrático complejo (generador del conjunto de Mandelbroit [35]) llegamos exactamente a la misma constante a partir de sus mapas de bifurcación en función de la parametrización de sus eventos de bifurcación. Similarmente:

Mapa Máximo Cuadrático: $x_{n+1} = a - x_n^2$ tiene $\lim\limits_{k \to \infty} \frac{a_k - a_{k-1}}{a_{k+1} - a_k} = F$.

Mapa Máximo Cuadrático Complejo Mandelbroit): $z_{n+1} = c + z_n^2$ tiene $\lim\limits_{k \to \infty} \frac{c_k - c_{k-1}}{c_{k+1} - c_k} = F$.

7.3 El valor especial C_∞

Para el mapa cuadrático complejo, la asíntota real para el valor c en el "borde del caos" se denomina C_∞ y tiene el valor $C_\infty = -1.401155189\ ....$ La constante $|C_\infty| = 1.401155189\ ...$ también se conoce como constante de Myrberg [36]. La constante de Myrberg, denominada simplemente C_∞ aquí y en [45], desempeñará un papel importante en las discusiones.

Ejemplo 7.1. Consideremos otro mapa 1D que es continuamente diferenciable con un único máximo en el intervalo (0,1): $f(x) = \left(\frac{A}{\pi}\right) \sin \pi x$, de modo que tengamos la relación iterativa:

$$x_{n+1} = \left(\frac{A}{\pi}\right) \sin \pi x_n$$

(7-10)

En el primer punto de bifurcación tenemos

$$x_{n+2} = \left(\frac{A}{\pi}\right) \sin \pi \left(\left(\frac{A}{\pi}\right) \sin \pi x_n \right) = x_n$$

153

Dibujemos un gráfico del diagrama de bifurcación revelado por los resultados computacionales:

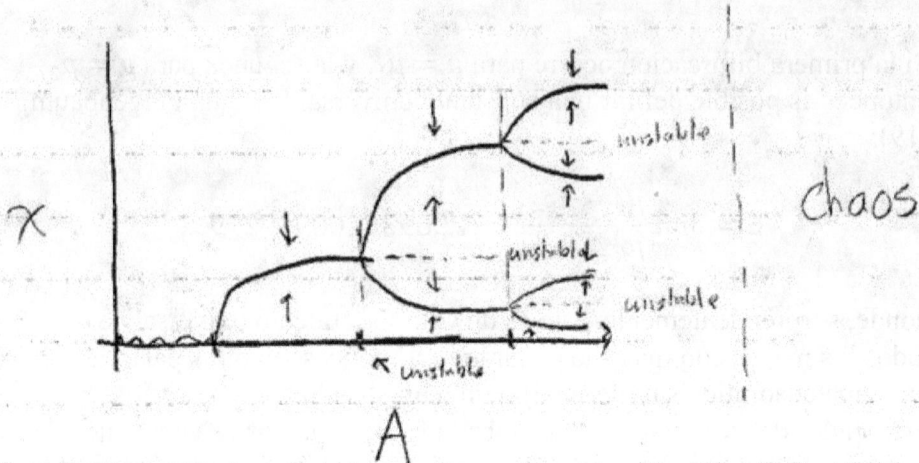

Los valores de A donde se encuentran las bifurcaciones indicadas son:
$a_0 = 1$
$a_1 = 2.253804$
$a_2 = 2.614598$
$a_3 = 2.696126$
$a_4 = 2.714118$
$a_5 = 2.718112$
El número de Feigenbaum:

$$F = \lim_{j \to \infty} \frac{a_j - a_{j-1}}{a_{j+1} - a_j} \cong \frac{a_4 - a_3}{a_5 - a_4} = 4.505$$

(7-11)

Ejercicio 7.1. Rehaga el análisis anterior para otro mapa 1D que sea continuamente diferenciable con un único máximo en el intervalo (0,1).

Ejemplo 7.2. Utilizando métodos analíticos, evalúe los puntos fijos del período 1,2,... del mapa estándar:

$$R \to R + \varepsilon \sin \theta$$
$$\theta = \theta + R + \varepsilon \sin \theta$$

Considere el período 1 puntos fijos donde el mapeo indica
$$R_1 = R_0 + \varepsilon sin\theta_0 \quad and \quad \theta_1 = R_0 + \theta_0 + \varepsilon sin\theta_0$$
mientras que el punto 1 indica: $R_1 = R_0 \quad and \quad \theta_1 = \theta_0$, con igualdad angular hasta una diferencia de $2m\pi$. De este modo,
$$sin\theta_0 = 0 \to \theta_0 = n\pi, \quad n = 0,1,2, ...$$

154

Tenga en cuenta que para cualquier solución $\theta_0 = n\pi$ en la función seno todavía existe la solución $\theta_0 = n\pi + 2m\pi$ de multivaloridad. Es útil recordar esto al considerar soluciones a $\theta_1 = R_0 + \theta_0$:
$$R_0 = 2n\pi,$$
(no simplemente $R_0 = 0$). Así, los puntos fijos en el periodo 1 son: { $\theta_0 = n\pi,\ R_0 = 2n\pi$}.

Consideremos ahora los puntos fijos del período 2:
$$R_2 = R_1 + \varepsilon sin\theta_1 = R_0 + \varepsilon sin\theta_0 + \varepsilon \sin(R_0 + \theta_0 + \varepsilon sin\theta_0)$$
$$\theta_2 = R_1 + \theta_1 + \varepsilon sin\theta_1$$
$$= 2(R_0 + \varepsilon sin\theta_0) + \theta_0 + \varepsilon \sin(R_0 + \theta_0 + \varepsilon sin\theta_0)$$
$$R_2 = R_0 \quad \rightarrow \quad sin\theta_0 + \sin(R_0 + \theta_0 + \varepsilon sin\theta_0) = 0 \quad \rightarrow \quad \theta_0 =$$
$$n\pi \quad and \quad R_0 = n\pi \quad or \quad R_0 = 2n\pi$$
$$\theta_2 = \theta_0 \quad \rightarrow \quad 2(R_0 + \varepsilon sin\theta_0) + \varepsilon \sin(R_0 + \theta_0 + \varepsilon sin\theta_0) = 0 \quad \rightarrow \quad R_0$$
$$= n\pi \quad indicated.$$
Por tanto, los puntos fijos en el periodo 2 son: { $\theta_0 = n\pi,\ R_0 = n\pi$}.

Consideremos ahora los puntos fijos del período 3:
$$R_3 = R_2 + \varepsilon sin\theta_2$$
$$= R_0 + \varepsilon sin\theta_2 + \varepsilon sin(R_0 + \theta_0 + \varepsilon sin\theta_0)$$
$$+ \varepsilon sin[2R_0 + \theta_0 + \varepsilon \sin(R_0 + \theta_0)]$$
Una vez más tenemos $\theta_0 = n\pi$.
$$\theta_3 = R_2 + \theta_2 + \varepsilon sin\theta_2$$
$$= 3(R_0 + \varepsilon sin\theta_0) + 2\varepsilon \sin(R_0 + \theta_0 + \varepsilon sin\theta_0) + \theta_0$$
$$+ \varepsilon sin[2(R_0 + \varepsilon sin\theta_0) + \theta_0 + \varepsilon \sin(R_0 + \theta_0)]$$
$$\theta_3 = \theta_0:$$
$$0 = 3R_0 + 2\varepsilon \sin(R_0 + \theta_0) + \varepsilon sin[2R_0 + \theta_0 + \varepsilon sin(R_0 + \theta_0)].$$
Así, los puntos fijos en el periodo 3 son: { $\theta_0 = n\pi,\ R_0 = 2n\pi$}, y ahora el patrón es evidente:

> Los períodos pares tienen puntos fijos en: { $\theta_0 = n\pi,\ R_0 = n\pi$}.
>
> Los períodos impares tienen puntos fijos en: { $\theta_0 = n\pi,\ R_0 = 2n\pi$}.

Ejercicio 7.2. Intentar
$$R \longrightarrow R + \varepsilon[x(1 - x)]$$
$$x = x + R + \varepsilon[x(1 - x)]$$

Capítulo 8. Transformaciones de coordenadas canónicas

Anteriormente mostramos que un movimiento infinitesimal de un objeto en términos de coordenadas generalizadas, yendo de (q_0, p_0) a (q_1, p_1) en el espacio de fases, podría describirse en términos del sistema hamiltoniano. La transformación de coordenadas inducida por el hamiltoniano es "canónica" ya que su jacobiano es 1 (la propiedad de las transformaciones canónicas de conservación del área):

$$\frac{\partial(q_1, p_1)}{\partial(q_0, p_0)} = 1$$

(8-1)

Consideremos ahora la clase general de tales transformaciones de coordenadas canónicas. Sean las coordenadas iniciales $\{q_a, p_a\}$ para $a = 1, 2, \ldots, n$. Sean las coordenadas transformadas $\{Q_a, P_a\}$ (dónde $a = 1, 2, \ldots, n$), y tenemos las relaciones de transformación:

$$q_a = q_a(\{Q_a, P_a\}; t) \ and \ p_a = p_a(\{Q_a, P_a\}; t)$$

(8-2)

¿Qué expresión general podemos obtener para las nuevas coordenadas $\{Q_a, P_a\}$? Para comenzar. escribamos el Principio de Hamilton desde antes (con los subíndices suprimidos):

$$S(q, \dot{q}) = \int_{t_1}^{t_2} L(q, \dot{q}, t) dt \ ; \ \ \delta S$$

$$= \left[\frac{\partial L}{\partial \dot{q}} \delta q\right]_{t_1}^{t_2} + \int_{t_1}^{t_2} \left[\left(\frac{\partial L}{\partial q}\right) - \frac{d}{dt}\left(\frac{\partial L}{\partial \dot{q}}\right)\right] \delta q \, dt$$

en términos del hamiltoniano y la acción en un principio hamiltoniano modificado (con subíndices expresados):

$$S(q_a, p_a) = \int_{t_1}^{t_2} \sum_a p_a \dot{q}_a - H(q_a, p_a, t) dt \ ; \ \ \delta S$$

$$= \int_{t_1}^{t_2} \left[\sum_a \delta p_a \dot{q}_a + p_a \delta \dot{q}_a - \delta H(q_a, p_a, t)\right] dt$$

Al igual que con el lagrangiano, las derivadas de tiempo total no contribuyen debido a los puntos finales fijos (la relajación de esta condición se explora más adelante). Por tanto, la variación de la acción se puede reescribir:

$$\delta S = \int_{t_1}^{t_2} \left[\sum_a \delta p_a [\dot{q}_a - \frac{\partial H}{\partial p_a}] + \delta q_a [-\dot{p}_a - \frac{\partial H}{\partial q_a}] \right] dt$$

(8-3)

lo que da lugar a las ecuaciones de Hamilton cuando $\delta S = 0$:

$$\dot{q}_a = \frac{\partial H}{\partial p_a} \quad and \quad \dot{p}_a = -\frac{\partial H}{\partial q_a}.$$

(8-4)

Por lo tanto, supongo que para conservar las ecuaciones de movimiento de Hamilton en las nuevas variables necesitamos poder expresar

$$\sum_a p_a \dot{q}_a - H(q_a, p_a, t)$$

$$= \sum_a P_a \dot{Q}_a - \tilde{H}(Q_a, P_a, t) + \{total\ time\ derivative\}$$

(8-5)

En [25] se describen los cuatro tipos de funciones generadoras de derivadas de tiempo total de transformaciones canónicas, con dependencia de las variables canónicas antiguas y nuevas según { qQ }, { q,P }, { p,Q }. { p,P } (no es necesario utilizar la misma función generadora para todas las variables, lo que da lugar a un análisis mixto muy parecido al análisis de Routh , que implica que algunas variables se describen en términos de un lagrangiano y otras en términos de un hamiltoniano). El recuento de los distintos casos se hace en detalle en [25], por lo que no lo haremos aquí. Para tomar un caso específico, considere la función generadora de transformadas de tipo { qQ } y analicemos las transformaciones canónicas que puede producir (siguiendo las convenciones de [29]). Específicamente, variación de:

$$\sum_a P_a \dot{Q}_a - \tilde{H}(Q_a, P_a, t) + \frac{d}{dt} F(q_a, Q_a, t),$$

(8-6)

lo que produce la ecuación de Hamilton para las nuevas variables como se esperaba:

$$\dot{Q}_a = \frac{\partial \tilde{H}}{\partial P_a} \quad and \quad \dot{P}_a = -\frac{\partial \tilde{H}}{\partial Q_a}.$$

(8-7)

158

Si ahora tomamos las diversas derivadas parciales para reescribir la derivada del tiempo total, podemos llegar a la coherencia con las ecuaciones hamiltonianas anteriores si:

$$p_a = \frac{\partial}{\partial q_a} F(q_a, Q_a, t),$$

$$P_a = -\frac{\partial}{\partial Q_a} F(q_a, Q_a, t), \quad \tilde{H}(Q_a, P_a, t)$$

$$= H(q_a, p_a, t) + \frac{\partial}{\partial t} F(q_a, Q_a, t)$$

(8-8)

Por tanto, la descripción de la acción en un principio hamiltoniano modificado ofrece una notable flexibilidad en la elección de representaciones equivalentes del movimiento. Lo más sencillo de elegir es una situación en la que las nuevas coordenadas sean cíclicas ($\dot{Q}_a = 0$ *and* $\dot{P}_a = 0$), y esto es lo que se hace en la teoría de Hamilton-Jacobi que se describe en la siguiente sección.

8.1 La ecuación hamiltoniana-jacobi

Utilizando la derivación y notación de [29] existe ahora una forma sencilla de llegar a lo que se conoce como teoría de Hamilton-Jacobi. La idea es tener una transformación tal que las coordenadas sean cíclicas. Sin embargo, antes de embarcarse en la transformación canónica, es útil pasar de una función $F(q_a, Q_a, t)$a una nueva función, denominada $S(q_a, P_a, t)$, mediante una transformación de Legendre. Esta nueva función para la condición de coordenadas cíclicas será la Acción indicada Santeriormente. Entonces, primero considere la transformación de Legendre (funciona aquí ya que todos los términos de superficie son cero debido a condiciones de contorno fijas):

$$F(q_a, Q_a, t) = -\sum_a P_a Q_a + S(q_a, P_a, t)$$

(8-9)

Primero, el diferencial es, por definición, en términos de sus variables dependientes:

$$dF = \sum_a (\frac{\partial F}{\partial q_a} dq_a + \frac{\partial F}{\partial Q_a} dQ_a) + \frac{\partial F}{\partial t} dt$$

$$= \sum_a (p_a dq_a - P_a dQ_a) + \frac{\partial F}{\partial t} dt$$

pero desde arriba también tenemos:

$$dF = -\sum_a (P_a dQ_a + dP_a Q_a) + dS$$

$$(8\text{-}10)$$

De este modo,

$$dS = \sum_a (p_a dq_a + Q_a dP_a) + \frac{\partial F}{\partial t} dt,$$

$$(8\text{-}11)$$

donde podemos ver que la dependencia funcional es efectivamente $S(q_a, P_a, t)$. Si tomamos las siguientes relaciones por definición para derivada parcial para:

$$p_a = \frac{\partial}{\partial q_a} S(q_a, P_a, t),$$

$$Q_a = \frac{\partial}{\partial P_a} S(q_a, P_a, t), \qquad \frac{\partial}{\partial t} S(q_a, P_a, t) = \frac{\partial}{\partial t} F(q_a, Q_a, t)$$

$$(8\text{-}12)$$

entonces obtenemos:

$$\tilde{H}(Q_a, P_a, t) = H(q_a, p_a, t) + \frac{\partial}{\partial t} S(q_a, P_a, t)$$

$$(8\text{-}13)$$

Cualquiera $S(q_a, P_a, t)$ de los parciales anteriores generará una transformación canónica por construcción. Elijamos ahora una transformación canónica $S(q_a, P_a, t)$ tal que $\tilde{H}(Q_a, P_a, t) = 0$, ya que $\tilde{H}$ por lo tanto no depende de Q_a y P_a son coordenadas cíclicas. En cuyo caso llegamos a:

$$0 = H(q_a, p_a, t) + \frac{\partial}{\partial t} S(q_a, P_a, t) = H\left(q_a, \frac{\partial S}{\partial q_a}, t\right) + \frac{\partial}{\partial t} S(q_a, P_a, t)$$

y dado que Q_a y P_a son constantes del movimiento, obtenemos la ecuación de Hamilton-Jacobi:

$$H\left(q_a, \frac{\partial S}{\partial q_a}, t\right) + \frac{\partial}{\partial t} S(q_a, t) = 0$$

$$(8\text{-}14)$$

Esta es una ecuación diferencial parcial de primer orden que se puede resolver introduciendo (n+1) constantes de integración ($\{c_a\}$ and S_0):

$$S = S(q_a, c_a, t) + S_0$$

Si elegimos las constantes $\{c_a\}$ como constantes $\{P_a\}$ volvemos a la forma clásica de la solución conocida como Función Principio de Hamilton:

$$S = S(q_a, P_a, t) + S_0$$

$$(8\text{-}15)$$

dónde

$$p_a = \frac{\partial}{\partial q_a} S(q_a, P_a, t), \qquad Q_a = \frac{\partial}{\partial P_a} S(q_a, P_a, t).$$

$$(8\text{-}16)$$

La razón por la que esta forma es significativa se debe a la última relación dado que $\{P_a\}$ y $\{Q_a\}$ son constantes del movimiento, es invertible para dar una descripción del movimiento que es sólo función del tiempo:

$$q_a = q_a(\{Q_a\}, \{P_a\}, t)$$

Por tanto, el movimiento se define claramente como una trayectoria (parametrizada por t). Consideremos la derivada de S a lo largo de este camino:

$$\frac{dS}{dt} = \sum_a \frac{\partial S}{\partial q_a} \dot{q}_a + \frac{\partial S}{\partial t} = \sum_a p_a \dot{q}_a - H = L(q_a, \dot{q}_a, t)$$

De este modo,

$$S = \int_{t_0}^{t} L(q_a, \dot{q}_a, \tau) d\tau + S_0(t_0)$$

$$(8\text{-}17)$$

O, cambiando ligeramente la notación de la variable de tiempo, llegamos a la forma originalmente propuesta como la "formulación de acción" de Hamilton mencionada al comienzo del Capítulo 3:

$$S = \int_{t_1}^{t_2} L(q, \dot{q}, t) dt$$

$$(8\text{-}18)$$

Ejemplo 8.1. Comencemos con una expresión para la acción:

$$S = (q, q_0, t, t_0) = \frac{m\omega}{2\sin\omega t}\{(q^2 + q_0^2)\cos\omega t - 2qq_0\}; \qquad T = t - t_0.$$

¿Qué sistema resulta? ¿Qué es el hamiltoniano? ¿Cuáles son las trayectorias?

Solución:

$$H = -\frac{\partial S}{\partial t} = \frac{m\omega^2}{(2\sin\omega t)^2}\{-4qq_0\cos\omega t + 2(q^2 + q_0^2)\}.$$

A partir del cual podemos reconstruir

$$p = \frac{\partial S}{\partial q} = \frac{m\omega}{2sin\omega t}\{2q cos\omega t - 2q_0\}$$

$$p^2 = 2m\left[\frac{m\omega^2}{2sin^2\omega t}\right][q^2 cos^2\omega t - 2q q_0 cos\omega t + q_0{}^2]$$

$$\frac{p^2}{2m} = \frac{m\omega^2}{(2sin\omega t)^2}\{-2q^2 sin^2\omega t - 4q q_0 cos\omega t + 2(q^2 + q_0{}^2)\}.$$

Por tanto, el hamiltoniano se puede escribir como:

$$H = \frac{p^2}{2m} + \frac{m\omega^2}{(2sin\omega t)^2}\{2q^2 sin^2\omega t\} = \frac{p^2}{2m} + \frac{m\omega^2 q^2}{2} = \frac{1}{2m}[p^2 + m^2\omega^2 q^2].$$

Por tanto, la cantidad conservada, energía, es:

$$E = \frac{1}{2m}[p^2 + m^2\omega^2 q^2].$$

Este es un oscilador armónico. Consigamos las trayectorias ahora:

$$\dot{q} = \frac{\partial H}{\partial p} = \frac{p}{m} \quad and \quad \dot{p} = -\frac{\partial H}{\partial q} = m\omega^2 q.$$

Un posible conjunto de soluciones:

$$q = \sqrt{2E/m\omega^2} cos\omega t \quad and \quad p = \sqrt{2mE} sin\omega t.$$

Ejercicio 8.1. Encuentre todas las soluciones.

Ejemplo 8.2. Resuelva la ecuación de HJ para el movimiento en una dimensión para una partícula sobre la que actúa una fuerza que es constante tanto en el espacio como en el tiempo.

Solución

La ecuación de HJ en 1D:

$$H(q,p) + \frac{\partial S}{\partial t} = 0, \quad p = \frac{\partial S}{\partial q}, \quad H\left(q, \frac{\partial S}{\partial q}\right) + \frac{\partial S}{\partial t} = 0.$$

(a) Para partículas en 1D, no relativistas, con fuerza constante en el espacio y el tiempo, tenemos:

$$F = -\frac{\partial V}{\partial q} = \alpha \quad \rightarrow \quad V = -\alpha q,$$

y para la energía cinética tenemos lo habitual:

$$T = \frac{1}{2}m\dot{q}^2.$$

El lagrangiano es así:

$$L = T - V = \frac{1}{2}m\dot{q}^2 + \alpha q.$$

Ahora para construir el hamiltoniano, primero el impulso:

$$p = \frac{\partial L}{\partial \dot{q}} = m\dot{q},$$

De este modo:

$$H(q, p, t) = \dot{q}p - L = \frac{p^2}{m} - \frac{1}{2}m\left(\frac{p}{m}\right)^2 - \alpha q = \frac{p^2}{2m} - \alpha q.$$

Usando esto en la ecuación 1D HJ, obtenemos:

$$\frac{1}{2m}\left(\frac{\partial S}{\partial q}\right)^2 + \alpha q + \frac{\partial S}{\partial t} = 0.$$

Si adivinamos una solución de la forma:

$$S(q, E, t) = w(q, E) - Et \rightarrow \frac{\partial S}{\partial t} + H = 0 \rightarrow H = E.$$

Resolviendo la función $w(q, E)$:

$$\frac{1}{2m}\left(\frac{\partial w}{\partial q}\right)^2 = E - \alpha q \rightarrow \frac{\partial w}{\partial q} = \sqrt{2m(E - \alpha q)}.$$

De este modo,

$$S = \sqrt{2mE}\int dq\sqrt{1 - \frac{\alpha q}{E}} - Et \rightarrow S$$

$$= \sqrt{2mE} \cdot \frac{2\sqrt{\left(1 - \frac{\alpha q}{E}\right)^3}}{3\left(-\frac{\alpha}{E}\right)} - Et + f(x_0)$$

Ejercicio 8.2. Resuelva la ecuación de HJ para el movimiento en una dimensión de una partícula sobre la que actúa una fuerza que es constante en el espacio y aumenta linealmente en el tiempo.

8.2 De la ecuación de Hamilton-Jacobi a la ecuación de Schrodinger

Hasta ahora, la mecánica clásica no ha sido relativista ni campal, excepto en un sentido idealizado en el caso de este último. Además, cuando la materia se acumula gravitacionalmente, entendemos que su colapso se detiene en algún momento por las propiedades de compresión del material que a su vez se remontan a soluciones electrodinámicas sin colapso. Así que hasta ahora nuestros objetos se han simplificado a su comportamiento clásico no electrodinámico. Una vez que intentamos explicar la relatividad o describir los campos como dinámicos por derecho propio, encontramos nuevas complicaciones (como el colapso radiativo de la electrodinámica) y resulta indicada una teoría cuántica. Hay tres formalismos principales que conectan la teoría clásica con la teoría cuántica (Schrodinger, Heisenberg y Feynman-Dirac). También está la antigua cuantización de Bohr-Sommerfeld en un intento anterior que comprende una solución semiclásica en la teoría actual. La primera que se discutirá es la forma de cuantificación de la ecuación de onda de Schrodinger, que está directamente relacionada con la ecuación de Hamilton-Jacobi con la sustitución adecuada de operadores.

La ecuación clásica de Hamilton-Jacobi tiene el diferencial $\partial/\partial q_a$:

$$H\left(q_a, \frac{\partial S}{\partial q_a}, t\right) + \frac{\partial}{\partial t}S(q_a, t) = 0$$

$$(8\text{-}19)$$

En la teoría cuántica de Schrodinger pasamos a un formalismo de operador de función de onda, que comienza con una función de onda de la forma:

$$\psi(q_a, t) \propto e^{\frac{i}{\hbar}S(q_a,t)},$$

$$(8\text{-}20)$$

donde vemos la acción entrando como una fase en la función de onda. Actuando sobre la función de onda hay una expresión de operador por la cual p_a no se sustituye por $\frac{\partial S}{\partial q_a}$(expresión clásica) sino por $\frac{\partial}{\partial q_a}$ como parte de una expresión de operador:

$$H(q_a, p_a, t) + \frac{\partial}{\partial t}S(q_a, t) = 0 \rightarrow \left\{H\left(q_a, \frac{\partial}{\partial q_a}, t\right) + \frac{\partial}{\partial t}\right\}\exp\frac{i}{h}S(q_a, t)$$
$$= 0$$

$$(8\text{-}21)$$

siendo esta última una forma de la ecuación de Schrodinger (más detalles en [42]). La ecuación cuántica del movimiento, de primer orden en $\frac{S}{h}$, recupera entonces la mecánica clásica, ya que

$$\left\{H\left(q_a, \frac{\partial S}{\partial q_a}, t\right) + \frac{\partial S}{\partial t}\right\}\exp\frac{i}{h}S(q_a, t) = 0 \rightarrow H\left(q_a, \frac{\partial S}{\partial q_a}, t\right) + \frac{\partial}{\partial t}S(q_a, t)$$
$$= 0.$$

$$(8\text{-}22)$$

Luego, la física semiclásica describe la combinación inicial de términos de segundo y superior orden que dan lugar a efectos no clásicos.

Para configuraciones acotadas, son posibles soluciones completas de las ecuaciones de Schrodinger, como para el átomo de hidrógeno crítico. Cuando se aplica al átomo de hidrógeno, la física cuántica resuelve un enigma de la electrostática clásica según el cual el átomo de hidrógeno tiene estados ligados estables (y no simplemente colapsa).

Ejemplo 8.3. Considere la ecuación de Schrodinger dependiente del tiempo para una sola partícula en un potencial $U(r, t)$. Este problema de la mecánica cuántica se estudiará extensamente en [42], pero visto ahora en un sentido general es muy instructivo en cuanto al nuevo "lugar" que le espera a la mecánica clásica en el mundo de la mecánica cuántica más amplio. Considere el ansatz donde se puede escribir la solución de la función de onda:

$$\Psi(r,t) = A(r,t) \exp\left[\frac{i}{\hbar}\theta(r,t)\right],$$

(8-23)

donde A y θ son reales y analíticos en $\hbar$. (a) Muestre que la expansión en $\hbar$ conduce, al orden más bajo, θ es una solución a la ecuación HJ correspondiente (es la acción clásica). (b) Mostrar en el siguiente orden $\hbar$ que A^2 satisfaga una ecuación de continuidad (esto ayudará a motivar la interpretación de Born en [42]).

Solución

(a) Tenemos para la ecuación de Schrodinger dependiente del tiempo:

$$i\hbar\frac{\partial}{\partial t}\Psi(r,t) = \hat{H}\Psi(r,t).$$

Para una sola partícula en un potencial tenemos:

$$\hat{H} = \frac{\hat{p}^2}{2m} + \hat{U}(r,t) = -\frac{\hbar^2}{2m}\nabla^2 + U(r,t),$$

de este modo,

$$i\hbar\frac{\partial}{\partial t}\Psi(r,t) = -\frac{\hbar^2}{2m}\nabla^2\Psi(r,t) + U(r,t)\Psi(r,t).$$

Probemos ahora la solución indicada para obtener una ecuación en términos de $\{A, \theta\}$:

$$i\hbar\frac{\partial A}{\partial t} - A\frac{\partial\theta}{\partial t} = -\frac{\hbar^2}{2m}\nabla^2 A - \frac{i\hbar}{m}\nabla A\nabla\theta + \frac{A}{2m}(\nabla\theta)^2 - \frac{i\hbar}{2m}A\nabla^2\theta + AU.$$

De orden cero en $\hbar$, $\hbar^0$ tenemos los términos:

$$\frac{\partial\theta}{\partial t} = -\left[\frac{(\nabla\theta)^2}{2m} + U\right].$$

La ecuación HJ (Hamilton-Jacobi) para la θ variable es:

$$H(r,\nabla\theta) + \frac{\partial\theta}{\partial t} = 0 \rightarrow \frac{\partial\theta}{\partial t} = -\left[\frac{(\nabla\theta)^2}{2m} + U\right],$$

que es precisamente la relación de orden cero.

(b) En primer orden en $\hbar$, $\hbar^1$ tenemos los términos:

$$i\hbar\frac{\partial A}{\partial t} = -\frac{i\hbar}{m}\nabla A\nabla\theta - \frac{i\hbar}{2m}A\nabla^2\theta,$$

multiplicando A y reagrupando:

$$\frac{\partial A^2}{\partial t} = -\frac{1}{m}\nabla(A^2\nabla\theta) \rightarrow \frac{\partial\rho}{\partial t} = -\nabla\left(\rho\frac{\nabla\theta}{m}\right), where \ \rho = A^2,$$

Así, obtenemos:

$$\frac{\partial\rho}{\partial t} + \nabla\cdot(\rho v) = 0, where \ v = \frac{\nabla\theta}{m},$$

donde ρ es como la densidad de un fluido y v es como un campo vectorial de velocidad de flujo.

Ejercicio 8.3. ¿Qué se revela en segundo orden en $\hbar$?

8.3 Variables del ángulo de acción y cuantificación de Bohr/Sommerfeld-Wilson

Para el caso especial de movimiento conservador acotado que es separable y periódico, podemos cambiar a lo que se conoce como variables de ángulo de acción. Las "variables de acción" se definen como la integral del área en el espacio de fase durante un período del movimiento para cada grado de libertad:

$$J_a = \oint p_a dq_a$$

(8-24)

Los resultados J_a solo dependen de las constantes del movimiento, aquí denotadas $\{\alpha_a\}$ y siguiendo la notación de [29]:

$$J_a = J_a(\{\alpha_a\}).$$

(8-25)

O invertir y cambiar el nombre $\alpha_1 = E$:

$$E = H(\{J_a\}).$$

(8-26)

Se pueden encontrar más detalles sobre la derivación en [29]. Desde aquí podemos determinar las frecuencias fundamentales del sistema en términos del hamiltoniano anterior expresado mediante variables de acción:

$$v_a = \frac{\partial}{\partial J_a}H(\{J_a\}).$$

(8-27)

En la cuantificación de Sommerfeld-Wilson se propuso que las variables de acción deberían cuantificarse con cantidades enteras de la constante de Plank:

$$J_a = \oint p_a dq_a = nh$$

8.4 Soportes de Poisson

Los corchetes de Poisson toman una forma especial cuando se trabaja en coordenadas canónicas, y se definen en términos de un hamiltoniano independientemente, por lo que la presentación de los corchetes de Poisson se coloca aquí por esa razón. En coordenadas canónicas, consideremos dos funciones $f(q_i, p_i, t)$ y $g(q_i, p_i, t)$, donde las coordenadas canónicas (en algún espacio de fase) están dadas por { p_i, q_i} donde $i = 1..N$. La función de corchetes de Poisson de estas dos funciones se denota por { f, g} y se define por:

$$\{f, g\} = \sum_{i=1}^{N} \left(\frac{\partial f}{\partial q_i} \frac{\partial g}{\partial p_i} - \frac{\partial f}{\partial p_i} \frac{\partial g}{\partial q_i} \right).$$

(8-29)

Así, por definición tenemos:

$$\{q_i, q_j\} = 0, \quad \{p_i, p_j\} = 0, \quad and \quad \{q_i, p_j\} = \delta_{ij},$$

(8-30)

donde se utiliza el delta de Kronecker ($\delta_{ij} = 1$ if $i = j$ y $\delta_{ij} = 0$ otros).

A menudo, examinamos la evolución temporal de una función en la variedad simpléctica inducida por la familia de simplectomorfismos de un parámetro (diffeomorfismos canónicos y que preservan el área) [37], donde se conservan los corchetes de Poisson.

Veremos nuevamente los corchetes de Poisson en [42] sobre mecánica cuántica como corchetes de Poisson generalizados, que al ser cuantificados se deforman a corchetes de Moyal (una generalización del álgebra de Lie, el álgebra de Poisson, asociada con los corchetes de Poisson). En términos del espacio de Hilbert, llegamos a conmutadores cuánticos distintos de cero.

Capítulo 9. Teoría de la perturbación, Análisis dimensional, y fenomenología

9.1 Teoría de la perturbación hamiltoniana

En la teoría de la perturbación consideramos una solución o sistema conocido (normalmente una descripción hamiltoniana con sus constantes del movimiento aclaradas) y consideramos una pequeña "perturbación" de ese sistema. Luego hacemos una expansión de perturbaciones para nuestra solución resolviendo en varios órdenes por separado lo que son problemas diferenciales más simples (consulte el Apéndice A para obtener información y ejemplos de métodos de solución de perturbaciones de ecuaciones diferenciales ordinarias en general).

Ejemplo 9.1. Teoría de la perturbación que involucra un hamiltoniano completo.

Consideremos ahora la teoría de la perturbación que involucra un hamiltoniano completo $H(q, p, t)$, un hamiltoniano más simple con soluciones conocidas $H_0(q, p, t)$ y la parte de la perturbación $\Delta H(q, p, t)$, donde $\Delta H \ll H_0$:

$$H(q, p, t) = H_0(q, p, t) + \Delta H(q, p, t).$$

$$(9\text{-}1)$$

Ampliamos todas las variables a varios órdenes en un parámetro de perturbación (que aparece en ΔH).

Considere el ejemplo del movimiento libre con la fuerza restauradora del resorte vista como perturbación. En este caso conocemos la solución completa sin ninguna teoría de perturbaciones, por lo que podemos ver cómo se comporta nuestro resultado. Entonces, para H_0 tenemos $H_0 = p^2/2m$ y para la perturbación, usemos la forma de solución para el potencial del resorte en coordenadas canónicas: $\Delta H = (m\omega^2/2)x^2$. Luego podemos evaluar las ecuaciones de Hamilton para obtener el resultado habitual:

$$\dot{x} = \frac{p}{m} \quad ; \quad \dot{p} = -m\omega^2 x$$

$$(9\text{-}2)$$

(sin ninguna aproximación). Tratada como una perturbación, consideremos ω^2 como parámetro de perturbación, por lo tanto, en orden cero tenemos $\dot{p}_0 = 0$ y $\dot{x}_0 = p_0/m$. De este modo

$$p^{(0)} = p_0 = const. \quad ; \quad x^{(0)} = x_0 = \left(\frac{p_0}{m}\right)t,$$

(9-3)

donde elegimos la condición inicial $x(t = 0) = 0$. Ahora, en el primer orden obtenemos:

$$\dot{p}^{(1)} = -m\omega^2 x^{(0)} = -\omega^2 p_0 t \quad \rightarrow \quad p^{(1)}(t) = p_0 - \frac{1}{2}\omega^2 p_0 t^2$$

(9-4)

y

$$\dot{x}^{(1)} = \frac{p^{(1)}}{m} = \frac{p_0}{m} - \frac{1}{2m}\omega^2 p_0 t^2 \quad \rightarrow \quad x^{(1)}(t) = \frac{p_0}{m}t - \frac{1}{6m}\omega^2 p_0 t^3.$$

(9-5)

Si ahora comparamos con la solución completa conocida:

$$p(t) = p_0 \cos \omega t \quad ; \quad x(t) = \frac{p_0}{m\omega}\sin \omega t,$$

(9-6)

A través del primer pedido podemos ver un acuerdo exacto.

Si hay una perturbación dependiente del tiempo, entonces a menudo se pasa de una formulación hamiltoniana a la formulación hamiltoniana-Jacobi [37]. Considere la $H = H_0 + \Delta H$ configuración como antes, pero ahora tenemos la información adicional de haber obtenido la función principal S que es la función generadora de la transformación canónica de $\{q, p\} \rightarrow \{\alpha, \beta\}$ tal manera que:

$$H_0\left(q, \frac{\partial S}{\partial q}, t\right) + \frac{\partial}{\partial t}S(q, \alpha, t) = 0.$$

(9-7)

En relación con H_0, las variables $\{\alpha, \beta\}$ son canónicas y, por tanto, constantes. En relación con H no serán constantes pero aún serán elegidas como nuestras variables canónicas (let $\{P = \alpha, Q = \beta\}$):

$$P = \alpha(q, p) \quad ; \quad Q = \beta(q, p).$$

(9-8)

Reformulación a la forma estándar HJ para el hamiltoniano H perturbado con la perturbación dependiente del tiempo:

$$H(\alpha, \beta, t) = H_0(\alpha, \beta, t) + \Delta H(\alpha, \beta, t) + \frac{\partial S}{\partial t} = \Delta H(\alpha, \beta, t),$$

(9-9)

y desde $\dot{Q} = \frac{\partial H}{\partial P}$ y $\dot{P} = -\frac{\partial H}{\partial Q}$ obtenemos las relaciones exactas:

$$\dot{\alpha} = -\frac{\partial \Delta H}{\partial \beta} \quad ; \quad \dot{\beta} = \frac{\partial \Delta H}{\partial \alpha}.$$

(9-10)

A menudo no es posible encontrar soluciones exactas, por lo que hacemos expansiones de perturbaciones como antes. Aquí, cualquier valor $\{\alpha, \beta\}$ obtenido en el orden cero se utiliza para calcular el primer orden, como antes:

$$\dot{\alpha}^{(1)} = -\frac{\partial \Delta H}{\partial \beta}, \quad \alpha = \alpha^{(0)}, \quad \beta = \beta^{(0)},$$

(9-11)

y de manera similar para $\dot{\beta}^{(1)}$, y luego se itera en un orden superior según sea necesario.

Ejercicio 9.1. Aplicar el enfoque de perturbación HJ al sistema de resortes considerado anteriormente y volver a obtener el resultado en el formalismo HJ.

9.2 Análisis dimensional

La física tiene cantidades dimensionales, a diferencia de las matemáticas diferenciales utilizadas hasta ahora (aunque se pueden introducir elementos matemáticos que pueden actuar como cantidades dimensionales). Las cantidades adimensionales se pueden agrupar en productos adimensionales. Por ejemplo, la ley de Stefan-Boltzmann (descrita en [42,45]), da una relación entre la energía radiante E en una cavidad, de volumen V, con paredes a temperatura T:

$$\frac{E}{V} = \frac{8\pi^5}{15} \frac{k_B^4 T^4}{c^3 h^3}.$$

(9-12)

Las fórmulas matemáticas de la física deben tener coherencia en la dimensionalidad de los términos.

Ejemplo 9.2. _Una canica rodando en una órbita circular._
Considere una canica que rueda en una órbita circular dentro de un cono invertido (ver [62] para más ejemplos de este tipo), con un semiángulo (desde la vertical) igual a θ. Las variables para el sistema son entonces el período orbital τ, la masa m, el radio de la órbita R, la aceleración de la gravedad g y las anteriores θ. Hagamos un producto adimensional:

$$\tau^\alpha m^\beta R^\gamma g^\delta = [T]^\alpha [M]^\beta [L]^\gamma [LT^{-2}]^\delta = T^{\alpha-2\delta} M^\beta L^{\gamma+\delta},$$

(9-13)

que es adimensional si $\alpha - 2\delta = 0$ y $\beta = 0$ y $\gamma + \delta = 0$, o simplificando obtenemos:

$$\beta = 0 \text{ y } \gamma = -\delta = -\alpha/2.$$

Así, tenemos la relación:

$$\tau = \sqrt{\frac{R}{g}} f(\theta).$$

(9-14)

Con mucho más esfuerzo, un análisis detallado muestra que $f(\theta) = 2\pi\sqrt{\tan\theta}$.

Ejercicio 9.2. Muestra esa $f(\theta) = 2\pi\sqrt{\tan\theta}$.

Una formulación más general de la solución parcial posible mediante análisis dimensional la proporciona el Πteorema de Buckingham [62].

9.2.1 ΠTeorema de Buckingham

1. Si una ecuación es dimensionalmente homogénea, se puede reducir a una relación entre un conjunto completo de productos adimensionales independientes [63]
2. El número de Productos adimensionales completos e independientes N_P es igual al número de Variables (y constantes) adimensionales N_V menos el número de Dimensiones N_D necesarias para expresar las fórmulas: $N_P = N_V - N_D$.

La mejor forma de aclarar los métodos anteriores es con algunos ejemplos.

Ejemplo 9.3. Análisis dimensional del péndulo.

Para un péndulo con período τ, masa m, longitud del brazo l, aceleración debida a la gravedad g:
$$\tau^\alpha m^\beta l^\gamma g^\delta = [T]^\alpha [M]^\beta [L]^\gamma [LT^{-2}]^\delta = T^{\alpha-2\delta} M^\beta L^{\gamma+\delta},$$
que tiene la misma solución que antes (pero sin θ), así tenemos:

$$\tau = C \sqrt{\frac{l}{g}},$$

donde C es una constante.

Ejercicio 9.3. Repita el movimiento horizontal del resorte sobre una superficie sin fricción, con un extremo sujeto y el otro con una masa no despreciable.

Ejemplo 9.4. Análisis de explosión nuclear por GI Taylor [33]

Este es un ejemplo famoso en el que el rendimiento (energía) de una explosión nuclear se determinó a partir de una secuencia de fotografías de alta velocidad que se publicaron en un periódico (con las marcas de tiempo necesarias que mostraban la propagación de la explosión). Sea R el radio de una onda expansiva en expansión, sea el tiempo desde la explosión t, sea la energía liberada E y sea la densidad atmosférica (inicial) ρ.

Ejercicio 9.4. Demuestre eso $E = k\rho R^5/t^2$ para alguna constante (adimensional) k.

Ejemplo 9.5. Considere el hamiltoniano:
$$H = \frac{1}{2}\left(P_x^2 + P_y^2\right) + 2x^3 + xy^2$$
Para lo cual las ecuaciones hamiltonianas dan:
$$\dot{x} = P_x; \quad \dot{y} = P_y; \quad \dot{P}_x = -(6x^2 + y^2); \quad \dot{P}_y = -(2xy).$$

Tenemos nuestra primera cantidad conservada la Energía, $E = H$ y refiriéndonos a la dimensionalidad de la Energía construyamos una tabla de términos:

Término	Orden en E
x, y	1/3
P_x, P_y	½
$\dfrac{d}{dt}$	1/6
H	1

Queremos una segunda cantidad conservada W que $\dot{W}$ pueda construirse a partir de ($x, y, P_x, P_y, \dot{x}, \dot{y}, \dot{P}_x, \dot{P}_y$) para dar cero consistente con la forma de los "bloques de construcción" anteriores. Dado que $\dot{P}_x, \dot{P}_y$ son el único lugar donde se acoplan los términos, deben estar en W. Como $\dot{P}_x, \dot{P}_y$ son de orden 2/3, debemos tener $\dot{W}$ orden $\geq$2/3. Además, W debe ser un diferencial exacto (como con H).

Caso 1: considérese $\dot{W}$ de orden 2/3, esto significa que:
$$\dot{W} = \alpha\dot{P}_x + \beta\,\dot{P}_y + ax^2 + bxy + cy^2,$$
donde los coeficientes son todos constantes que podemos elegir. Sin embargo, esta expresión no es un diferencial exacto para ninguna elección de constantes, por lo que este caso no funciona.

Caso 2: considere $\dot{W}$ orden 5/6, esto significa que:

173

$$\dot{W} = \alpha x P_x + \beta y P_x + \gamma y P_y + \delta x P_y + a x \dot{x} + b x \dot{y} + c y \dot{x} + d y \dot{y}.$$

Esta expresión tampoco es un diferencial exacto, por lo que este caso no funciona.

Caso 3: considere $\dot{W}$ que es de orden 6/6,... tiene términos como $x \dot{P}_x y$ nuevamente, no hay solución.

Caso 4: consideramos $\dot{W}$ orden 7/6, esto funciona, pero recupera la primera cantidad conservada, el propio hamiltoniano.

Caso 5: considere $\dot{W}$ que es de orden 8/6,... tiene términos como $x^2 \dot{P}_x y$ nuevamente, no hay solución.

Caso 6: considere $\dot{W}$ el pedido 9/6,... esto funciona. La forma general es ahora:

$$\dot{W} \propto E^{3/2} \quad \rightarrow \quad W \propto E^{4/3}$$

La expresión general para W ahora es:

$$W = a_1 x^4 + a_2 x^3 y + a_3 x^2 y^2 + a_4 x y^3 + a_5 y^4$$
$$+ b_1 x P_x^2 + b_2 x P_x P_y + b_3 x P_y^2 + b_4 y P_x^2 + b_5 y P_x P_y + b_6 y P_y^2$$

La expresión general para $\dot{W}$ es así:

$$\dot{W} = x^3 P_x (4a_1 - 12b_1) + \cdots,$$

donde los coeficientes constantes para cada término son cada uno por separado igual a cero. Por tanto, existen 12 ecuaciones para las 11 incógnitas indicadas. Resolviendo encontramos que:

$$W = x^2 y^2 + \frac{1}{4} y^4 - x P_y^2 + y P_x P_y.$$

9.2.2 El análisis dimensional muestra 22 cantidades dimensionales únicas [62]

Si comenzamos con el conjunto de 6 constantes dimensionales fundamentales, $\{G, \varepsilon_0, c, e, m_e, h\}$ encontramos que hay 22 agrupaciones dimensionales únicas [62] y 2 agrupaciones adimensionales (el número de Eddington-Dirac y la constante de estructura fina). En [45] encontraremos nuevamente 22 parámetros fundamentales, dimensionales , indicados.

Ejercicio 9.5. Identificar los 22 grupos dimensionales .

9.3 Fenomenología

Cuando no tienes una teoría fundamental pero aún quieres establecer un modelo científico basado en algunos datos empíricos de algún fenómeno, entonces lo que estás estableciendo es un modelo fenomenológico. Un modelo fenomenológico no se basa en ningún primer principio. Las teorías fundamentales a menudo comienzan como modelos fenomenológicos hasta que se comprenden mejor. Feynman, en sus descripciones de la ley física [64], por ejemplo, describe el proceso de descubrimiento de la ley física como una conjetura ilustrada. La termodinámica a menudo se considera una teoría fenomenológica que ha tomado prestadas leyes físicas de otros lugares (como la conservación de la energía). En parte por esta razón, y en espera de otros desarrollos de la teoría, la discusión de la fenomenología en los contextos de la termodinámica y la mecánica estadística no finaliza hasta [44].

Algunos de los problemas más difíciles de la física teórica moderna se han abordado en forma de modelos fenomenológicos (física de partículas, física de la materia condensada, física del plasma). Si todo lo demás falla, pruebe con la fenomenología. Un famoso ejemplo de esto de la película "Dark Star" tiene que ver con la desactivación de una bomba " termoestelar " que se ha activado accidentalmente (es el objeto con forma de semirremolque que se muestra en la Figura 8.1). La bomba está controlada por una IA y la tripulación ha considerado que su mejor oportunidad para desactivarla es "enseñarle fenomenología", para que pueda ver el panorama general y darse cuenta de que no tiene que explotar si no quiere. a... Desafortunadamente, al reevaluar con mayor perspectiva, la IA decide que es dios, dice "Hágase la luz" y explota. Normalmente así es como funcionan las cosas también en Física, pero eso tendrá que esperar otro día y otro libro (ver el próximo [40] para una descripción del electromagnetismo).

Figura 9.1 Se muestra a un miembro de la tripulación enseñando la fenomenología de la IA de la bomba, en la película "Dark Star".

Capítulo 10. Ejercicios adicionales

Ejercicio 10.1.
Considere una colisión de dos sistemas idénticos, cada uno de los cuales consta de dos masas puntuales m unidas por un resorte de constante k. Antes de la colisión, cada resorte está "relajado" o descomprimido. Antes de la colisión, un sistema se mueve con rapidez v hacia el otro, a lo largo de la línea de los resortes y el segundo sistema está en reposo. Las partículas que chocan se pegan para formar un sistema de 3 partículas como se muestra en la imagen "después". Si el tiempo de colisión es corto en comparación con $\sqrt{\dfrac{m}{k}}$, *find*

(a) La velocidad de cada una de las tres partículas finales inmediatamente después de la colisión.
(b) La posición de la partícula en el extremo derecho en función del tiempo t después de la colisión.

Ejercicio 10.2.
Dos partículas de masas m_1 y m_2 posiciones $\vec{r}_1$, $\vec{r}_2$ respectivamente, interactúan con energía potencial $U(\mathrm{r})$, donde $\mathrm{r} = \left| \vec{r}_1 - \vec{r}_2 \right|$.

(a) Escribe el lagrangiano L de este sistema.
(b) Definir la coordenada relativa $\vec{r} = \vec{r}_1 - \vec{r}_2$ y la coordenada del centro de masa. $\vec{R} = \dfrac{\left(m_1 \vec{r}_1 + m_2 \vec{r}_2 \right)}{(m_1 + m_2)}$. Exprese el lagrangiano L en términos de estas coordenadas generalizadas. Demuestre que $L = L_R + L_r$, dónde L_R está la parte del Lagrangiano que contiene la coordenada $\vec{R}$ y L_r es la parte que contiene la coordenada $\vec{r}$. Escriba L_r en la forma del Lagrangiano de una sola partícula que tenga coordenadas $\vec{r}$ y masa m. Dé la expresión para esta "masa reducida m en términos de m_1 y m_2.
(c) En el resto del problema, considere el movimiento de la partícula descrito por el lagrangiano L_r
(*the subscript r on L will be dropped for brevity*). Elija coordenadas cilíndricas con el eje z apuntando en la dirección del

momento angular $\vec{l} = \vec{r} \times \vec{p}$ donde $P_i = \partial L / \partial \dot{r}_i$. Escriba el lagrangiano en coordenadas cilíndricas (r, ϕ, z).

(d) Ahora demuestre que el momento angular se conserva. Como $\vec{l}$ se conserva, se puede suponer que la partícula se mueve en el plano. $z = 0$.Esto simplifica el lagrangiano.

(e) Demuestre que, como resultado de las ecuaciones de Lagrange, hay una energía conservada E y proporciónela explícitamente en términos de r, ϕ y sus derivadas en el tiempo. Escribe la expresión para el angular conservado.

(f) De la expresión para E expresar t como función integral de r y las constantes de movimiento E y l.

(g) De manera similar, exprese ϕ como una función integral de $r, E,$ y l.

Ejercicio 10.3.
Una partícula si masa m se mueve en un campo de fuerza de la forma

$$\vec{F} - \left(-\frac{a}{r^2} + \frac{b}{r^{\frac{3}{2}}} \right) \hat{r}$$

Donde a y b son constantes positivas.
(a) ¿Para qué rango de radio son posibles las órbitas circulares?
(b) ¿Para qué rango de radio son estables las órbitas circulares?
(c) Encuentre la frecuencia de pequeñas oscilaciones alrededor de una órbita circular de radio r. $= \frac{a^2}{4b^2}$

Ejercicio 10.4.
(a) Demuestre que una partícula aislada con masa en reposo finita m no puede desintegrarse en una sola partícula con masa en reposo cero.
(b) ¿Puede una sola partícula con masa en reposo cero descomponerse en n partículas, todas con masa en reposo cero y energía positiva? Si es así, dar un ejemplo. Si no, demuestre que es imposible para todo n > 1

Ejercicio 10.5.
Una varilla de longitud a y masa m está suspendida de una cuerda sin masa de longitud a/3. Obtenga las frecuencias del modo

normal (frecuencias propias) para pequeños desplazamientos desde la posición de equilibrio estable de este sistema.

Ejercicio 10.6.

Considere el movimiento transversal (es decir, el movimiento perpendicular a la cuerda) de las dos masas, M y m, fijadas sobre un alambre sin masa de longitud 4a. Todo el sistema descansa sobre una mesa sin fricción.

Ejercicio 10.7.

Un cilindro (de masa M_1, radio R y altura h) descansa sobre un disco sin masa y gira alrededor de un eje fijo en el centro del disco (radio del disco -D). en el borde del disco está unida una masa puntual M_2. Hay fricción entre el cilindro y el disco. Lat D – 2R y M_1-2 M_2. El coeficiente adimensional de fricción cinética es cy la aceleración de la gravedad es g. la velocidad angular inicial del cilindro (ω_1^0) es cuatro veces la del disco (ω_2^0), es decir ω_1^0-4 ω_2^0. En términos de R, M_1 y σg únicamente, encuentre

(A) El tiempo t necesario para que el sistema alcance un estado estable.
(B) La velocidad angular final del disco y del cilindro.

Ejercicio 10.8.

Una cuerda de longitud L está fija en ambos extremos, tiene masa total M y se estira bajo tensión T. En el momento t = 0, la cuerda es golpeada por un martillo de ancho d en la posición x = a (ver diagrama) de tal una forma de hacer vibrar la cuerda con las condiciones iniciales.

$y(x, t = 0) = 0$ todo x
$\dot{y}(x, 0) = 0 \qquad 0 \le x \le a - \frac{d}{2}$
$\dot{y}(x, 0) = v_0$ a $-\frac{d}{2} \le x \le a + \frac{d}{2}$
$\dot{y}(x, 0) = 0$ un $+\frac{d}{2} \le x \le L$

(a) Encuentre una expresión para la energía cinética (dependiente del tiempo) del n^{th} modo normal de vibración de la cuerda en la $\hat{y}$ dirección. (No hay vibración longitudinal). Expresa la velocidad y frecuencia de la onda en términos de las constantes dadas en el problema.

(b) Encuentre una posición x = a y ancho d del martillo que maximizará la energía en el modo de vibración n = 3.

Ejercicio 10.9.

Una partícula está obligada a moverse sobre la cicloide:

$$x = a cos^{-1}\left(\frac{a-y}{a}\right) + \sqrt{2ay - y^2} \ (0 \leq y \leq 2a)$$

Bajo la influencia de la gravedad (el eje y apunta hacia arriba).

(i) Escriba lagrangiano para este sistema.

(ii) Obtenga la(s) ecuación(es) de Euler.

(iii) Suponga que la partícula parte de un punto $y = y_0$ con velocidad inicial cero: demuestre que el tiempo que tarda en llegar al final de la curva (y = 0) es independiente de y_0.

$$\left[You \ may \ need \ the \ integral \int \frac{du}{\sqrt{u - u^2}} = sin^{-1}(2u - 1)u \right.$$
$$\left. < 1 \right]$$

Ejercicio 10.10.

(a) en la decadencia

$$A + p + \pi^-$$

¿Cuál es la energía del pion, medida en el sistema de reposo de A? (Find E_π in terms of the rest masses m_Δ, m_p, m_π).

(b) Un neutrón con energía de 939 x 10^{10}MeV viaja a través de una galaxia cuyo diámetro es 10^5de años luz. Si la vida media de un neutrón es de 640 s... ¿debería apostar a que el neutrón se desintegrará antes de cruzar la galaxia? (Justifica tu respuesta.)

$$m_n = 939 \ MeV \quad 1 \ year = \pi \ x \ 10^7 \ 5.$$

Ejercicio 10.11.

La métrica que describe una capa esférica de materia de radio R se puede escribir

$$ds^2 = -\left(1 - \frac{2M}{r}\right)dt^2 + \left(1 - \frac{2M}{r}\right)^{-1} dr^2$$
$$+r^2(d\theta^2 + sin^2\theta d\phi^2). \, outside$$
$$ds^2 = -dt^{-2} + dr^{-2} + r^{-2}(d\theta^2 + sin^2\theta d\phi^2). \, inside.$$

a) Encuentre funciones $\bar{t}(r,t), \bar{r}(r,t)$ cerca de $r = R$, para las cuales la métrica es continua en $r = R$.

b) Un neutrino, emitido por un neutrón en descomposición en el centro de la capa ($\bar{r} = 0$).¿Tiene energía E medida por un observador en reposo en $\bar{r} = 0$. ¿Cuál es su energía cuando alcanza el infinito ($r \gg R$), medida por un observador en el infinito? (pasa a través del caparazón sin interacción).

Ejercicio 10.12.

Una partícula de masa m y carga e se mueve en un campo magnético $\underset{B}{\rightarrow} = b(x^2 + y^2)\hat{k}$, donde b es una constante.

(a) Encuentre un potencial vectorial para $\underset{B}{\rightarrow}$ de la forma

$\underset{A}{\rightarrow} = f(x^2 + y^2) \underset{\phi}{\rightarrow}$, donde $\underset{\phi}{\rightarrow} = x\hat{j} - y\hat{i}$.

(b) Encuentre el hamiltoniano para la partícula, usando esto $\underset{A.}{\rightarrow}$

(c) Demuestre que $\underset{p}{\rightarrow} * \underset{\phi}{\rightarrow}$ es una constante del movimiento verificando que el corchete de Poisson

$\left[\underset{p}{\rightarrow} * \underset{\phi}{\rightarrow}, H \right]_{PB}$ desaparece.

(d) Encuentre una cantidad conservada distinta de H y $\underset{p}{\rightarrow} * \underset{\phi}{\rightarrow}$.

Ejercicio 10.13.

Considere las siguientes tres formas en las que podría comenzar con un fotón de rayos y de energía 3 Mev y terminar con un electrón en movimiento. Calcula el valor numérico de la energía cinética máxima que podría tener un electrón en cada caso.

(a) Efecto fotoeléctrico

(b) Producción de pares de electrones.

(c) Dispersión Compton (obtenga cualquier expresión que utilice para la dispersión Compton).

$H = 6.63 \times 10^{-34} J \times s$

$= 4.136 \times 10^{-15} eV \times s$

Si necesita más datos que no conoce, haga una estimación (de magnitud razonable, si es posible) y utilice ese valor para su cálculo. Sea explícito sobre la estimación que está utilizando.

Ejercicio 10.14.

Una colisión relativista tiene lugar a lo largo de una línea recta entre una partícula de masa en reposo m_0 y otra de masa en reposo nm_0. Se mantienen unidos después de la colisión y tienen una masa en reposo combinada de M_0, que sale con velocidad v. Antes de la colisión, $m_0$está en reposo y la otra partícula se acerca a velocidad u. si llamamos

$$Y = \frac{1}{\sqrt{1 - \frac{u^2}{c^2}}}$$

Entonces busca

A) V en función de u e y. Y

B) $\frac{M_0}{m_0}$en función de u e y.

Ejercicio 10.15.

En las coordenadas de Eddington-Finkelstein, la métrica de un agujero negro de Schwarzschild es

$$ds^2 = -\left(1 - \frac{2M}{r}\right) dv^2 + 2\, dvdr + r^2\{d\theta^2 + sin^2\theta d\phi^2).$$

(a) demuestre que el caso M=0 es un espacio plano encontrando un gráfico (sistema de coordenadas)

$\underset{t,}{\to} \underset{r,}{\to} \theta, \phi$ para lo cual la métrica (1) tiene la forma

$$ds^2 = -dt^{-2} + dr^{-2} + r^{-2}(d\theta^2 + sin^2\theta d\phi^2)\ (M = 0).$$

(b) Sea r(v) una curva radial similar al tiempo cuyo punto inicial se encuentra dentro del horizonte r(0) < 2M. demuestre que r(v) < r(0) cuando v > 0 (es decir, la curva no puede emerger del horizonte).

(c) Una linterna y un observador, ambos en el $\theta = \phi = 0$eje, están en radios fijos $r = r_f$y $r = r_o$. La linterna emite luz de longitud de onda λ(medida en su marco). ¿Qué longitud de onda mide el observador?

(d) Demuestre que las superficies v = constantes son nulas,$g^{ab\nabla} a^{v\nabla} b^v = 0$

Ejercicio 10.16.

Una partícula con carga 2 q se mueve en el campo electromagnético de una partícula fija que lleva tanto una carga eléctrica Q como una carga magnética b: el campo magnético de la partícula fija es

$$B = \frac{b \underset{r}{\to}}{r^3}$$

Demuestre que el vector

$$\underset{L}{\to} - \frac{qb}{c} \frac{\underset{r}{\to}}{r}$$

182

Es una constante de movimiento para la partícula q, donde $\vec{L}$ es el momento angular orbital.

Ejercicio 10.17.

En el péndulo doble que se muestra, las masas puntuales 3m y m están conectadas *l* entre sí mediante varillas ingrávidas de longitud y a un punto de apoyo. Las masas pueden oscilar libremente en un plano vertical. En el momento $t = d, \theta = 0, \dfrac{d\theta}{dt} = 0, \phi = \phi_0 \ll 1$ *and* $\dfrac{d\phi}{dt} = 0.$

Encontrar $\theta(t)$ *and* $\phi(t)$.

Capítulo 11. Perspectivas de la serie

Se han descrito las formulaciones clásicas del movimiento de partículas puntuales: utilizando ecuaciones diferenciales (primera y segunda ley de Newton $^{)}$; utilizar una formulación de función variacional para seleccionar la ecuación diferencial (variación lagrangiana); utilizando una formulación funcional variacional (formulación de acción) para seleccionar la formulación de función variacional. También se describieron los dos dominios del movimiento en muchos sistemas: no caótico; y caótico.

A partir de la formulación variacional lagrangiana de 'acción' para el movimiento de partículas, eventualmente definiremos la formulación variacional funcional integral de trayectoria que involucra ese mismo lagrangiano para llegar a una descripción cuántica para el movimiento cuántico de partículas no relativista (descrito en detalle en el Libro 4 [42] , y relativista en el Libro 5 [43]). A partir de la descripción cuántica llegamos al formalismo del propagador para describir la dinámica (esto también existe en la formulación clásica, pero normalmente no se usa mucho en ese contexto). Luego se descubrirá que los propagadores complejos tienen vínculos con la mecánica estadística y las propiedades termodinámicas (Libro 6 [44]). Los vínculos con la mecánica estadística se enfatizan aún más cuando se está al "borde del caos" pero con el movimiento orbital aún limitado. Esto puede estar asociado con un régimen de equilibrio y martingala, cuya existencia luego puede usarse al comienzo de las derivaciones de mecánica estadística y termodinámica del Libro 6 [44] con la existencia de equilibrios establecidos desde el principio. La existencia de las conocidas medidas de entropía ya está indicada en la descripción de la neurovariedad (Libro 3 [41]), por lo que, junto con los equilibrios, la descripción de la termodinámica del Libro 6 puede comenzar con una base bien establecida que no se reclama por decreto, más bien se afirma como resultado directo de lo que ya se ha determinado en la teoría/experimento descrito en los libros anteriores de la serie.

Al pasar de una teoría de partículas puntuales a una teoría de campos, no hay mucha discusión en los libros básicos de física sobre campos en un sentido general, por lo general simplemente salta directamente al campo principal de relevancia, el electromagnetismo (EM). Si es avanzado, también puede cubrir la Relatividad General (GR), como en [92]. En los próximos dos libros de la serie cubriremos estos temas, pero también cubriremos campos básicos en 1, 2 y 3D (incluida la dinámica de fluidos), así como formulaciones del campo Lorentziano 4D (para la relatividad especial), el campo de calibre. formulación (así, Yang Mills cubierta en un contexto clásico), y las formulaciones geométricas y de calibre GR. Esto establece las bases para las fuerzas estándar y, tras la cuantificación (Libros 4 y 5 de la serie), sienta las bases para las fuerzas estándar renormalizables (todas menos la gravitación).

En el Libro 2, la atención se centra en la teoría de campos clásica en una geometría fija, el principal ejemplo físico es EM. En este contexto, alfa aparece, por ejemplo, en la descripción de un par electrón-positrón: $F = e^2/(4\pi\varepsilon a^2)$ para la distancia electrón-positrón 'a', donde alfa aparece como la constante de acoplamiento. Más tarde, en la mecánica cuántica, tanto moderna como en el modelo temprano de Bohr, tenemos que alfa = $[e^2/(4\pi\varepsilon)]/(c\hbar)$. La aparición de alfa en las situaciones se produce en sistemas ligados. Por el contrario, si examinamos las interacciones electromagnéticas no ligadas, como por ejemplo con la fuerza de Lorentz $F = q(E \times v)$, no surge ningún parámetro alfa, ni tampoco con los primeros análisis de la mecánica cuántica de tales sistemas, como por ejemplo con la dispersión de Compton. Por lo tanto, vemos un papel temprano para alfa, pero sólo en sistemas ligados y, por tanto, sólo en sistemas con expansiones perturbativas (convergentes) en las variables del sistema.

En el Libro 3, teoría de campos clásica con geometría *dinámica* , es decir, GR, no vemos alfa en absoluto. En cambio, vemos múltiples construcciones y las matemáticas de la geometría diferencial (y hasta cierto punto la topología diferencial y la topología algebraica). Las construcciones múltiples se describen en la base matemática que se proporciona en el Libro 3 y el Apéndice. Una aplicación en el área de neurovariedades (ver [24]), muestra que el equivalente de una ruta geodésica en este entorno es una evolución que involucra pasos mínimos de entropía relativa. De manera similar a la descripción de un espacio-tiempo localmente plano, encontraremos una descripción de la 'entropía' que aumenta/evoluciona según la entropía relativa mínima.

Apéndice

A. Una sinopsis de las ecuaciones diferenciales ordinarias.

Esta sinopsis está al nivel del curso de posgrado en matemáticas aplicadas de Caltech AMa101 ca. 1985, donde el texto principal utilizado fue el de Bender & Orszag [39]. Se asignaron muchos problemas y se proporcionan soluciones completas para muchos de estos problemas. Por lo tanto, indirectamente, las soluciones a varios problemas presentados en [39] también se incluyen a continuación. El material básico sobre ecuaciones diferenciales y ejemplos resueltos se selecciona para educar rápidamente sobre la asombrosa complejidad posible y aclarar los métodos de solución estándar.

Esta sinopsis incluye una Introducción a las ecuaciones diferenciales ordinarias; análisis local de ecuaciones diferenciales ordinarias (un estudio de puntos singulares); ecuaciones diferenciales ordinarias no lineales; Métodos de perturbación (incluida la teoría WKB); y Teoría de Sturm-Liouville. Los dos últimos temas son más relevantes para los problemas de la mecánica cuántica, por lo que se incluyen como apéndice del Libro 4 sobre Mecánica Cuántica.

A.1 Introducción a las ecuaciones diferenciales ordinarias

Defina una ecuación diferencial ordinaria de ^{orden} n como:

$$\frac{d^n y}{dx^n} = F\left(x, y, \frac{dy}{dx}, \dots, \frac{d^{n-1}y}{dx^{n-1}}\right) \rightarrow y^{(n)} = F\left(x, y, y^{(1)}, \dots, y^{(n-1)}\right),$$

$$(A\text{-}1)$$

y existe la notación alternativa $y' = y^{(1)}; y'' = y^{(2)}$; etc., también. Si F es lineal en $y, y^{(1)}, \dots, y^{(n-1)}$, entonces la ecuación diferencial ordinaria es una ecuación diferencial ordinaria lineal [39]. La solución de una ecuación diferencial ordinaria lineal de ^{orden} n es función de n constantes de integración. Si F es no lineal, todavía hay n constantes de integración, pero puede haber soluciones adicionales que no se pueden construir eligiendo las constantes. Las ecuaciones diferenciales lineales ordinarias a menudo se escriben en "notación de operador":

$$\mathcal{L}\, y(x) = f(x),$$

$$(A\text{-}2)$$

donde $\mathcal{L}$ está el operador diferencial:

$$\mathcal{L} = p_o(x) + p_1(x)\frac{d}{dx} + \cdots + p_{n-1}(x)\frac{d^{n-1}}{dx^{n-1}} + \frac{d^n}{dx^n}.$$

$$(A-3)$$

Si $f(x) = 0$, entonces es homogéneo; en caso contrario, no es homogéneo (tiene soluciones homogéneas más soluciones particulares). Tenemos un problema de valor inicial (IVP) si conocemos $y, y^{(1)}, \ldots, y^{(n-1)}$algún valor (inicial) $x = x_0 : y(x_0) = a_0$, $y'(x_0) = a_1, \ldots, y^{(n-1)}(x_0) = a_{n-1}$, para lo cual existe una solución general $y(x) = \sum_{j=1}^n c_j y_j(x)$, donde $c_j$son constantes arbitrarias de integración y $\{\, y_j \}$ son un conjunto de soluciones linealmente independientes. Para determinar si nuestro conjunto de soluciones son verdaderamente independientes debemos evaluar su Wronskian [39]. El wronskiano también surge naturalmente al abordar el IVP, por lo que lo consideraremos a continuación. Tenga en cuenta que, a diferencia de los IVP, para un problema de valores en la frontera (BVP), planteamos valores (y/o derivadas) en más de un punto. Se trata necesariamente de un contexto global de solución, no local, por lo que es más complicado.

Para mostrar la existencia y unicidad de los IVP, $y^{(n)} = F(x, y, y^{(1)}, \ldots, y^{(n-1)})$siempre podemos convertir la ecuación de enésimo orden en un sistema de n ecuaciones de primer orden:

$$\frac{dy_i}{dx} = f_i(y_1, y_2, \ldots, y_n, x), \quad i = 1..n, \ where \ y_i = \frac{d^{i-1}}{dx^{i-1}}y(x).$$

$$(A-4)$$

Esto suele escribirse en notación vectorial:

$$\vec{Y} = \begin{pmatrix} y_1(x) \\ \cdots \\ y_n(x) \end{pmatrix}, \qquad \vec{F} = \vec{F}(\vec{Y}, x) = \begin{pmatrix} f_1(x) \\ \cdots \\ f_n(x) \end{pmatrix}, \qquad \frac{d\vec{Y}}{dx}$$

$$= \vec{F}(\vec{Y}, x), \quad with \ IVP: \ \vec{Y}(x = x_0) = \vec{Y_0}$$

$$(A-5)$$

Para resolver esto usamos una aproximación recursiva (iteración de Picard) comenzando con la forma integral:

$$\vec{Y}(x) = \vec{Y_0} + \int_0^x F(Y, t)dt \,.$$

$$(A-6)$$

Suponiendo $x_0 = 0$sin pérdida de generalidad (wlog .), escribimos:

$$\overrightarrow{Y_0}(x) = \overrightarrow{Y_0} \; ; \quad \overrightarrow{Y_1}(x) = \overrightarrow{Y_0} = + \int_0^x \vec{F}(\vec{Y},t)dt \; ; \quad \ldots \ldots ; \quad \overrightarrow{Y_{n+1}}(x)$$

$$= \vec{Y} + \int_0^x \vec{F}(\overrightarrow{Y_n},t)dt \, .$$

(A-7)

La convergencia de la secuencia depende de $\vec{F}$. Demostremos que la iteración converge en alguna vecindad de $x = 0$. Primero. Demostremos que $\vec{F}$ satisface una condición de Lipschitz:

$$\left\| \vec{F}(\overrightarrow{Y_1},x) - \vec{F}(\overrightarrow{Y_2},x) \right\| \le K \left\| \overrightarrow{Y_1} - \overrightarrow{Y_2} \right\| ,$$

(A-8)

para todos $||\vec{Y} - \overrightarrow{Y_0}|| \le a$ y todas $X: \|x\| \le b$. Si trabaja con números puros (o unidimensionales), tenga $\|x\| = |x|$, y, $|x - y| \ge 0$, con igualdad solo cuando x=y. También tenga $|x - y| = |y - x|$ (simetría) y $|x - z| \le |x - y| + |y - z|$ (desigualdad del triángulo). Para vectores: $\|\vec{x} - \vec{y}\| = |\sqrt{(\vec{x} - \vec{y}) \cdot (\vec{x} - \vec{y})}|$, y todavía tenemos simetría y la desigualdad del triángulo. También requerimos que $\vec{F}$ esté acotado:

$$\vec{F}(\vec{Y},x) \le M.$$

Si se cumplen estas condiciones, entonces la iteración de Picard converge. Para demostrarlo, considere:

$$\vec{Y}_n(x) = \overrightarrow{Y_0} + \int_0^x \vec{F}(\overrightarrow{Y_{n-1}},t)dt \quad and \quad \vec{Y}_{n+1}(x) = \overrightarrow{Y_0} + \int_0^x \vec{F}(\overrightarrow{Y_n},t)dt.$$

Entonces tenemos:

$$\vec{Y}_{n+1} - \vec{Y}_n = \int_0^x \left[\vec{F}(\overrightarrow{Y_n},t) - \vec{F}(\overrightarrow{Y_{n-1}},t) \right]dt$$

$$\left\| \vec{Y}_{n+1} - \vec{Y}_n \right\| \le \int_0^x \left\| \vec{F}(\overrightarrow{Y_n},t) - \vec{F}(\vec{Y}_{n-1},t) \right\|dt \le K \int_0^x \left\| \vec{Y}_n - \vec{Y}_{n-1} \right\|dt \, .$$

Para evaluar el RHS, considere:

$$\left\| \vec{Y}_2 - \vec{Y}_1 \right\| \le K \int_0^x ||Y_1 - Y_0||dt \le K \int_0^x dt \int_0^t du \|F(Y_0,u)\|$$

$$\le KM \int_0^x dt \int_0^t du.$$

189

Por inducción se puede demostrar que:

$$\left\| \vec{Y}_{n+1} - \vec{Y}_n \right\| \le \frac{MK^n x^{n+1}}{(n+1)!}.$$

Si luego escribimos:

$$\vec{Y}_n(x) = \vec{Y_0} + \left(\vec{Y_1} - \vec{Y_2} \right) + \left(\vec{Y_2} - \vec{Y_3} \right) \cdots,$$

entonces, si la serie de normas converge, entonces $\vec{Y}_n$ convergerá (probablemente tenga factores negadores):

$$\left\| \vec{Y}_n \right\| \le \left\| \vec{Y_0} \right\| + \sum_{m=0}^{\infty} \frac{MK^m x^{m+1}}{(m+1)!} = \left\| \vec{Y_0} \right\| + \frac{M}{K}(e^{kx} - 1).$$

(A-9)

Por tanto, tenemos una condición para la solución que es suficiente pero no necesaria. Necesitamos mostrar unicidad para completar la solución general. Mostramos la unicidad mediante un contraejemplo, comenzamos con:

$$\vec{X} = \vec{X_0} + \int_0^x F(x,t)dt \quad and \quad \vec{Y} = \vec{Y_0} + \int_0^x F(y,t)dt,$$

(A-10)

entonces

$$\left\| \vec{X} - \vec{Y} \right\| \le \int_0^x \left\| F(\vec{X},t) - F(\vec{Y},t) \right\| dt \le K \int_0^x \left\| \vec{X} - \vec{Y} \right\| dt$$

$$\le K^2 \int_0^x dt \int_0^1 du \left\| \vec{X} - \vec{Y} \right\|,$$

de este modo

$$\left\| \vec{X} - \vec{Y} \right\| \le \frac{K^{n+1}}{(n+1)!} \int_0^x (x-t)^n \left\| \vec{X} - \vec{Y} \right\| dt.$$

(A-11)

Cuando n tiende al infinito, el RHS tiende a cero, y vemos que $\left\| \vec{X} - \vec{Y} \right\| = 0$, y por la condición de Lipschitz tenemos $\vec{X} = \vec{Y}$, por ejemplo, unicidad. Por lo tanto, vemos que generalmente es posible una solución (única). En la práctica, ¿cuál es esta solución general?

Solución homogénea general (siguiendo la notación de [39])

Considerar:
$$\mathcal{L}\, y(x) = 0$$
(A-12)

Como es habitual con las ecuaciones diferenciales ordinarias, consideremos una solución que involucra un término exponencial: e^{rx}. sustituyendo esto como una función de prueba en la ecuación del operador obtenemos:
$$\mathcal{L}\, e^{rx} = e^{rx}\, P(r),$$
(A-13)

donde $P(r)$ es un polinomio de enésimo orden:
$$P(r) = r^n + \sum_{j=0}^{n-1} p_j r^j \,.$$
(A-14)

Las soluciones corresponden a los ceros de $P(r)$, $r_1, r_2, ...$, es decir:
$$y = e^{r_1 x}, e^{r_2 x}, ...$$
(A-15)

La única complicación surge si hay ceros repetidos. Supongamos que la primera raíz es m veces, entonces tenemos una solución de la forma:
$$\mathcal{L}\, e^{rx} = e^{rx} (r - r_1)^m\, Q(r),$$
(A-16)

donde Q es un polinomio de grado $n - m$. Una combinación lineal de todas las soluciones constituye entonces una solución general.

Solución general no homogénea
Considere la ecuación no homogénea,
$$\mathcal{L}\, y(x) = f(x).$$
(A-17)

Una técnica para encontrar una solución específica se conoce como variación de parámetros, que funciona mejor si se tiene una solución independiente (wronskiana distinta de cero) (ver [39]). Se explorarán algunos ejemplos que involucran esta técnica. En esta breve sinopsis pasamos a considerar los métodos de función de Green para resolver la ecuación no homogénea . Para ello hacemos uso de funciones delta. Para lo que sigue definiremos la función delta como:
$$\delta(x - a) = \begin{cases} 0 & x \neq a \\ \infty & x = a \end{cases},$$
(A-18)

tal que:

$$\int\limits_{-\infty}^{\infty} \delta(x-a)dx = 1 \quad and \quad \int\limits_{-\infty}^{\infty} \delta(x-a)f(a)dx = f(x).$$

(A-19)

Si integramos parcialmente obtenemos la clásica función Heaviside Step (con paso en x=a):

$$\int\limits_{-\infty}^{\infty} \delta(x-a)dx = h(x-a).$$

(A-20)

El método de la función de Green consiste en obtener la solución particular de

$$\mathcal{L} \, G(x,a) = \delta(x-a),$$

(A-21)

donde la solución a la ecuación general no homogénea se sigue trivialmente de:

$$y_p(x) = \int\limits_{-\infty}^{\infty} da \, f(a)G(x,a).$$

(A-22)

A continuación, nos especializaremos en una ecuación diferencial de segundo orden (trivial wronskiana 2x2). En cuyo caso llegamos al formulario:

$$\frac{d^2}{dx^2}G(x,a) + p(x)\frac{d}{dx}G(x,a) + p_0(x)G = \delta(x-a).$$

(A-23)

Ahora, L:HS debe coincidir con la singularidad de la función delta en el RHS. Por lo tanto, se argumenta que $d^2G/dx^2 \sim \delta(x-a)$(por lo tanto, G tiene que ser menos singular que $\delta(x-a)$. Del mismo modo, no debemos tener dG/dxmás singular que una función escalonada, por ejemplo, $dG/dx \sim h(x-a)$. Consistente con esto es que G no debe ser más variante que una función de rampa (cero hasta rampa comienza en x=a), que se denotará por 'r': $G \sim r(x-a)$. Esto es todo lo que necesitamos saber para llegar a una formulación general de la solución. El truco consiste en analizar ahora la ecuación diferencial ordinaria integrando desde $a - \varepsilon$hasta $a + \varepsilon$y dejando $\varepsilon \to 0$:

$$\int\limits_{a-\varepsilon}^{a+\varepsilon} \frac{d^2G}{dx^2}dx + \int\limits_{a-\varepsilon}^{a+\varepsilon} p\frac{dG}{dx}dx + \int\limits_{a-\varepsilon}^{a+\varepsilon} Gp_0 dx = \int\limits_{a-\varepsilon}^{a+\varepsilon} \delta(x-a) = 1.$$

De este modo,

$$\left.\frac{dG}{dx}\right|_{a+\varepsilon} - \left.\frac{dG}{dx}\right|_{a-\varepsilon} = 1.$$

(A-24)

Trabajando con dos soluciones homogéneas (independientes), $y_1(x)$ y $y_2(x)$, sabemos que podemos expresar la solución no homogénea en cualquier lado de la singularidad en la forma "homogénea" para ese lado. Escribamos la función de Green de esta manera:

$$G(x,a) = \begin{cases} A_1 y_1(x) + A_2 y_2(x) & x < a \\ B_1 y_1(x) + B_2 y_2(x) & x \geq a \end{cases}$$

(A-25)

Como G es continua en x=a entonces tenemos:

$$A_1 y_1(a) + A_2 y_2(a) = B_1 y_1(a) + B_2 y_2(a)$$
$$B_1 y_1'(a) + B_2 y_2'(a) - A_1 y_1'(a) - A_2 y_2'(a) = 1$$

En notación matricial:

$$\begin{bmatrix} y_1(a) & y_2(a) \\ y_1'(a) & y_2'(a) \end{bmatrix} \begin{bmatrix} B_1 - A_1 \\ B_2 - A_2 \end{bmatrix} = \begin{bmatrix} 0 \\ 1 \end{bmatrix},$$

que se puede resolver mediante

$$B_1 - A_1 = \frac{-y_2(a)}{W(y_1(a), y_2(a))}$$

$$B_2 - A_2 = \frac{y_1(a)}{W(y_1(a), y_2(a))}$$

donde W es el wronskiano, que es

$$W = det \begin{bmatrix} y_1(a) & y_2(a) \\ y_1'(a) & y_2'(a) \end{bmatrix}.$$

Usando esto,

$$y(x) = \int_{-\infty}^{\infty} G(x,a)f(a)da$$

es la solución completa si $y(x)$ satisface $\mathcal{L}y(x) = f(x)$ y $y(x)$ satisface los valores iniciales o BC especificados. Consideremos un ejemplo sencillo:

$$y'' = f(x) \quad with \quad \begin{matrix} y(0) = 0 \\ y'(1) = 0 \end{matrix}$$

Obtenemos $W = \begin{bmatrix} 1 & x \\ 0 & 1 \end{bmatrix} = 1$, y

$$B_1 - A_1 = -a$$
$$B_1 - A_1 = 1$$

De este modo,

$$G(x,a) = \begin{cases} A_1 y_1(x) + A_2 y_2(x) & x < a \\ B_1 y_1(x) + B_2 y_2(x) & x \geq a \end{cases} = \begin{cases} A_1 + A_2 x & x < a \\ B_1 + B_2 x & x \geq a \end{cases},$$

(A-26)

193

de donde determinamos:
$$A_1 = 0 \quad B_1 = -a$$
$$B_2 = 0 \quad A_2 = -1 \;.$$

De este modo,
$$G = \begin{cases} -x & x < a \\ -a & x \geq a \end{cases}.$$

Resolviendo para $y(x)$:
$$y(x) = \int_0^1 da\, G(x,a)f(a) = \int_0^a da\, (-x)f(a) + \int_a^1 da\, (-a)f(a)$$

$$(A\text{-}27)$$

Ecuaciones diferenciales ordinarias no lineales (ver [65] para muchos ejemplos)

Para nuestra primera ecuación diferencial ordinaria no lineal , consideremos la ecuación de Bernoulli:
$$y'(x) = a(x)y + b(x)y^p \;.$$

$$(A\text{-}28)$$

Intentemos resolver sustituyendo $u(x) = y(x)^{1-p}$, donde:
$$\frac{du}{dx} = (1-p)y^{-p}\frac{dy}{dx} \;.$$

$$(A\text{-}29)$$

Obtenemos así:
$$\frac{du}{dx} = [a(x)y^{-p} + b(x)](1-p),$$

$$(A\text{-}30)$$

que es una ecuación diferencial ordinaria de primer orden y, por lo tanto, tiene solución directa.

Si trabajamos con la misma forma de primer orden, excepto ahora con la cuadrática y, obtenemos la ecuación de Riccati. Una transformación simple muestra que la ecuación general de Riccati se relaciona con la ecuación diferencial general (lineal) de segundo orden. Por lo tanto, ya hemos topado con una limitación a la hora de obtener soluciones generales incluso para la aparentemente "simple" ecuación de Riccati. Esto se debe a que no existe una solución general a la ecuación diferencial lineal de segundo orden (por lo tanto, no existe una solución general a la ecuación de Riccati). Dicho esto, intentemos resolver la siguiente ecuación de Riccati:
$$y' = y^2 + \frac{y}{x} + x^2 \;.$$

$$(A\text{-}31)$$

Encontramos una solución con $y = x$, así que consideremos una solución general de la forma: $y = x + u(x)$:

$$u' = \left(2x + \frac{1}{x}\right)u + u^2$$

(A-32)

que es una ecuación de primer orden y, por tanto, solucionable.

Algunas otras técnicas que vale la pena mencionar, comenzando con el 'factoring' de operadores. Considerar

$$\frac{d^2y}{dx^2} + p(x)\frac{dy}{dx} + q(x)y = f(x).$$

(A-33)

Podemos factorizar esto como

$$\left(\frac{d}{dx} + a(x)\right)\left(\frac{dy}{dx} + b(x)\right)y = f(x).$$

(A-34)

Las dos formas concuerdan si $(b + a) = p$ y $b' + ab = q$.

Consideremos a continuación la posibilidad de una ecuación "exacta", por ejemplo, donde tenemos la forma

$$M(x, y) + N(x, y)\frac{dy}{dx} = 0,$$

(A-35)

tal que

$$M(x, y)dx + N(x, y)dy = dF(x, y) = \left[\frac{\partial F}{\partial x}\right]dx + \left[\frac{\partial F}{\partial y}\right]dy = 0.$$

Por lo tanto, la prueba para tener una forma exacta es que

$$\frac{\partial M}{\partial y} = \frac{\partial N}{\partial x}.$$

(A-36)

Consideremos a continuación la noción de "factor integrador". Esta situación surge si

$$M(x, y)dx + N(x, y)dy \neq dF(x, y),$$

pero multiplicando por un factor (integrador) encontramos que:

$$\mu(x, y)M(x, y)dx + \mu(x, y)N(x, y)dy = dF(x, y).$$

La última expresión es entonces una forma exacta si

$$\frac{\partial(M\mu)}{\partial y} = \frac{\partial(N\mu)}{\partial x}.$$

(A-37)

Para ecuaciones diferenciales ordinarias no lineales de orden superior, es posible realizar una simplificación importante si existen formas específicas, consideremos algunas de ellas:

(i) Autónoma: una ecuación diferencial ordinaria es autónoma si no tiene una dependencia explícita de la variable dependiente.

(ii) Equidimensional: una ecuación diferencial ordinaria es equidimensional si la sustitución $x \to ax$ deja invariante la ecuación. Una ecuación de este tipo puede trasladarse trivialmente a su forma autónoma con la sustitución $x = e^t$.

(iii) Invariante de escala: una ecuación diferencial ordinaria es invariante de escala si las sustituciones $x \to ax$ y $y \to a^p y$ salen de la ecuación. Una ecuación de este tipo puede trasladarse trivialmente a la forma equidimensional (y de ahí a autónoma) con la sustitución $y = x^p u$.

Pasemos ahora a la cuestión de los puntos singulares al resolver ecuaciones diferenciales ordinarias.

Los métodos de solución anteriores para ecuaciones diferenciales ordinarias son tan sólidos que incluso cuando no se pueden obtener soluciones exactas, generalmente se pueden obtener soluciones aproximadas localmente cerca de un punto de interés. A menudo esto es todo lo que se necesita. Así que lo único que puede salir mal es si el punto de referencia de interés no es "ordinario", es decir, si el punto es "singular". Exploremos ahora esta posibilidad.

Puntos singulares de ecuaciones lineales homogéneas.

Recuerde la notación introducida para la ecuación diferencial lineal homogénea:

$$\mathcal{L}\, y(x) = f(x),$$

dónde

$$\mathcal{L} = p_o(x) + p_1(x)\frac{d}{dx} + \cdots + p_{n-1}(x)\frac{d^{n-1}}{dx^{n-1}} + \frac{d^n}{dx^n}.$$

$$(A\text{-}38)$$

La teoría general para el análisis de puntos singulares comienza con la forma anterior al considerar argumentos complejos, no sólo reales [39,65, 66]. Los resultados teóricos obtenidos [67] luego categorizan los puntos singulares en términos de analiticidad (propiedades complejas) de las funciones de coeficientes:

Punto ordinario

Un punto x_0 es ordinario si todas las funciones de coeficientes son analíticas en la vecindad de x_0. Fuchs demostró en 1866 que todas las n soluciones linealmente independientes para una ecuación diferencial ordinaria lineal de orden ^{ésimo} (obtenidas a partir de métodos de análisis anteriores) serán analíticas en las proximidades de un punto ordinario.

Punto singular regular

Un punto $x_0$es un punto singular regular si no todas las funciones de coeficientes son analíticas pero si todos los términos en $\mathcal{L} y(x)$son localmente analíticos (sobre el punto de referencia x_0), es decir, cuando las siguientes funciones son analíticas: $(x - x_0)^n p_o(x)$, $(x - x_0)^{n-1} p_1(x)$, ... , $(x - x_0)p_{n-1}(x)$. Tenga en cuenta que una solución puede ser analítica $x_0$incluso si $x_0$es un punto singular regular. Si no es analítica en un punto singular regular, una solución debe involucrar un polo o un punto de ramificación algebraico o logarítmico. En consecuencia, Fuchs demostró que siempre hay una solución de la forma (siguiendo la notación de [39]:

$$y = (x - x_0)^\alpha A(x),$$

(A-39)

donde αse conoce como exponente indicial y $A(x)$es una función analítica en el punto singular regular x_0. Si el orden es segundo o mayor, entonces existe una segunda solución en una de dos formas posibles:

$$y = (x - x_0)^\beta B(x),$$

(A-40)

o

$$y = (x - x_0)^\beta B(x) + (x - x_0)^\alpha A(x) \ln(x - x_0).$$

(A-41)

Al pasar a un nivel superior al segundo orden, las soluciones adicionales tienen un comportamiento singular, en el peor de los casos, de la forma:

$$y = (x - x_0)^\delta \sum_{i=0}^{n-1} [\ln(x - x_0)]^i A_i(x),$$

(A-42)

donde todas las funciones $A_i$son analíticas. Por lo tanto, los puntos singulares regulares pueden manejarse en una teoría integral de manera muy similar a los puntos ordinarios.

Punto singular irregular

Un punto $x_0$es un punto singular irregular si no es regular u ordinario. No existe una teoría integral que pueda usarse para resolver si un punto singular irregular. Por Fuchs sabemos que si un conjunto completo de soluciones tuvieran todas las formas indicadas en el apartado anterior, entonces el punto debe ser regular. por el contrario, si tenemos un punto singular irregular, entonces al menos una de las soluciones no tendrá las formas indicadas anteriormente. De hecho, normalmente todas las soluciones tienen singularidades esenciales (no analíticas) en el punto de referencia x_0 donde existe el punto singular irregular (ISP).

Ejemplo A.1.
$$x^2 y'' - x(x+1)y' + y = 0$$
vemos que $x_0 = 0$ es irregular, intenta:
$$y(x) = \sum_{n=0}^{\infty} \frac{a_n}{x^{n+\alpha}}.$$
Entonces tenga:
$$y'(x) = - \sum_{n=0}^{\infty} (n+\alpha) \frac{a_n}{x^{n+\alpha+1}} \quad and \quad y''(x)$$
$$= \sum_{n=0}^{\infty} (n+\alpha)(n+\alpha+1) \frac{a_n}{x^{n+\alpha+2}}.$$

De este modo
$$a_{n+1} = -(n+1)a_n \quad \rightarrow \quad y(x) = a_0 \sum_{n=0}^{\infty} \frac{(-1)^n n!}{x^n}.$$
Hasta ahora, nuestra única solución ni siquiera es buena (diverge), lo que indica algunos de los problemas que pueden surgir con los puntos singulares irregulares (ISP). Sin embargo, la solución sugiere una respuesta. Considerar
$$y(x) = x \int_0^{\infty} \frac{e^{-t}}{x+t} dt.$$
Entonces nosotros tenemos:
$$x^2 y'' - x(x+1)y' + y$$
$$= \int_0^{\infty} e^{-t} \left[\frac{-2x^2}{(x+t)^2} + \frac{2x^2}{(x+1)^3} - \frac{x^2+x}{x+t} + \frac{x^3+x^2}{(x+t)^2} \right.$$
$$\left. + \frac{x}{x+t} \right] dt = 0,$$
que funciona. Trabajando con la solución indicada, expandamos para $x \rightarrow \infty$:
$$y(x) = \int_0^{\infty} \frac{e^{-t}}{1+t/x} dt$$
dejar $t = xS$ para obtener:

$$y(x) = \int_0^\infty \frac{e^{-xs}}{1+S} ds \approx \sum_{n=0}^\infty \frac{(-1)^n n!}{x^n}.$$

Consideremos ahora el comportamiento exponencial cerca del ISP para lo siguiente:
$$y'' - (x^2 + 1)y = 0$$
dónde está el ISP $x_0 = \infty$. Tenemos soluciones

$$y_1(x) = e^{x^2/2} \quad and \quad y_2(x) = e^{x^2/2} erfc(x) \approx \frac{1}{\sqrt{\pi}} \frac{1}{x} e^{\frac{x^2}{2}} \text{ as } x \to \infty.$$

Si $x_0 \neq \infty$ entonces el comportamiento típico podría ser $\exp\left(-\frac{1}{(x-x_0)^2}\right)$.
Para determinar el comportamiento líder, escriba:
$$y(x) = e^{S(x)}, \quad y' = S'e^{S(x)}, \quad and \quad y'' = [(S')^2 + S'']e^S.$$
De este modo
$$S'' + (S') - (x^2 + 1) = 0 \quad as \quad x \to \infty.$$

Usando el método de *__Equilibrio Dominante__* :

Tenga en cuenta que x^2 se hace grande, ¿qué lo equilibra?
   (i) S'' crece más rápido que $(S')^2$, y $S'' \gg (S')^2 \ as\ x \to \infty$.
   (ii) $S'' \ll (S')^2 \quad as\ x \to \infty$(siempre es cierto en el ISP).
   (iii)   Los tres términos están en el mismo orden (malo, no se puede usar el método).
Considere el caso (i): $S'' \approx x^2 \ as \ x \to \infty$, que da $S' \approx x^3/3$, pero esto es inconsistente con $S'' \gg (S')^2$como $x \to \infty$.
Considere el caso (ii): $(S')^2 \approx x^2 \ as \ x \to \infty$, que da $S' \approx \pm x$, por tanto $S'' \approx \pm 1$, . Ya que $S'' \ll (S')^2$como
$x \to \infty$esto es consistente. Vemos que $S \approx \pm x^2/2$funciona. De hecho,+ $x^2/2$es una solución exacta. Para la otra solución, intentemos: $S(x) = -x^2/2 + C(x)$. Esto genera un análisis separado del equilibrio dominante y encontramos que la única opción válida es $C(x) \sim -\ln(x)$, y
$$S \sim -x^2/2 - ln(x) + \cdots$$
De este modo,

$$y(x) \sim e^{-\frac{1}{2}x^2} \sum_{n=1}^\infty a_n x^{-n} = e^{-\frac{1}{2}x^2} F(x)$$

y podemos proceder con el método clásico de Frobenius desde aquí [65]:
$$y'' - (x^2 + 1)y = e^{-\frac{1}{2}x^2}[F'' - 2xF' - 2F] = 0$$
Utilice la expansión en serie estándar para F:

$$0 \cdot a_1 + 2 \cdot a_2 + \sum_{n=3}^{\infty} [(n-2)(n-1)a_{n-2} + 2(n-1)a_n]x^{-n} = 0$$

Así, tenemos que: $a_1$es arbitrario, $a_2 = 0$, y $a_{n+2} = -\frac{n}{2}a_n$. De este modo,

$$a_{2n+1} = \frac{(-1)^n(2n-1)!!}{2^n}a_1$$

$$y(x) \sim e^{-\frac{1}{2}x^2} \sum_{n=0}^{\infty} \frac{(-1)^n(2n-1)!!}{2^n x^{2n+1}}a_1.$$

Consideremos que la expansión sistemática significa un punto singular regular, especializado en segundo orden:

$$\mathcal{L}y = y'' + \frac{p(x)}{x}y' + \frac{q(x)}{x^2}y = 0$$

Supongamos un punto singular regular en x=0 y que p(x), q(x) son analíticos acerca de x=0. Sustituto

$$y = \sum_{n=0}^{\infty} a_n x^{n+\alpha}.$$

Ejemplo A.2.
Resolver:

$$y'' + \frac{1}{xy'} - \left(1 + \frac{v^2}{x^2}\right)y = 0.$$

Tenemos: $p(x) = 1$, $p_0 = 1$, $q(x) = -x^2 - v^2$, $q_0 = -v^2$.Así,

A la orden $x^{\alpha-2}$; $(\alpha(\alpha-1) + \alpha - v^2)a_0 = 0 \rightarrow \alpha^2 - v^2 = 0 \rightarrow$
$\alpha = \pm v$. si $v$es un numero fraccionario ($v \neq 0$ and $2v \neq n$) obtenemos dos soluciones, hecho esto, y tenemos:
Por encargo $x^{\alpha-1}$: $x^{\alpha-1}[(\alpha+1)^2 - v^2]a_1 = 0 \rightarrow a_1 = 0$
A la orden $x^{\alpha+n-2}$:$x^{\alpha+n-2}[(\alpha+n)^2 - v^2]a_n = a_{n-2} \rightarrow 0 = a_1 = a_3 = a_5 \ldots$
La solución es así:

$$y(x) = a_0\Gamma(v+1)x^v \sum_{n=0}^{\infty} \frac{(x/2)^{2n}}{n!\,\Gamma(n+v+1)}.$$

Darse cuenta de $a_n = (a_n - 2)/[(-v+n)^2 - v^2]$. Entonces, $\alpha = -v$el denominador desaparece cuando $n = 2v$. Si $v$es semiintegral, es decir

200

1/2, 3/2, ..., entonces $2v$ es un entero impar. Después de $2v$ los pasos, tenemos una nueva constante arbitraria a_{2v} (sucede con las funciones de Bessel, por ejemplo) y la relación de recursividad genera dos soluciones linealmente independientes.

Caso de doble raíz: $\alpha_1 = \alpha_2$

Considere la forma de Frobenius para la primera solución:
$x^\alpha \sum_{n=0}^\infty a_n(\alpha)x^n = y(x, \alpha)$. Cuando hay una raíz doble se puede demostrar que se sigue una segunda solución de la relación (derivada en [39]):

$$\mathcal{L}\left[\frac{\partial}{\partial\alpha}y(x, \alpha)\bigg|_{\alpha=\alpha_1}\right] = 0.$$

Ejemplo A.3. La función de Bessel modificada para $v = 0$:
$$y'' + \frac{1}{x}y' - y = 0,$$
donde hay una raíz doble al $\alpha = 0$ sustituir con la forma de Frobenius anterior. Evaluando en varios órdenes:

Empezamos a_0 siendo una constante arbitraria.

En $\mathcal{O}(x^{\alpha-1})$ tenemos $[(\alpha + 1)^2 a_1] = 0 \rightarrow a_1 = 0$.

En $\mathcal{O}(x^{\alpha+n-2})$ tenemos $[(\alpha + n)^2 a_n - a_{n-2}] = 0$, por lo tanto, porque $n \geq 2$ tenemos

$a_2 = \frac{a_0}{(\alpha+2)^2}$

$a_4 = \frac{a_0}{(\alpha+4)^2(\alpha+2)^2}$

$a_4 = \frac{a_0}{(\alpha+6)^2(\alpha+4)^2(\alpha+2)^2}$

Por lo tanto, tenemos para una solución (para $\alpha = 0$):

$$I_0(x) = a_0\left[1 + \frac{(x/2)^2}{(1!)^2} + \frac{(x/2)^4}{(2!)^2}\cdots\right] = a_0\sum_{n=0}^\infty \frac{(x/2)^{2n}}{(n!)^2}.$$

La otra solución es $\frac{\partial}{\partial\alpha}x^\alpha \sum_{n=0}^\infty a_n(\alpha)x^n\bigg|_{\alpha=0}$. La otra solución es entonces:

$$y(x) = \ln x\, I_0(x) + \sum_{n=0}^\infty \frac{\partial}{\partial\alpha}a_n(\alpha)\bigg|_{\alpha=0}x^n = \ln x\, I_0(x) + \sum_{n=0}^\infty b_n x^n$$
$$= K_0(x).$$

En general, vemos que los impares b_n desaparecen (como con a_n), y para n pares:

$$b_{2n} = \frac{-a_0}{2^{2n}n!}\left[1 + 1/2 + 1/3 + 1/4 + \cdots 1/n\right].$$

201

Para una discusión más detallada sobre las soluciones Bessel modificadas, porv = entero, ver [39] y los ejemplos resueltos que siguen.

Usando el equilibrio dominante para resolver ecuaciones no homogéneas

Ejemplo A.4.

$$y' + xy = 1/x^4$$

Considere el comportamiento asintótico como x→0:

(1) Balance $y' + xy \sim 0$ *asymptotic to zero(authors don'tlike)*
Esto es $y$asintótico a cero, lo cual es inconsistente con
$y \sim A exp(-x^2/2) \to 0$.

(2) $xy \sim 1/x^4 \to y \sim 1/x^5$(lo cual es inconsistente).

(3) $y' \sim \frac{1}{x^4} \to y = -\frac{1}{3}x^{-3}$, lo cual es consistente con $xy \sim x^{-2}$.

Entonces, prueba: $y = -\frac{1}{3}x^{-3} + C(x)$, que está equilibrado si es $C = -\frac{1}{3}x^{-1}$para la solución.

Ejemplo A.5. (Ecuación de Airy no homogénea)

$$y'' = xy - 1$$

donde consideramos las asintóticas para $y(x \to +\infty) \to 0$. Esto se puede solucionar variando los parámetros. Desde segundo orden, tenemos dos tipos de soluciones independientes para la ecuación de Airy homogénea, denotaremos por:

$$y_1 = Ai(x), \qquad y_2 = Bi(x).$$

La solución general por variación de parámetros es así

$$y(x) = \pi \left[Ai(x) \int_0^x Bi(t)dt + Bi(x) \int_x^\infty Ai(t)dt \right] + CAi(x)$$

El comportamiento asintótico de Ai, Bi es:

$$Ai(x) \sim \frac{1}{2\sqrt{\pi}} x^{-1/4} \exp\left(-\frac{2}{3}x^{\frac{3}{2}}\right)$$

$$Bi(x) \sim \frac{1}{\sqrt{\pi}} x^{-1/4} \exp\left(-\frac{2}{3}x^{\frac{3}{2}}\right)$$

De este modo,

$$\int_0^x Bi(t)dt \sim \int_0^x \frac{1}{\sqrt{\pi}} t^{-1/4} \exp\left(\frac{2}{3}t^{3/2}\right) dt$$

$$= \int_0^x \frac{1}{\sqrt{\pi}} t^{-\frac{1}{4}} t^{-\frac{1}{2}} \frac{d}{dt} \exp\left(\frac{2}{3}t^{3/2}\right) dt$$

$$\int_0^x Bi(t)dt \sim \frac{1}{\sqrt{\pi}} x^{-3/4} \exp\left(2/3\, x^{3/2}\right) + \cdots$$

$$\int_x^\infty Ai(t)dt \sim \int_x^\infty \frac{1}{2\sqrt{\pi}} t^{-1/4} \exp\left(-\frac{2}{3}t^{3/2}\right) dt$$

$$= \frac{1}{2\sqrt{\pi}} x^{-3/4} \exp\left(-2/3\, x^{3/2}\right) + \cdots$$

De este modo,

$$y(x) = \pi \frac{1}{2\sqrt{\pi}} x^{-1/4} exp\left(-\frac{2}{3}x^{3/2}\right) \frac{1}{\sqrt{\pi}} x^{-3/4} exp\left(\frac{2}{3}x^{3/2}\right) +$$
$$\pi \frac{1}{\sqrt{\pi}} x^{-1/4} exp\left(\frac{2}{3}x^{3/2}\right) \frac{1}{2\sqrt{\pi}} x^{-3/4} exp\left(-\frac{2}{3}x^{3/2}\right)$$
$$+ C\, Ai(x)$$

que se simplifica para ser simplemente:

$$y(x) \sim \frac{1}{x}.$$

Repitamos el análisis utilizando el método del equilibrio dominante:
Consideremos $y'' \sim -1 \rightarrow y \sim -x^2/2$ lo cual es inconsistente.
Considere $-xy \sim -1 \rightarrow y \sim \frac{1}{x}$ lo que es consistente y listo.

Hasta ahora hemos obtenido el comportamiento de primer orden,
consideremos ahora el término de corrección:
$y = 1/x + C(x) \rightarrow y = -1/x^2 + C' \rightarrow y'' = 2/x^3 + C''$, entonces al
sustituir tenemos:

$$\frac{2}{x^3} + C'' - 1 - xC(x) = -1 \rightarrow C'' - xC \sim -\frac{2}{x^3}$$

Un equilibrio dominante separado en la última expresión revela coherencia con $C(x) \sim \frac{2}{x^4}$. Tenemos así los dos primeros órdenes, escribamos la solución general en la forma:

$$y(x) \sim \frac{1}{x} \sum_{n=0}^{\infty} a_n x^{-3n} \qquad as\ x \to \infty$$

Suponer

$$y(x) = \frac{1}{x} \sum_{n=0}^{\infty} a_n x^{-3n}$$

entonces

$$y'(x) = -\frac{1}{x^2} \Sigma a_n x^{-3n} + \frac{1}{x} \Sigma (-3n) a_n x^{-3n-1}$$
$$y''(x) = \frac{2}{x^3} \Sigma a_n x^{-3n} - \frac{2}{x^2} \Sigma_{n=0}^{\infty} a_n (-3n) x^{-3n-1} + \frac{1}{x} \Sigma (-3n) a_n x^{-3n-2}$$

Así, de $y'' - xy = -1$ tenemos:

$$\sum_{n=0}^{\infty} (2 + 6n + (3n)(3n+1)) a_n x^{-3n-3} - \sum_{n=0}^{\infty} a_n x^{-3n} = -1$$

Las relaciones de coeficientes son entonces:

$$a_0 = 1$$

y

$$a_{n+1} = (3n+1)(3n+2) a_n$$

De este modo,

$$y(x) = \frac{1}{x} \sum_{n=0}^{\infty} \frac{(3n)!}{3^n (n!)} \frac{1}{x^{3n}}$$

Ejemplo A.6.
Consideremos ahora un ejemplo en el que falla el equilibrio de solo 2 términos:

$$y' - \frac{y}{x} = \frac{\cos x}{x^2} \qquad want\ behaviour\ as\ x \to 0^+$$

Intenta equilibrar con $y' - y/x \sim 0 \;\to\; y' \sim cx$ *(inconsistent)*.
Intenta equilibrar con $-\frac{y}{x} \sim \frac{\cos x}{x^2} \to y \sim \frac{-\cos x}{x}$ *(inconsistent)*.
Intenta equilibrarte con $y' \sim \frac{\cos x}{x^2} \to y \sim -$
$\frac{1}{x}$ *(also inconsistent, but close)*

Entonces pasamos a un equilibrio dominante de tres términos con $\cos x \to 1$:

$$y' - y/x \sim 1/x^2 \to y \sim \frac{C}{x} \to y \sim -\frac{C}{x^2}$$

204

lo cual es consistente para $C = -1/2$.

Las ecuaciones diferenciales no lineales tienen posiciones polares que dependen de las condiciones iniciales (no se pueden encontrar mediante inspección). En general, incluso si la ecuación es regular y el teorema de Picard garantiza una solución local, todavía es difícil saber dónde está la singularidad más cercana. Por ejemplo, considere:

$$y^1 = \frac{y^2}{1 - xy} \qquad y(0) = 1$$

Sustituir por $y = \sum_{n=0}^{\infty} a_n x^n \rightarrow a_n = \frac{(n+1)^{n-1}}{n!}$. Ahora podemos evaluar el radio de convergencia R:

$$R = \lim_{n \to \infty} \left| \frac{a_n}{a_{n+1}} \right| = \lim_{n \to \infty} \left| \frac{n+1}{n+2} \frac{(n+1)^{n-2}}{(n+2)^{n-1}} \right| = \lim_{n \to \infty} \left| \left(1 - \frac{1}{n+2} \right)^n \right| = \frac{1}{e}.$$

Consideremos ahora una ecuación diferencial de segundo orden que tiene la forma 'Sturm-Liouville' (SL):

$$\frac{d}{dz} p \frac{d\Psi}{dz} + (q + \lambda R)\Psi = 0 \quad with \quad BC's \quad \Psi(a) = \Psi(b)$$
$$= 0 \qquad a < z < b.$$

(A-43)

Propiedades de la ecuación SL:

- No hay soluciones en general a menos que $\lambda = \lambda_m$, $\Psi = \Psi_m$
- Están λ_m redondeados desde abajo y siempre es posible ajustar las cosas para que $\lambda_0 = 0$
- El $\lambda_m's \rightarrow +\infty$ as $n \rightarrow \infty$
- $\int_a^b R(z)\Psi_n(z)\Psi_m(z)dz = E_n^2 \delta_{nm}$
- Afirmación: Podemos usar las funciones propias para ajustar una función arbitraria en el sentido de mínimos cuadrados:

$$f(z) = \sum_{n=0}^{\infty} A_n \Psi_n(z),$$

(A-44)

dónde

$$\int_a^b R(z)f(z)\Psi_m(z)dz = \sum_{n=0}^{\infty} A_n \int_a^b dz\, R\, \Psi_n \Psi_m = A_n E_n^2.$$

(A-45)

De este modo,

$$A_n = \frac{\int_a^b R(z)f(z)\,\Psi_m(z)dz}{E_n^2}.$$

(A-46)

Por lo tanto, afirmamos que $\sum_{n=0}^{N} A_n\,\Psi_n(z)$es una solución al problema de encontrar cuadrados conductores que se ajusten a $f(z)$. Para demostrar esto nos gustaría minimizar $I = \int_a^b R(z)dz[f(z) - \sum_{n=0}^{N} A_n\,\Psi_n(z)]^2$:

$$\frac{\partial I}{\partial A_m} = 0 = \int_a^b R(z)dz\left[f(z) - \sum_{n=0}^{N} A_n\,\Psi_n(z)\right]\left[-\sum_{n=0}^{N} \delta_{nm}\,\Psi_n(z)\right].$$

Queremos demostrar que cuando $N \to \infty$ el error, en el sentido de mínimos cuadrados, llega a cero. Podemos demostrar que resolver un Sturm-Liouville equivale a minimizar:

$$\Omega = \int_a^b \left[p(z)\left(\frac{d\Psi}{dz}\right)^2 - q(z)\,\Psi^2\right]dz$$

(A-47)

Sujeto a $\int_a^b \Psi^2 R(z)dz = constant$. Supongamos que elegimos una función de prueba $\Psi(z)$que satisface los BC en $z = a, b$ y normalizada de modo que

$$\int_a^b R(z)dz\,\Psi^2(z) = 1$$

Calcular:

$$\Omega(\Psi_0) = \int_a^b \left[p\left(\frac{d\Psi_0}{dz}\right)^2 - q\,\Psi_0^2\right]dz$$

$$= \left[p\,\Psi_0\frac{d\Psi_0}{dz}\right]_a^b - \int_a^b \Psi_0\left[\frac{d}{dz}\left(p\frac{d\Psi_0}{dz} + q\,\Psi_0^2\right)\right]$$

De este modo

$$\Omega(\Psi_0) = \int_a^b \Psi_0 R\lambda_0\,\Psi_0 dz = \lambda_0$$

(donde $\lambda_0$suele ser el valor propio más bajo). De manera similar, con $\Psi = \sum_{n=0}^{N} A_n\,\Psi_n(z)$obtenemos:

$$\Omega(\Psi) = \int_a^b Rdz \sum_{n=0}^N A_n \Psi_n \sum_{m=0}^M \lambda_m A_m \Psi_m = \sum_{n=0}^N A_n^2 \lambda_m E_N^2.$$

(A-48)

Para completar la prueba usando lo anterior necesitamos demostrar que el error de mínimos cuadrados disminuye con N, pero eso se deja para las referencias [65].

Apropiaciones asintomáticas para funciones propias y valores propios de SL

Recuerde la ecuación SL:

$$\frac{d}{dz}p\frac{d\Psi}{dz} + (q + \lambda R)\Psi = 0$$

(A-49)

Hagamos una 'transformación inspirada':

$$y = (pR)^{1/4}\Psi$$

(A-50)

y definir nuevos valores:

$$\varepsilon = \frac{1}{J}\int_a^z \sqrt{\frac{R}{P}}dz \quad and \quad J = \frac{1}{\pi}\int_a^b \sqrt{\frac{R}{P}}dz.$$

(A-51)

La ecuación SL entonces se vuelve solucionable en términos de la ecuación Integral de Volterra:

$$\frac{d^2y}{d\varepsilon^2} + \left(k^2 + \omega(\varepsilon)\right)y(\varepsilon) = 0,$$

(A-52)

dónde

$$k^2 = J^2\lambda \quad and \quad \omega = \left[\frac{1}{(pR)^{1/4}}\frac{d^2}{d\varepsilon^2}(pR)^{1/4} - J^2\frac{q}{R}\right],$$

(A-53)

y tenemos $a < z < b$(como antes) y $0 < \varepsilon < \pi$. Las soluciones se pueden escribir:

$$y(\varepsilon) = A\sin(k\varepsilon) + B\cos(k\varepsilon) + \frac{1}{k}\int_{\varepsilon_0}^{\varepsilon} \sin(k(\varepsilon - t))\,w(t)y(t)dt.$$

Supongamos $\Psi(a) = \Psi(b) = 0$, entonces $k = ny$

$$\Psi_n \sim \frac{1}{(Rp)^{1/4}}\sin(n\varepsilon) \quad and \quad \lambda_n = \left(\frac{n}{J}\right)^2$$

Supongamos que tenemos BC generales $\alpha\Psi + \beta\frac{d\Psi}{dz} = 0$ at $z = a, b$, entonces tenemos

$$k_n \sim \frac{J}{\pi n}\left[\frac{\alpha}{\beta}\sqrt{\frac{P}{R}}\right]_a^b$$

(A-54)

Ejemplo: el Singular SL con $p(a) = 0$ or $p(b) = 0$ or $both$lo mismo que ocurre con la ecuación de Bessel:

$$\frac{d}{dz}\left(z\frac{d\Psi}{dz}\right) + \left(\lambda z - \frac{m^2}{z}\right)\Psi = 0,$$

(por ejemplo, la ecuación SL con $p = z$; $R = z$; y $q = -m^2/z$). Aquí, el punto singular es $z = 0$y tenemos:

$$\Psi = \frac{1}{\sqrt{z}}y, \quad J = \frac{1}{\pi}\int_0^b dz = \frac{b}{\pi}, \quad \varepsilon = \frac{\pi z}{b}, \quad k^2 = \frac{b^2\lambda}{\pi^2}$$

dar:

$$\frac{d^2y}{d\varepsilon^2} + \left[k^2 - \frac{(m^2 - 1/4)}{\varepsilon^2}\right]y = 0$$

con soluciones:

$$y(\varepsilon) = \cos(k\varepsilon + \theta) - \frac{1}{k}\int_\varepsilon^\infty \sin(k(\varepsilon - t))y(t)\left(\frac{m^2 - 1/4}{t^2}\right)dt$$

Las funciones de Bessel tienen un comportamiento local de la forma $z^{\pm m}[Taylor\ series\ in\ z]$ and $J_n \sim z^n[\sum A_n z^{2n}]$.

A.2 Ecuaciones diferenciales ordinarias en forma de Sturm-Liouville – aproximaciones asintóticas

(Parte de este material se cubrió en Ama101b en la primavera de 1986).

Ejemplo A.7. Verifique la fórmula de Abel para el Wronskiano. Es decir, demostrar que si

$$\frac{d^ny}{dx^n} + p_{n-1}(x)\frac{d^{(n-1)}y}{dx^{(n-1)}} + \cdots p_0(x)y(x) = 0$$

entonces el Wronskiano W(x) satisface

$$\frac{dW}{dx} = -p_{n-1}(x)W(x).$$

Solución

Cuando tomamos la derivada del Wronskiano, distribuimos para obtener derivadas dentro del determinante fila por fila. Esto hace que dos filas sean iguales en todos menos en el determinante con su derivada en la última fila. Si luego consideramos, $\frac{dW}{dx} + p_{n-1}(x)W(x)$ vemos que ambos términos contribuyen con expresiones polinómicas que involucran y_n^n y $p_{n-1}y_n^{n-1}$, de modo que es posible reagrupar en un nuevo determinante con estos términos agrupados en la nueva última fila, como $y_n^n + p_{n-1}y_n^{n-1}$ es el último elemento de la última fila, por ejemplo. Dado que $(y_n^n + p_{n-1}y_n^{n-1}) + \cdots + p_0 y_0 = 0$ existe una clara dependencia de la agrupación en términos de elementos de orden inferior (obtenibles a partir de la agrupación de otras filas), este determinante será cero y tenemos:

$$\frac{dW}{dx} + p_{n-1}(x)W(x) = 0$$

como se desee.

Ejemplo A.8. Encuentre la fórmula para la función de Green de tercer orden en una ecuación lineal homogénea. Generalice esta fórmula al orden n
.

Solución

Hay tres condiciones:
(i) G es continua en $x = a$.
(ii) dG es continua en $x = a$.
(iii) $d^2 G|_{a^+} - d^2 G|_{a^-} = 1$
De este modo,

$$\begin{bmatrix} y_1(a) & y_2(a) & y_3(a) \\ y_1{}'(a) & y_2{}'(a) & y_3{}'(a) \\ y_1{}''(a) & y_2{}''(a) & y_3{}''(a) \end{bmatrix} \begin{bmatrix} B_1 - A_1 \\ B_2 - A_2 \\ B_3 - A_3 \end{bmatrix} = \begin{bmatrix} 0 \\ 0 \\ 1 \end{bmatrix}$$

de Cramer :

$$B_1 - A_1 = \frac{y_2(a)y_3{}'(a) - y_3(a)y_2{}'(a)}{\det W[y_1(a), y_2(a), y_3(a)]}, \quad etc.$$

Se pueden elegir tres condiciones más para especificar las condiciones de contorno. Para n^{th} el orden, W_j sea W con la j^{th} columna reemplazada por un vector de columna con todos ceros excepto la última fila:

$$B_j - A_j = \frac{W_j}{\det W}$$

Ejemplo A.9. Encuentre una solución en forma cerrada a la siguiente ecuación de Riccati :

$$xy' - 2y + ay^2 = bx^4.$$

Solución

Adivine $y = \sqrt{b/a}x^2$ (indicado por el equilibrio dominante en los últimos términos), luego pruebe que funciona, y lo hace. Por lo tanto, tenemos una ecuación de Bernoulli haciendo la sustitución

$$y(x) = \sqrt{\frac{b}{a}}x^2 + u(x).$$

Resolviendo la ecuación estándar de Bernoulli, se tiene entonces la solución general:

$$y(x) = x^2\left(\sqrt{\frac{b}{a}} + \frac{2}{Ce^{\sqrt{ab}\,x^2} - \sqrt{\frac{a}{b}}}\right).$$

Ejemplo A.10. Los polinomios de Legendre $P_n(z)$ satisfacen la ecuación en diferencias.

$$(n + 1)P_{n+1}(z) - (2n + 1)z\,P_n(z) + n\,P_{n-1}(z) = 0$$

Con $P_0(z) = 1$, $P_1(z) = z$.

a) Defina la función generadora $f(x,y)$ por

$$f(x,z) = \sum_{n=0}^{\infty} P_n(z)\,x^n$$

Muestra esa $f(x,z) = (1 - 2xz + x^2)^{-1/2}$.

b) Si $g(x,z) = \sum_{n=0}^{\infty}\frac{P_n(z)x^n}{n!}$ demuestre que $g(x,z) = e^{xz}J_0\left(x\sqrt{1-z^2}\right)$ ¿dónde J_0 hay una función de Bessel que satisface: $ty'' + y' + ty = 0$ with $y(0) = 1$ and $y'(0) = 0$.

Solución

(a) $f(x,z) = \sum_{n=0}^{\infty} P_n(z)\,x^n = \sum_{n=0}^{\infty} P_{n+1}(z)\,x^{n+1} + P_0(z)$ (donde $P_0(z) = 1$), mientras $f'(x,z) = \sum_{n=0}^{\infty}(n+1)P_{n+1}(z)\,x^n$ y $f''(x,z) = \sum_{n=0}^{\infty}(n+1)(n+2)P_{n+2}(z)\,x^n$. Por lo tanto, si cambiamos la indexación de la ecuación en diferencias ($n \to n+1$) y multiplicamos la ecuación de recursividad anterior por $(n+1)x^n$ con suma n=0 a ∞:

$$\sum_{n=0}^{\infty}[(n+1)(n+2)P_{n+2}(z)x^n - z(n+1)(2n+3)P_{n+1}(z)x^n$$
$$+ (n+1)^2 P_n(z)x^n] = 0$$

se convierte en:

$$f''(x,z) + \sum_{n=0}^{\infty}[-z[3(n+1)+2n(n+1)]P_{n+1}(z)x^n + [n(n-1)+3n$$
$$+1]P_n(z)x^n] = 0$$

que se convierte en:

$$f''(x,z) - z[3f'(x,z)+2xf''(x,z)]$$
$$+ [x^2 f''(x,z)+3xf'(x,z)+f(x,z)] = 0.$$

De este modo,

$$(1 - 2xz + x^2)f'' + (3x - 3z)f' + f = 0.$$

La sustitución directa de $f(x,z) = (1 - 2xz + x^2)^{-1/2}$ muestra que satisface la ecuación.

(b) Multiplique la ecuación desplazada del índice (como antes) por $x^{n+1}/(n+1)!$ con suma n=0 a ∞:

$$\sum_{n=0}^{\infty}\frac{(n+2)P_{n+2}(z)x^{n+1}}{(n+1)!} - \sum_{n+0}^{\infty}\frac{(2n+3)P_{n+1}(z)x^{n+1}}{(n+1)!}$$
$$+ \sum_{n=0}^{\infty}\frac{(n+1)P_n(z)x^{n+1}}{(n+1)!} = 0$$

Sacando un 'd/dx' al frente, luego una segunda vez para el polinomio indexado (n+2), luego multiplique por 'x' y haga uso de la $g(x,z) = \sum_{n=0}^{\infty}\frac{P_n(z)x^n}{n!}$ sustitución:

$$xg'' + (1 - 2zx)g' + (x - z)g = 0.$$

Si ahora sustituimos la posible solución $g(x,z) = e^{xz}J_0(x\sqrt{1-z^2})$, donde J_0 es solo una función en este punto (pronto veremos que es la función cero de Bessel) y obtenemos la relación:

$$x\sqrt{1-z^2}J_0''\left(x\sqrt{1-z^2}\right) + J_0'\left(x\sqrt{1-z^2}\right) + x\sqrt{1-z^2}J_0^{\square}\left(x\sqrt{1-z^2}\right).$$

Si sustituimos $t = x\sqrt{1-z^2}$, entonces tenemos:

$$ty'' + y' + ty = 0,$$

donde esta es la ecuación de Bessel de orden cero con solución y generalmente denotada J_0 como ya elegida.

Ejemplo A.11 .

(a) Las funciones de Bessel $J_n(z)$ satisfacen la ecuación en diferencias

$$J_{n+1}(z) - \frac{2n}{z} J_n(z) + J_{n-1}(z) = 0 \qquad (-\infty < n < \infty)$$

con $yJ_0(0) = 1$ $J_n(0) = 0$. Defina la función generadora $f(x,z)$ por

$$f(x,z) = \sum_{n=-\infty}^{\infty} x^n J_n(z).$$

Muestra esa $f(x,z) = exp\left(\frac{z}{2}(x - 1/x)\right)$.

(b) Muestra esa $J_{-n}(z) = J_n(-z) = (-1)^n J_n(z)$.

(c) Muestra esa $1 = J_0(z) + 2\sum_{n=1}^{\infty} J_{2n}(z)$.

Solución

(a) $J_{n+1}(z) - \frac{2n}{z} J_n(z) + J_{n-1}(z) = 0$ se reagrupa, utilizando $f(x,z) = \sum_{n=-\infty}^{\infty} x^n J_n(z)$ como:

$$\left(\frac{1}{x} + x\right) f = \frac{2x}{z} f' \quad \rightarrow \quad f(x,z) = exp\left(\frac{z}{2}\left(x - \frac{1}{x}\right)\right)$$

(b) Usaremos $exp\left(\frac{z}{2}\left(x - \frac{1}{x}\right)\right) = \sum_{n=-\infty}^{\infty} x^n J_n(z)$:

$$\sum_{n=-\infty}^{\infty} x^n J_{-n}(z) = \sum_{n=-\infty}^{\infty} x^{-n} J_n(z) = \sum_{n=-\infty}^{\infty} x^n (-1)^n J_n(z)$$

$$\rightarrow \quad J_{-n}(z) = (-1)^n J_n(z)$$

Similarmente,

$$\sum_{n=-\infty}^{\infty} x^n J_{-n}(z) = \sum_{n=-\infty}^{\infty} y^n J_n(z) = exp\left(\frac{z}{2}\left(y - \frac{1}{y}\right)\right)$$

$$= exp\left(\frac{z}{2}\left(\frac{1}{x} - x\right)\right) = \sum_{n=-\infty}^{\infty} x^n J_n(-z),$$

de este modo $J_{-n}(z) = J_n(-z)$.

(C)

$$J_0(z) + 2\sum_{n=1}^{\infty} J_{2n}(z) = \sum_{n=-\infty}^{\infty} J_{2n}(z) = \sum_{n=-\infty}^{\infty} x^m J_m(z) \text{ (with } m$$

$$= 2n \text{ and } x = 1).$$

De este modo,

$$J_0(z) + 2\sum_{n=1}^{\infty} J_{2n}(z) = exp\left(\frac{z}{2}\left(\frac{1}{1} - 1\right)\right) = 1,$$

así se muestra el resultado.

Ejemplo A.12 . Clasifique todos los puntos singulares de las siguientes ecuaciones (examine también la singularidad en el infinito):
(a) $x(1 − x)y'' + [c − (a + b + 1)x]y' − aby = 0$(la ecuación hipergeométrica).
(b) $y'' + (h − 2\theta \cos 2x)y = 0$(la ecuación de Mathieu).

Solución
(a)
$$y'' + \left[\frac{c}{x(1-x)} - \frac{(a+b+1)}{1-x}\right]y' - \frac{ab}{x(1-x)}y = 0.$$
En la vecindad del origen vemos que x=1 es un punto singular regular y x= 0 es un punto singular irregular. Para examinar el comportamiento en el infinito, sea $x = 1/t$:

$$y'' + \left(\frac{(2-c)t + (a+b-1)}{t(t-1)}\right)y' - \frac{ab}{(t^2(t-1))}y = 0.$$
En la vecindad del origen t vemos que t=1 es un punto singular regular (por lo tanto x=1 es un punto singular regular) y t= 0 es un punto singular irregular (por lo tanto x= ∞es un punto singular irregular).

(b) $y'' + (h − 2\theta \cos 2x)y = 0$no tiene singularidades en la vecindad del origen. Si sustituimos $x = 1/t$obtenemos:
$$y'' + \frac{2}{t}y' + \frac{(h - 2\theta \cos 2/t)}{t^4}y = 0$$

Para esta ecuación vemos que t = 0 es un punto singular irregular (oscila cuando explota), por lo tanto $x = \infty$ es un punto singular irregular.

Ejemplo A.13 . Utilizando el método de Frobenius, determine la expansión en serie para las dos soluciones de la ecuación de Bessel modificada:
$$y'' + \frac{1}{x}y' - \left(a + \frac{v^2}{x^2}\right)y = 0, \qquad with \quad v = 1.$$
Solución: Se deja como ejercicio.

Ejemplo A.14 . Encuentre los comportamientos asintóticos principales a $x \to +\infty$ partir de la siguiente ecuación

$$\text{a)} \quad y'' = \sqrt{x}\, y$$
$$\text{b)} \quad y'' = \cosh xy'$$

Solución

(a) Comencemos con la sustitución: $y = e^s \to y' = s'e^s \to y'' = s''e^s + (s')^2 e^s$. De este modo,

$$s'' + (s')^2 = \sqrt{x}$$

Primer caso: $s'' \ll (s')^2 \to s' = \pm x^{1/4}$. Ya que $s'' = \pm(1/4)x^{-3/4}$ vemos que esto es consistente con $s'' \ll (s')^2$ as $x \to +\infty$.

Segundo caso: $s'' \gg (s')^2 \to s'' = \sqrt{x} \to s' = (\frac{2}{3})x^{3/2}$, que NO es consistente con $s'' \gg (s')^2$ as $x \to +\infty$.

El comportamiento asintótico principal es, por tanto $s' = \pm x^{1/4} \to s(x) = \pm\frac{4}{5}x^{5/4} + c(x)$, . Se puede obtener una solución completa resolviendo para $c(x)$:

$$\pm\frac{1}{4}x^{-3/4} + c'' + c'\left(2x^{1/4} + c'\right) = 0.$$

Nuevamente usando el método del equilibrio dominante, probemos $c'' \ll c' \to c = -(1/8)\ln x$, que es consistente. Si lo intentamos $c' \ll c''$ no es consistente. Nuestra solución es así:

$$y(x) = cx^{-1/8} \exp\left(\pm\frac{4}{5}x^{5/4}\right).$$

(b) Utilice la sustitución: $y = e^s \to y' = s'e^s \to y'' = s''e^s + (s')^2 e^s$ como antes. De este modo,

$$s'' + (s')^2 = \cosh x\, s' .$$

Supongamos $(s')^2 \gg s''$, entonces $s = \sinh x + c$, y como $x \to \infty$ lo hemos hecho $(\cosh x)^2 \gg \sinh x$, tan consistentes. Si lo intentamos $(s')^2 \ll s''$ el resultado es inconsistente. Entonces intentemos

$$s = \sinh x + c(x)$$

que da tras la sustitución:

$$\sinh x + c'' + (\cosh x + 1)c' = 0.$$

Probando nuevamente el equilibrio dominante, obtenemos $c(x) \sim -\ln(\cosh x)$, por lo tanto $s = \sinh x - \ln(\cosh x)$, y:

$$y(x) \sim c\frac{e^{\sinh x}}{\cosh x}.$$

214

Ejemplo A.15 . (Problema 3.45 de Bender y Orszag). Una forma de determinar el comportamiento asintótico de ciertas integrales es encontrar ecuaciones diferenciales que satisfagan y luego realizar un análisis local de la ecuación diferencial. Utilice esta técnica para estudiar el comportamiento de las siguientes integrales

$$\text{a)} \quad y(x) = \int_0^x exp(l^2)\, dt \ \ as \ \ x \to +1$$

$$\text{b)} \quad y(x) = \int_0^\infty exp\,(-xt - 1/t)\, dt \ \ as \ x$$
$$\to 0^+ \ and \ as \ x \to +\infty$$

Solución

Dejado al lector.

Ejemplo A.16 . Encuentre los primeros tres términos en el comportamiento local a partir $x \to \infty$ de una solución particular a
$$x^3\, y'' + y = x^{-4}$$

Solución

Pruebe $y \gg x^3\, y''$, así $y \sim x^{-4}$, cuál es consistente. Entonces sustituya $y(x) = x^{-4} + c(x)$ para obtener:
$$c''x^3 + c = -20x^{-3}.$$
Pruebe $c \gg c''x^3$, así $c = -20x^{-3}$, cuál es consistente. Entonces sustituya $y(x) = x^{-4} - 20x^{-3} + d(x)$:
$$x^3 d'' + d = 240x^{-2}.$$
Pruebe $d \gg x^3 d''$, así $d = 240x^{-2}$, cuál es consistente. Así que
$$y(x) = x^{-4} - 20x^{-3} + 240x^{-2} + e(x).$$

Ejemplo A.17 . (Bender y Orszag 3.55). Encuentre la ubicación de la posible línea de stokes según $z \to \infty$ la siguiente ecuación diferencial
$$y'' = z^{1/3} y$$

Solución:

Comportamiento local:
$$y(z) \sim c z^{-1/12} \exp\left(\pm(6/7)\, z^{7/6}\right).$$
Comportamiento líder:
$$e^{\left(\frac{6}{7}\right) z^{7/6}} \quad and \quad e^{-\left(\frac{6}{7}\right) z^{7/6}}.$$
Las líneas de Stokes son las asíntotas $z \to \infty$ de las curvas.

215

$$Re\left\{e^{\left(\frac{6}{7}\right)z^{\frac{7}{6}}} - \left(-e^{-\left(\frac{6}{7}\right)z^{\frac{7}{6}}}\right)\right\} = 0 \rightarrow \frac{12}{7}Re\left\{z^{\frac{7}{6}}\right\} = 0 \rightarrow e^{i\frac{7}{6}\theta} = 0.$$

Por lo tanto, las líneas de Stokes ocurren $z = re^{i\theta}$ cuando $\theta = \pm\frac{3}{7}(2n + 1)\pi$.

Ejemplo A.18 . Considere el problema del valor inicial.

$$y' = \frac{y^2}{1 - xy} \quad with \quad y(0) = 1.$$

(a) Demuestre que aproximadamente $x = 0$ existe una solución en serie de Taylor de la forma:

$$y = \sum_{n=0}^{\infty} A_n x^n$$

dónde $A_n = \frac{(n+1)^{n-1}}{n!}$.

(b) Demuestre que la solución satisface
$$y(x) = \exp(xy)$$
y que esta ecuación puede resolverse iterativamente para y como límite de exponenciales anidados
$$y(x) = \lim_{n\to\infty} y_n(x)$$
dónde $y_{n+1}(x) = \exp(xy_n(x))$. Por lo tanto, elija $y_0 = 1$, $y_1 = \exp(x)$, $y_2 = \exp(x\exp(x)),\dots$. Demuestre que el límite existe cuando $-e \le x \le 1/e$.

Solución
(a) dejado como ejercicio.
(b) dejado como ejercicio.

Ejemplo A.19 . El operador diferencial $y' = \cos(\pi xy)$ es demasiado difícil de resolver analíticamente. Si se representan soluciones para varios valores de y(0), se ve que se agrupan a medida que x aumenta. ¿Podría predecirse esto utilizando asintóticas? Encuentre los posibles comportamientos principales de las soluciones como $x \to \infty$. ¿Cuáles son las correcciones a estos comportamientos líderes?

Solución (parcial):
$y' = \cos(\pi xy)$

deja $y(x) = \frac{1}{\pi x} u(x)$ entonces $u' = \frac{u}{x} + \pi x cosu$. No fue$x \to \infty$ tenemos $u/x \ll \pi x cosu$. De este modo:

$$u' \sim \pi x\, cosu \quad or \quad \frac{du}{cosu} \sim \pi x dx$$

Desde que $\ln(secu + tanu) \sim \frac{\pi x^2}{2} + c$ tenemos

$$\left|1 + \frac{sinu}{cosu}\right| \sim e^{\frac{\pi x^2}{2} + c}.$$

Después de un poco de reagrupación vemos:

$$u \sim sin^{-1}\left\{\frac{-1 \pm \exp\left(\pi x^2 + 2c\right)}{1 + \exp\left(\pi x^2 + 2c\right)}\right\}$$

De este modo:

$$u \sim \left\{\begin{matrix} sin^{-1}(-1) \\ sin^{-1}(1) \end{matrix}\right\} \to \quad u \sim \left\{\begin{matrix} \frac{-\pi}{2} + 2k\pi \\ \frac{\pi}{2} + 2k\pi \end{matrix}\right\} \quad for \quad k = 0,1,2 \dots$$

El resto lo dejamos como ejercicio.

Ejemplo A.20 . Para la ecuación, $y'' = y^2 + e^x$ haga las sustituciones $y = e^{x/2} u(x)$ y $s = e^{x/4}$ obtenga una ecuación cuyas soluciones para x asintóticamente grande se comporten como funciones elípticas de s. Deduzca que las singularidades de y(x) están separadas por una distancia proporcional a $e^{-x/4}$ como $x \to \infty$.

Solución

Tenemos: $y'' = y^2 + e^x$; $y = e^{x/2}u(x)$; $s = e^{x/4}$. de donde obtenemos

$$y' = e^{x/2}u'(x) + u(x) + \frac{1}{2}e^{x/2}$$

y

$$y'' = e^{x/2}u''(x) + e^{x/2}u'(x) + \frac{1}{4}e^{x/2}u(x)$$

Sustituyendo obtenemos:

$$\frac{d^2u}{ds^2} + \frac{5}{s}\frac{du}{ds} + \frac{4}{s^2}u = 16(u^2 + 1)$$

Para $x \to \infty$, $s \to \infty$ y aproximadamente tenemos:

$$\frac{d^2u}{ds^2} = (u^2 + 1)16.$$

Esta última es una ecuación autónoma que resolvemos de la siguiente manera:

$$\left(\frac{d^2u}{ds^2}\right)\frac{du}{ds} = 16[1+u^2]\frac{du}{ds}$$

y

$$\frac{1}{2}\left[\frac{du}{ds}\right]^2 = 16[u+u^3/3+c].$$

Esto se convierte en: $\pm 4s = \int \dfrac{du}{\sqrt{2u^3/3+2u+2c}}$, que es una función elíptica

de s. Los polos para esto están separados por el período $T:s(x+\Delta) - s(x) \approx T \to e^{(x+\Delta)/4} - e^{x/4} \approx T \to e^{\Delta/4} \sim Te^{-x/4}$. Así, las singularidades están separadas por una distancia proporcional a $e^{-x/4}$ as $x \to \infty$.

Ejemplo A.21 . Demuestre que el comportamiento principal de una singularidad explosiva de la ecuación de Thomas-Fermi $y'' = y^{3/2}x^{-1/2}$ viene dado por:

$$y(x) \sim \frac{400a}{(x-a)^4} \quad as\ x \to a.$$

Solución
Trabajando con $y'' = y^{3/2}x^{-1/2}$ vamos a intentarlo $y = A(x-a)^b$, en cuyo caso tenemos $y' = Ab(x-a)^{b-1}$ y $y'' = Ab(b-1)(x-a)^{b-2}$. Sustituyendo estos obtenemos:

$$b(b-1)(x-a)^{-\frac{1}{2}b-2} = A^{\frac{1}{2}}x^{-\frac{1}{2}}.$$

Para que esta ecuación se equilibre asintóticamente $(x-a)^{-\frac{1}{2}b-2}$ debe ser una constante, por lo tanto

$$-\frac{1}{2}b - 2 = 0 \quad \to \quad b = -4.$$

Equilibrando las constantes tenemos A=400a, por lo que tenemos una solución en orden principal:

$$y(x) \sim \frac{400a}{(x-a)^4} \quad as\ x \to a.$$

B . El personal de LIGO alrededor de 1988 (cuando yo estaba en el personal como estudiante de posgrado) tenía solo ~ 30 personas.

	Room	Phone		Room	Phone
Alex Abramovici	358W	4895 446-4169	Pat Lyon	130A	4597
Cynthia Akutagawa	357W	4098 714/594-6948	Boude Moore	31A	4438 792-6406
Bill Althouse	30A	4481 449-6716	Fred Raab	354W	4053 249-6242
Midge Althouse	36A	2975 449-6716	Martin Regehr	360W	2190 568-1910
Fred Asiri	32A	2971 957-5058	Bob Spero	361W	4437 796-0682
Betty Behnke	102E	2129 446-4828	Kip Thorne	128A	4598
Andrej Čadeš	359W	4219 446-2668	Bert Tinker	365W	4610 805/492-5917
Ron Drever	355W	4291 796-0403	Massimo Tinto	358W	4018 449-2007
Ernie Fransgrote	102E	2131 449-5228	Steve Vass	365W	4610 355-9780
Yekta Gürsel	358W	2136 449-9238	Robbie Vogt	101E	3800 794-7823
Jeff Harman	365W	2160 805/495-2354	Steve Winters	354W	– 584-1931
Greg Hiscott	35A	2974 362-7306	Mike Zucker	356W	4017 789-4345
Larry Jones	32A	2970 805/265-9602			

MISC. PHONE NUMBERS

Bridge Lab	365W	4610	Tony Riewe, JPL 144-201	41864
Roof Machine Shop		4894	Rai Weiss, MIT	617/253-3527
Citgrav Computer		449-6081	Susan Merullo, MIT	617/253-4894
CES Lab Control Room		3980	MIT Lab	617/253-4824
CES Lab Computer		3977		
CES Lab, Louie (North End)		3978		
CES Lab, Huey (East End)		3978		
CES Lab, Dewey (South End)		3979	FAX—MIT LIGO Project	617/258-7839
Conference Room	28A	2965	FAX—Caltech LIGO Project	818/304-9834

10/20/88

C. Introducción al análisis de datos
C.1 Errores añadidos en cuadratura

Existe la antigua máxima experimental/estadística de que *"los errores se suman en cuadratura"*, que ahora se deriva como verdadera (en la mayoría de los casos) y se debe a la propagación de incertidumbres. Esta descripción también nos dará una ruta alternativa para derivar la sigma del resultado medio anterior. Entonces, considere la situación en la que medimos la cantidad de interés indirectamente, es decir, queremos medir 'z' pero tenemos x,y ,... donde z =f(x,y ,...). Así, tenemos la relación general:

$$\Delta z = \frac{\partial f}{\partial x} \Delta x + \frac{\partial f}{\partial y} \Delta y + \cdots,$$

(C-1)

de donde podemos cuadrar y promediar para obtener:

$$\overline{(\Delta z)^2} = \left(\frac{\partial f}{\partial x}\right)^2 \overline{(\Delta x)^2} + \left(\frac{\partial f}{\partial y}\right)^2 \overline{(\Delta y)^2} + 2\left(\frac{\partial f}{\partial x}\right)\left(\frac{\partial f}{\partial y}\right) \overline{(\Delta x \Delta y)} + \cdots,$$

(C-2)

Al promediar, los términos cruzados que sean lineales tendrán cancelación de signo. Por lo tanto, reescribir el promedio de los términos al cuadrado como su notación de varianza (o desarrollo estándar al cuadrado) aclara:

$$\sigma_z{}^2 = \left(\frac{\partial f}{\partial x}\right)^2 \sigma_x{}^2 + \left(\frac{\partial f}{\partial y}\right)^2 \sigma_y{}^2 + \cdots.$$

(C-3)

Volviendo al caso de mediciones repetidas en iid rv , tenemos $f = \bar{x}_N y$ esto es simplemente:

$$\sigma_z{}^2 = (\sigma_x{}^2 + \sigma_y{}^2 + \cdots)/N^2.$$

(C-4)

y la suma de términos de error está en cuadratura. Si usamos la suma de errores en relación de cuadratura podemos evaluar directamente la sigma de la media como:

$$\sigma_z = \frac{\sigma}{\sqrt{N}}.$$

(C-5)

C.2 Distribuciones

Repasemos ahora algunas de las distribuciones clave que pueden resultar. Todas las principales distribuciones de interés se pueden obtener a partir de una evaluación de máxima entropía [24]. Esto lleva la unificación de la mecánica estadística basada en la distribución propuesta por Maxwell a un nuevo nivel (Jaynes [68]) y ofrece una mayor comprensión de los fundamentos distributivos de los sistemas físicos. Se entiende que las familias de distribuciones definen una variedad (neurovariedad) y esto se analiza en [41] y [44]. Algunas distribuciones son especiales en otros aspectos, como lo revela su apariencia ubicua. En este sentido, destacará la distribución gaussiana. La propiedad anterior de que los errores se suman en cuadratura es la explicación de esto, ya que esta propiedad subyace a cómo la suma de fuentes de ruido gaussiano (o mediciones repetidas) dará como resultado un nuevo gaussiano total (con ruido gaussiano). Esto, a su vez, se generaliza hasta donde está la medición repetida; cualquier distribución de fondo, incluso una que esté cambiando, dará lugar a una medición total que tiende a ser gaussiana.

La distribución geométrica (emergente a través de maxent)

Aquí hablamos de la probabilidad de ver algo después de k intentos cuando la probabilidad de ver ese evento en cada intento es "p". Supongamos que vemos un evento por primera vez después de k intentos, eso significa que los primeros (k-1) intentos no fueron eventos (con probabilidad (1-p) para cada intento), y la observación final ocurre con probabilidad p, dando lugar a la fórmula clásica para la distribución geométrica:

$$P(X=k) = (1-p)^{(k-1)} p$$

(C-6)

En cuanto a la normalización, es decir, todos los resultados suman uno, tenemos:

$$\text{Probabilidad total} = \Sigma_{k=1} (1-p)^{(k-1)} p = p[1+(1-p)+(1-p)^2+(1-p)^3+\ldots] = p[1/(1-(1-p))]=1.$$

Entonces, la probabilidad total ya suma uno y no se necesita más normalización. En la Figura C.1 se muestra una distribución geométrica para el caso en que p=0,8:

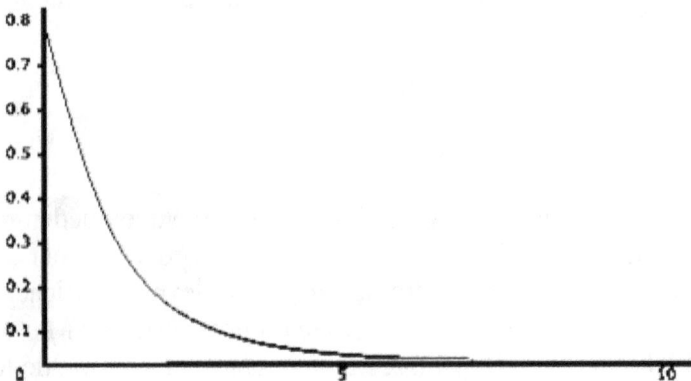

Figura C.1 La distribución geométrica , $P(X=k) = (1-p)^{(k-1)} p$, con p=0,8 .

La distribución gaussiana (también conocida como normal) (emergente a través de la relación LLN y maxent)

$$N_x(\mu, \sigma^2) = exp(-(x-\mu)^2/(2\sigma^2))/(2\pi\sigma^2)^{(1/2)}$$

Para la distribución Normal, la normalización es más fácil de lograr mediante una integración compleja (así que la omitiremos). Con media cero y varianza igual a uno (Figura C.2) obtenemos:

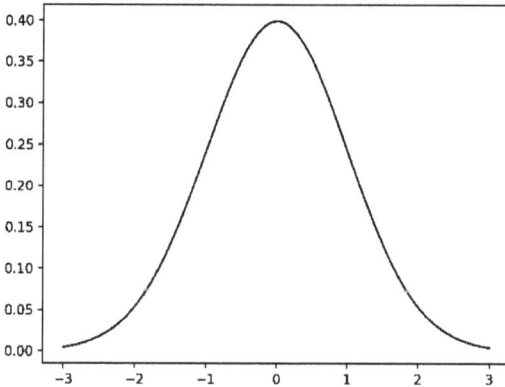

Figura C.2 La distribución gaussiana , también conocida como Normal, se muestra con media cero y varianza igual a uno: $N_x(\mu, \sigma^2) = N_x(0,1)$.

C.3. martingalas

Esta sección proporciona una definición de procesos Martingala y muestra cuántos procesos familiares son Martingala. Cuando hablamos de equilibrio, ergodicidad o estacionariedad, normalmente nos referimos a objetos matemáticos que son martingalas. Las propiedades del equilibrio, una convergencia oportuna de un conjunto de valores en estado estacionario, por ejemplo, una convergencia, es una propiedad fundamental de las martingalas, de ahí su aparición frecuente al representar procesos que llegan al equilibrio. Los procesos convergentes son fundamentales para las descripciones en mecánica estadística ([44]), así como para situaciones (con matemáticas similares) en las áreas de aprendizaje estadístico e IA [24].

Definición de martingala[69]

Un proceso estocástico $\{X_n; n=0,1,...\}$ es martingala si, para n=0,1,...,

1. $mi[\|X_{norte}\|] < \infty$
2. $E[X_{n+1} | X_0, ..., X_n] = X_n$

Def.: Sea $\{X_n; n=0,1,...\}$ y $\{Y_n; n=0,1,...\}$ sean procesos estocásticos. Decimos que $\{X_n\}$ es martingala con respecto a (wrt) $\{Y_n\}$ si, para $n=0,1,...$:

1. $mi[\|X_{norte}\|] < \infty$
2. $E[X_{n+1} | Y_0, ..., Y_n] = X_n$

Ejemplos de martingalas:

    (a) Sumas de variables aleatorias independientes: $X_n = Y_1 + ... + Y_n$.

    (b) Varianza de una suma $X_n = (\sum_{k=1}^{n} Y_k)^2 - n\sigma^2$

    (c) ¡Han inducido martingalas con cadenas de Markov! ....

    (d) Para el aprendizaje HMM, las secuencias de razones de probabilidad son martingala....

El teorema de equipartición asintótica (AEP) y las desigualdades de Hoeffding (críticas en el aprendizaje estadístico [24]) se han generalizado a las martingalas.

Martingalas inducidas con cadenas de Markov[69]

Sea $\{Y_n; n=0,1,...\}$ sea un proceso de Cadena de Markov (MC) con matriz de probabilidad de transición $P=\|P_{ij}\|$. Sea f una secuencia regular derecha acotada para P:

$f(i)$ no es negativo y $f(i) = \sum_{k=1}^{n} P_{ij} f(j)$. Sea $X_n = f(Y_n)$ $\rightarrow E[\|X_n\|] < \infty$ (ya que f está acotada). Ahora tienen:

$E[X_{norte+1} | Y_0, ..., Y_{norte}]$

$= E[f(Y_{n+1}) | Y_0, ..., Y_n]$

$= E[f(Y_{n+1}) | Y_n]$ (debido a MC)

$= \sum_{k=1}^{n} P_{Y_{n,j}} f(j)$ (definición de P_{ij} y f)

$= f(Yn)$

$= X_{norte}$

En el aprendizaje HMM tenemos secuencias de razones de probabilidad, que es una martingala, prueba:

Sea Y_0, Y_1, ... ser iid rv.s y sean f_0 y f_1 funciones de densidad de probabilidad. Un proceso estocástico de fundamental importancia en la teoría de la prueba de hipótesis estadísticas es la secuencia de razones de verosimilitud:

$$X_{norte} = \frac{f_1(Y_0)f_1(Y_1)...f_1(Yn)}{f_0(Y_0)f_0(Y_1)...f_0(Yn)}, \text{ norte} = 0,1, ...$$

Supongamos $f_0(y) > 0$ para todo y:

$$E[Xn_{+1} \mid Y_0, ..., Y_{norte}] = E[X_{norte}\left(\frac{f_1(Y_{n+1})}{f_0(Y_{n+1})}\right)\mid Y_0, ..., Y_{norte}] = X_{norte} E[\frac{f_1(Y_{n+1})}{f_0(Y_{n+1})}]$$

Cuando la distribución común de Y_k's (utilizada en la función 'E') tiene f_0 como densidad de probabilidad, tenemos:

$$mi[\frac{f_1(Y_{n+1})}{f_0(Y_{n+1})}] = 1$$

Entonces, $E[X_{n+1} \mid Y_0, ..., Y_{norte}] = X_{norte}$

Entonces los índices de probabilidad son martingala cuando la distribución común es f_0.

Random Walk es Martingala [69, pág. 238]

Tenga una prueba de caminata aleatoria por componentes para T_Em , tanto teórica como computacional para una variedad de emanadores en un análisis de cruce por cero en el componente Real en [70]. Dado que el paseo aleatorio es Martingala (convergencia con la media = sqrt (N)), el proceso de emanación es el proceso de Martingala. En [45] veremos que puede haber una teoría del propagador unificado derivada de la elección de la teoría del emanador, donde todas esas teorías son martingala. Por lo tanto, se proporciona un argumento de por qué la proyección QFT del proceso de emanación debería tener procesos que también sean martingala. Las martingalas cuánticas se relacionarían entonces con las martingalas clásicas más familiares, incluido su papel en la mecánica estadística clásica ([44]).

Supermartingalas y Submartingalas [69]

Sea $\{X_n; n=0,1,...\}$ y $\{Y_n; n=0,1,...\}$ sean procesos estocásticos. Entonces $\{X_n\}$ se llama *supermartingala* con respecto a $\{Y_n\}$ si, para todo n:

(i) $E[X_n^-] > -\infty$, donde $x^- = \min\{x,0\}$

(ii) $E[X_{n+1}|Y_0, ..., Y_n] \leq X_n$

(iii) X_n es una función de $(Y_0, ..., Y_n)$ (explícita debido a la desigualdad en (ii))

El proceso estocástico $\{X_n ; n=0,1,...\}$ se llama **submartingala** wrt $\{Y_n\}$ si, para todo n:

(i) $E[X_n^+] > -\infty$, donde $x^+ = \max\{x,0\}$

(ii) $E[X_{n+1}|Y_0, ..., Y_n] \geq X_n$

(iii) X_n es función de $(Y_0, ..., Y_n)$

Con la desigualdad de Jensen para función convexa φ y las expectativas condicionales tenemos:

$$mi[\ \varphi(X)|Y_0, ..., Y_{norte}] \geq \varphi(E[X|Y_0, ..., Y_n])$$

Por lo tanto, tenga medios para construir submartingalas a partir de martingalas (con supermartingalas iguales, excepto un cambio de signo).

Teoremas de convergencia de la martingala[69]
En condiciones muy generales, una martingala X_n convergerá a una variable aleatoria límite X a medida que n aumenta.

Teorema

     (a) Sea $\{X_n\}$ una submartingala que satisfaga

$$\sup_{n \geq 0} E[|X_n|] < \infty$$

Entonces existe una rv X_∞ a la que $\{X_n\}$ converge con probabilidad uno:

$$Prob\left(\lim_{n \to \infty} X_n = X_\infty\right) = 1$$

(b) Si $\{X_n\}$ es una martingala y es uniformemente integrable, entonces, además de lo anterior, $\{X_n\}$ converge en la media:

$$\lim_{n \to \infty} E[|X_n - X_\infty|] = 0$$

Y $E[X_\infty] = E[X_n]$, para todo n.

Una secuencia es uniformemente integral si:

$$\lim_{c \to \infty} \sup_{n \geq 0} E[|X_n|I\{|X_n| > c\}] = 0$$

Donde I es la función indicadora: 1 si $|X_n| > c$, y 0 en caso contrario.

Desigualdades 'máximas' para martingalas[69]

La desigualdad de Chebyshev aplicada a una secuencia se puede "reducir" a una desigualdad más fina conocida como desigualdad de Kolmogorov en términos del máximo de la secuencia. Esto se traslada a Martingalas:

Sea $\{ X_n ; n=0,1,\ldots \}$ ser iid rvs con $E[X_i]=0 \forall$ i y $E[(X_i)^2]= \sigma^2 < \infty$.

Defina $S_0 = 0$, $S_n = X_1 +\ldots+X_n$, para n ≥ 1. De la desigualdad de Chebyshev:

$$\varepsilon^2 Prob(|S_n| > \varepsilon) \leq n\sigma^2, \ \varepsilon > 0$$

Es posible una desigualdad más fina:

$$\varepsilon^2 Prob\left(\max_{0 \leq k \leq n} |S_n| > \varepsilon \right) \leq n\sigma^2, \ \varepsilon > 0$$

Conocida como desigualdad de Kolmogorov, se puede generalizar para proporcionar una desigualdad máxima en submartingalas :

Lema 1 : Sea $\{X_n\}$ una submartingala para la cual $X_n \geq 0$ para todos los n. Entonces para cualquier positivo λ:

$$\lambda \, Prob\left(\max_{0 \leq k \leq n} |X_k| > l \right) \leq E[X_n]$$

Lema 2 : Sea $\{X_n\}$ una supermartingala no negativa, entonces para cualquier positivo λ:

$$\lambda \, Prob\left(\max_{0 \leq k \leq n} |X_k| > l \right) \leq E[X_0]$$

Teorema de convergencia de la media cuadrática para martingalas[69]

Sea $\{X_n\}$ una submartingala con $\{Y_n\}$ que satisfaga, para alguna constante k, $E[(X_n)^2] \leq k < \infty$, para todo n. Entonces $\{X_n\}$ converge como n $\rightarrow \infty$ a un límite rv X_∞ tanto con probabilidad uno como en cuadrado medio:

$$Prob\left(\lim_{n \to \infty} X_n = X_\infty \right) = 1, \ y \ \lim_{n \to \infty} E[|Xn - X_\infty|^2] = 0,$$

Donde $E[X_\infty] = E[X_n] = E[X_0]$, para todo n.

Martingalas wrt σ-formalismo de campo

Revisión de la teoría de la probabilidad axiomática, tiene tres elementos básicos:

> (1) El espacio muestral, un conjunto Ω cuyos elementos ω corresponden a los posibles resultados de un experimento;

(2) La familia de elementos, una colección F de subconjuntos A de Ω(los campos sigma). Decimos que el evento A ocurre si el resultado ωdel experimento es un elemento de A;

(3) La medida de probabilidad, una función P definida en F y que satisface:

(i) $0 = P[\varnothing] \leq P[A] \leq P[\Omega] = 1$ para $A \in F$

(ii) $P[A_1 \cup A_2] = P[A_1] + P[A_2] - P[A_1 \cap A_2]$ para $A_i \in$ F

(iii) $P[\bigcup_{n=1}^{\infty} A_n] = \sum_{n=1}^{\infty} P[An]$ si $A_i \in F$ son mutuamente disjuntos.

Entonces, la tripleta (Ω, F, P) se llama espacio de probabilidad.

Definición de martingala al revés (subcampos sigma wrt)

Sean $\{Z_n\}$ rv en un espacio de probabilidad (Ω, F, P) y sean $\{G_n$; n=0,1,...$\}$ser una secuencia decreciente de campos sub sigma de F, a saber,

$$F \supset f_{norte} \supset F_{norte+1}, \text{ para todo norte.}$$

Entonces $\{Z_n\}$ se llama martingala hacia atrás en lugar de $\{G_n\}$si para n=0,1,...:

(i) Z_n es G_n-medible

(ii) $mi[|Z_{norte}|] < \infty$, y

(iii) $mi[Z_{norte} |G_{norte+1}] < Z_{norte+1}$

$\{Z_n\}$ es una martingala al revés, si y así $X_n = Z_{-n}$, n=0,-1,-2,... forma una martingala wrt $F_n = G_{-n}$, n=0,-1,-2,...

Teorema de convergencia de la martingala hacia atrás

Sea $\{Z_n\}$ una martingala al revés con una secuencia decreciente de campos sub sigma $\{G_n\}$. Entonces:

$$Prob\left(\lim_{n\to\infty} Z_n = Z\right) = 1, \text{ y } \lim_{n\to\infty} E[|Z - Z_n|] = 0,$$

y $E[Z_n] = E[Z]$, para todo n.

Prueba fuerte de la ley de los grandes números

Sea $\{X_n; n=1,2,\ldots\}$ ser iid rvs con $E[|X_1|] < \infty$. Sea $\mu = E[X_1]$, $S_0 = 0$, y $S_n = X_1 + \ldots + X_n$, para $n \geq 1$. Sea G_n el campo sigma generado por $\{S_n, S_{n+1}, \ldots\}$. Podemos derivar la fuerte ley de los grandes números a partir de la observación de que $Z_n = S_n/n$ ($Z_0 = \mu$), forma una martingala hacia atrás frente a G_n. Tenga $E[|Z_n|] < \infty$ y Z_n es G_n-medible por construcción, por lo que solo necesita la relación (iii):

$sn \equiv E[S_n|S_n] = E[S_n|S_n, S_{n+1}, \ldots] = E[S_n|G_n] = \sum_{k=1}^{n} E[X_k|G_n] = n\, E[X_k|G_n]$,

con la última igualdad para $1 \leq k \leq n$, así:

$$Z_{norte} = S_{norte}/norte = E[X_k|G_n]$$

Entonces, $E[Z_{n-1}|G_n] = (n-1)^{-1} E[S_{n-1}|G_n] = (n-1)^{-1} \sum_{k=1}^{n-1} E[X_k|G_n] = Z_n$!!!

Ahora use el teorema de convergencia de martingala hacia atrás para mostrar la ley fuerte:

$$Prob\left(\lim_{n\to\infty} \frac{S_n}{n} = \mu\right) = 1$$

C.4. Procesos estacionarios

Un proceso *estacionario* es un proceso estocástico $\{X(t), t \in T\}$ con la propiedad de que para cualquier entero positivo 'k' y cualquier punto t_1, ..., t_k y h en T, la distribución conjunta de $\{X(t_1), \ldots X(t_k)\}$ es lo mismo que la distribución conjunta de $\{X(t_1 + h), \ldots X(t_k + h)\}$.

Un teorema ergódico da condiciones bajo las cuales un promedio en el tiempo

$$\overline{x_n} = \frac{1}{n}(x_1 + \cdots + xn)$$

de un proceso estocástico convergerá a medida que el número n de períodos observados aumente. La ley fuerte de los grandes números es uno de esos teoremas ergódicos.

Los procesos estacionarios proporcionan un escenario natural para la generalización de la ley de los grandes números, ya que para tales procesos el valor medio es una constante $m = E[X_n]$, independiente del tiempo. Así como existen leyes fuertes y débiles para los grandes números, existe una variedad de teoremas ergódicos...

Teorema ergódico fuerte [69]

Sea $\{X_n; n=0,1,\ldots\}$ sea un proceso estrictamente estacionario con media finita $m=E[X_n]$. Dejar

$$\overline{X_n} = \frac{1}{n}(X_0 + \cdots + X_{n-1})$$

Sea el promedio del tiempo muestral. Entonces, con probabilidad uno, la secuencia $\{\overline{X_n}\}$ converge a algún límite rv denotado $\bar{X}$:

$$Prob\left(\lim_{n\to\infty} \overline{X}_n = \bar{X}\right) = 1, \text{ y } \lim_{n\to\infty} E[|\bar{X} - \overline{X_n}|] = 0,$$

y mi$[\overline{X_n}] = $ mi$[\bar{X}] = $ metro.

Propiedad de equiparpartición asintótica (AEP)

$$\lim_{n\to\infty} \left[-\frac{1}{n}\log p(X_0, \ldots, X_{n-1})\right] = H(\{X_n\})$$

Con probabilidad uno, siempre que $\{X_n\}$ sea ergódico.

Prueba: Para $\{X_n\}$ una cadena de Markov finita ergódica estacionaria utilice la relación que:

$H(\{X_n\})= \lim_{k\to\infty} H(Xk|X_1, \ldots, X_{k-1})$ O $H(\{X_n\})=\lim_{l\to\infty} \frac{1}{l} H(X_1, \ldots, X_l)$

$H(X_n|X_0, \ldots, X_{n-1})= -\sum_{i,j} \pi(i)P_{ij} \log P_{ij}$, donde $\pi(i)$ es el prior en X_i y P_{ij} es la probabilidad de transición para pasar de X_i a X_j. De este modo $H(\{X_n\})= -\sum_{i,j} \pi(i)P_{ij} \log P_{ij}$, mientras,

$-\frac{1}{n}\log p(X_0, \ldots, X_{n-1}) = \frac{1}{n} \sum_{i=0}^{n-2} W_i - \frac{1}{n}\log \pi(X_0)$, dónde $W_i = -\log P_{i,i+1}$

Se aplica el teorema ergódico:

$$\lim_{n\to\infty} \left[-\frac{1}{n}\log p(X_0, \ldots, X_{n-1})\right] = E[W_0] = -\sum_{i,j} \pi(i)P_{ij} \log P_{ij}$$

$$= H(\{X_n\})$$

La prueba general de AEP utiliza el teorema de convergencia de martingala hacia atrás en lugar del teorema ergódico.

C.5. Sumas de variables aleatorias
La desigualdad de Hoeffding

de Hoeffding proporciona un límite superior a la probabilidad de que la suma de variables aleatorias se desvíe de su valor esperado (Wassily Hoeffding , 1963 [71]). Azuma [72] lo generaliza a diferencias de martingala y a funciones de variables aleatorias $\{X_n\}$ con diferencias acotadas (donde la función es la media empírica de la secuencia de variables: $\bar{X} = \frac{1}{n}(X_1 + \ldots + X_n)$) recupera el caso especial de Hoeffding).

Recordar:

Sean $X_1, \ldots, X_n$ variables aleatorias independientes. Supongamos que los X_i están casi seguramente acotados: $P(X_i \in [a_i, b_i]) = 1$. Defina la media empírica de la secuencia de variables como:

$$\bar{X} = \frac{1}{n}(X_1 + \ldots + X_{norte})$$

Hoeffding (1963) demuestra lo siguiente:

$$P(\bar{X} - E[\bar{X}] \geq k) \leq \exp\left(-\frac{2n^2 k^2}{\sum_{i=1}^{n}(b_i - a_i)^2}\right)$$

$$P(|\bar{X} - E[\bar{X}]| \geq k) \leq 2\exp\left(-\frac{2n^2 k^2}{\sum_{i=1}^{n}(b_i - a_i)^2}\right)$$

Para cada X casi seguramente acotado tiene otra relación si $E(X)=0$ conocida como el Lema de Hoeffding :

$$mi[e^{\lambda X}] \leq \exp\left(\frac{\lambda^2 (b-a)^2}{8}\right)$$

La prueba comienza mostrando el Lema como la parte difícil.......

Prueba del lema de Hoeffding

Como $e^{\lambda X}$ es una función convexa, tenemos

$$e^{\lambda X} \leq \frac{b-X}{b-a} e^{\lambda a} + \frac{X-a}{b-a} e^{\lambda b}, \quad \forall a \leq x \leq b$$

Entonces,

$$E[e^{\lambda X}] \leq E\left[\frac{b-X}{b-a} e^{\lambda a} + \frac{X-a}{b-a} e^{\lambda b}\right] = \frac{b}{b-a} e^{\lambda a} + \frac{-a}{b-a} e^{\lambda b} \text{(el último es}$$

desde $E[X]=0$)

El método de la convexidad implica una interpolación de líneas, pasemos a esos parámetros con

$p = -a/(ba)$, e introduce $hp = -a\lambda$ (también $h = \lambda(ba)$):

$$\frac{b}{b-a} e^{\lambda a} + \frac{-a}{b-a} e^{\lambda b} = e^{\lambda a}[1-p + p\, e^{\lambda(b-a)}] = e^{-hp}[1-p + p\, e^{h}]$$

$mi[e^{\lambda X}] \leq e^{L(h)}$, donde $L(h) = -hp + \ln(1-p+p\,e^{h})$ $\rightarrow L(0) = 0$.

$L'(h) = -p + p\, e^{h}/(1-p+p\,e^{h})$ $\rightarrow L'(0) = 0$.

$L''(h) = p(1-p)e^{h}$ $\rightarrow L''(0) = p(1-p)$.

$L^{(n)}(h) = p(1-p)\, e^{h} > 0$

Usando series de Taylor para L(h):

L(h) = L(0) + hL'(0) + $\frac{1}{2}$h^2 L''(0) + (más términos positivos de orden superior en h)

L(h)$\leq$ $\frac{1}{2}$h2p (^{1}-p)

Como tenemos $E[X]=0$, $p=-a/(ba)$ es $\in[0,1]$, entonces la función logística clásica, donde el valor máximo de $p(1-p)$ en el rango $[0,1]$ es ¼ (cuando $p=1/2$), entonces:

L(h)$\leq$ $\frac{1}{8}$h2^y mi[$e^{\lambda X}$]$\leq$ $e^{\frac{1}{8}\lambda^2 (b-a)^2}$

Prueba de desigualdad de Hoeffding (para más detalles, ver [71])

Considere la suma en iid X_i, donde $S_m = m \bar{X}$ donde $\bar{X}$ tiene m términos en su promedio empírico:

$P(S_m-E[S_m] \geq k) \leq e^{-tk} E[e^{t(S_m-E[S_m])}]$ (Técnica de delimitación de Chernoff)

$= \prod_{i=1}^{m} e^{-tk} E[e^{t(X_i-E[X_i])}](\{X_n\}$ son iid)

$\leq \prod_{i=1}^{m} e^{-tk} e^{\frac{1}{8}t^2 (b_i-a_i)^2}$ (Lema de Hoeffding)

$=e^{-tk} e^{\frac{1}{8}t^2 \Sigma_{i=1}^{m}(b_i-a_i)^2}$

Tener $f(t) = - tk + \frac{1}{8}t^2 \sum_{i=1}^{m}(b_i - a_i)^2$; Elija $t=4k/\sum_{i=1}^{m}(b_i - a_i)^2$ para minimizar el límite superior y obtener:

$$P(S_m-E[S_m] \geq k) \leq e^{-2k^2/\Sigma_{i=1}^{m}(b_i-a_i)^2}$$
$$P(\bar{X}-E[\bar{X}] \geq k) \leq e^{-2m^2 k^2/\Sigma_{i=1}^{m}(b_i-a_i)^2}$$

(C-8)

Técnica de delimitación de Chernoff:

$P[X \geq k] = P[e^{tX} \geq e^{tk}] \leq e^{-tk} E[e^{tX}]$ (Chernoff usa la desigualdad de Markov al final).

(C-9)

Referencias

[1] Newton, Isaac. " Philosophiæ Naturalis Principia Mathematica. 5 de julio de 1687 (tres volúmenes en latín). Versión inglesa: "The Mathematical Principios of Natural Philosophy", Encyclopædia Britannica, Londres. (1687).

[2] Leibniz, Gottfried Wilhelm Freiherr von; Gerhardt, Carl Immanuel (trad.) (1920). Los primeros manuscritos matemáticos de Leibniz. Publicación de corte abierta. pag. 93. Consultado el 10 de noviembre de 2013.

[3] Dirk Jan Struik , Un libro de consulta en matemáticas (1969) págs.

[4] Leibniz, Gottfried Wilhelm. Suplemento geometrías dimensiones , seu generalísima omnium tetragonismorum efecto por movimiento : construcción múltiplex similiterca lineae ex datos tangente conditione , Acta Euriditorum (septiembre de 1693) págs.

[5] Euler, Leonhard. mecanica sive motus scientia analizar expuesta ; 1736.

[6] Laplace, PS (1774), " Mémoires de Mathématique et de Physique, Tome Sixième " [Memoria sobre la probabilidad de las causas de los eventos.], Statistical Science, 1 (3): 366–367.

[7] D'Alembert, Jean Le Rond (1743). Traité de dynamique .

[8] Lagrange, JL, Mécanique analítica , vol. 1 (1788), vol. 2 (1789). Vol. ampliado republicado. 1 1811 y vol. 2 1815.

[9] Lagrange, JL (1997). Mecánica analítica. vol. 1 (2ª ed.). Traducción al inglés de la edición de 1811.

[10] William R. Hamilton. Sobre un método general en dinámica; por el cual el Estudio de los Movimientos de todos los Sistemas libres de Puntos de atracción o repulsión se reduce a la Búsqueda y Diferenciación de una Relación central, o Función característica. Transacciones filosóficas de la Royal Society (parte II de 1834, págs. 247-308).

[11] William R. Hamilton. Segundo ensayo sobre un método general en dinámica'. Esto fue publicado en Philosophical Transactions of the Royal Society (parte I de 1835, págs. 95-144).

[12] Hamilton, W. (1833). "Sobre un método general para expresar las trayectorias de la luz y de los planetas mediante los coeficientes de una función característica" (PDF). Revista de la Universidad de Dublín: 795–826.

[13] Hamilton, W. (1834). "Sobre la aplicación a la dinámica de un método matemático general previamente aplicado a la óptica" (PDF). Informe de la Asociación Británica: 513–518.

[14] WR Hamilton (1844 a 1850) Sobre cuaterniones o un nuevo sistema de imaginarios en álgebra, Revista Filosófica,

[15] Simón L. Altmann (1989). "Hamilton, Rodrigues y el escándalo del cuaternión". Revista de Matemáticas. vol. 62, núm. 5. págs. 291–308.

[16] Werner Heisenberg (1925). " Super teoría cuantitativa umdeutung cinemático y mecánico Beziehungen ". Zeitschrift für Physik (en alemán). 33 (1): 879–893. ("Reinterpretación teórica cuántica de las relaciones cinemáticas y mecánicas")

[17] Schrödinger, E. (1926). "Una teoría ondulatoria de la mecánica de átomos y moléculas" (PDF). Revisión física. 28 (6): 1049-1070.

[18] Dirac, Paul Adrien Maurice (1930). Los principios de la mecánica cuántica. Oxford: Prensa de Clarendon.

[19] Feigenbaum, MJ (1976). "Universalidad en dinámicas discretas complejas" (PDF). Informe anual de la División Teórica de Los Alamos 1975-1976.

[20] Morse, Marston (1934). El cálculo de variaciones en lo grande. Publicación del coloquio de la Sociedad Estadounidense de Matemáticas. vol. 18. Nueva York.

[21] Milnor, Juan (1963). Teoría Morse. Prensa de la Universidad de Princeton. ISBN 0-691-08008-9.

[22] Fizeau, H. (1851). "Sur les hipothèses parientes à l'éther lumineux ". Comptes Rendus. 33: 349–355.

[23] Shankland, RS (1963). "Conversaciones con Albert Einstein". Revista americana de física. 31 (1): 47–57.

[24] Winters-Hilt, S. Informática y aprendizaje automático: de martingalas a metaheurísticas. (2021) Wiley.

[25] Goldstein, Herbert (1980). Mecánica clásica (2ª ed.). Addison-Wesley.

[26] Neother , E. (1918). " Invariante Problema de variaciones ". Nachrichten von der Gesellschaft der Wissenschaften zu Göttingen.Mathematisch-Physikalische Klasse.1918: 235-257.

[27] Landau, Lev D.; Lifshitz, Evgeny M. (1969). Mecánica. vol. 1 (2ª ed.). Prensa de Pérgamo.

[28] Percival, IC y D. Richards. Introducción a la dinámica. (1983) Prensa de la Universidad de Cambridge.

[29] Fetter, AL y JD Walecka, Mecánica teórica de partículas y continua, Dover (2003).

[30] Kapitza , PL "Estabilidad dinámica del péndulo con punto de suspensión vibratorio", Sov. Física. JETP 21 (5), 588–597 (1951) (en ruso).

[31] Lyapunov, AM El problema general de la estabilidad del movimiento. 1892. Sociedad Matemática de Járkov, Járkov, 251p. (en ruso).

[32] Arnold, VI Ecuaciones diferenciales ordinarias. Prensa del MIT. (1978).

[33] Longair , MS Conceptos teóricos en física: una visión alternativa del razonamiento teórico en física. Prensa de la Universidad de Cambridge. 2da edición: 2003.

[34] Baker, GL y J. Gollub. Dinámica caórica : una introducción. Prensa de la Universidad de Cambridge. 1990.

[35] Mandelbrot, Benoît (1982). La geometría fractal de la naturaleza. WH Freeman & Co.

[36] PJ Myrberg . Iteración del relleno polinomo dos grados. III, Annales Acad. Sci Fenn A, U 336 (1963) n.3, 1-18, MR 27.

[37] Arnold, Vladimir I. (1989). Métodos matemáticos de la mecánica clásica (2ª ed.). Nueva York: Springer.

[38] Woodhouse, NMJ Introducción a la dinámica analítica. Springer, 2ª edición . 2009.

[39] Bender, CM y SA Orszag. Métodos matemáticos avanzados para científicos e ingenieros: métodos asintóticos y teoría de la perturbación. Saltador. 1999.

[40] Winters-Hilt, S. La dinámica de campos, fluidos y medidores. (Serie de Física: " Física a partir de la máxima emanación de información", Libro 2.)

[41] Winters-Hilt, S. La dinámica de las variedades. (Serie de Física: " Física a partir de la máxima emanación de información", Libro 3.)

[42] Winters-Hilt, S. Mecánica cuántica, integrales de ruta y realidad algebraica. (Serie de Física: " Física a partir de la máxima emanación de información", Libro 4.)

[43] Winters-Hilt, S. Teoría cuántica de campos y el modelo estándar. (Serie de Física: " Física a partir de la máxima emanación de información", Libro 5.)

[44] Winters-Hilt, S. Mecánica térmica y estadística y termodinámica de agujeros negros. (Serie de Física: " Física a partir de la máxima emanación de información", Libro 6.)

[45] Winters-Hilt, S. Emanación, aparición y eucatástrofe. (Serie de Física: " Física a partir de la máxima emanación de información", Libro 7.)

[46] Winters-Hilt, S. Mecánica clásica y caos. (Serie de Física: " Física a partir de la máxima emanación de información" Libro 1.)

[47] Winters-Hilt, S. Análisis de datos, bioinformática y aprendizaje automático. 2019.

[48] Feynman, RP y AR Hibbs. Mecánica Cuántica e Integrales de Ruta. Universidad McGraw-Hill. 1965.

[49] Landau, LD; Lifshitz, EM (1935). "Teoría de la dispersión de la permeabilidad magnética en cuerpos ferromagnéticos". Física. Z. Sowjetunion . 8, 153.

[50] Landau, Lev D.; Lifshitz, Evgeny M. (1980). Física Estadística. vol. 5 (3ª ed.). Butterworth-Heinemann.

[51] Braginskii , VB Medición de fuerzas débiles en experimentos de física. (1977). Prensa de la Universidad de Chicago.

[52] Drever, RWP; Salón, JL; Kowalski, FV; Hough, J.; Ford, GM; Munley, AJ; Ward, H. (junio de 1983). "Estabilización de fase y frecuencia láser mediante resonador óptico" (PDF). Física Aplicada B. 31 (2): 97–105.

[53] Bunimovich , VI Procesos fluctuantes en radiorreceptores . Gostekhizdat , URSS. 1950.

[54] Stratonovich , RL Problemas seleccionados en la teoría de las fluctuaciones en radiotecnología. Radio Soviética, URSS.

[55] Papoulis, Atanasio; Pillai, S. Unnikrishna (2002). Probabilidad, variables aleatorias y procesos estocásticos (4ª ed.). Boston: McGraw Hill.

[56] Reed, M y Simon, B. Métodos de la física matemática moderna. III. Teoría de la dispersión. Elsevier, 1979.

[57] Rutherford, E. (1911). "LXXIX. La dispersión de partículas α y β por la materia y la estructura del átomo". Revista filosófica y revista científica de Londres, Edimburgo y Dublín. 21 (125): 669–688.

[58] Sommerfeld, Arnold (1916). "Zur Quantentheorie der Spektrallinien ". Annalen der Physik . 4 (51): 51–52.

[59] Hibbeler, R. Ingeniería Mecánica: Dinámica. 14ª edición. 2015.

[60] Hibbeler, R. Ingeniería Mecánica: Estática y Dinámica. 14ª edición. 2015.

[61] Layek , GC Introducción a los sistemas dinámicos y al caos, 1ª ed. 2015. Saltador.

[62] Lemons, DS Una guía para estudiantes sobre análisis dimensional. Prensa de la Universidad de Cambridge. 1ª edición: 2017.

[63] Langhaar , Análisis dimensional y teoría de modelos de HL, Wiley 1951.

[64] Feynman, RP (1948). El carácter de la ley física. Prensa del MIT (1967).

[65] Ince, EL Ecuaciones diferenciales ordinarias. Dover 1956.

[66] Abromowitz , M. e IA Stegun . Manual de funciones matemáticas. Dover 1965.

[67] Fuchs, LI Sobre la teoría de ecuaciones diferenciales lineales con coeficientes variables. 1866.

[68] Jaynes, Teoría de la probabilidad ET : La lógica de la ciencia . Prensa de la Universidad de Cambridge, (2003).

[69] Karlin, S. y HM Taylor. Un primer curso en procesos estocásticos 2ª ed . Prensa académica. 1975.

[70] Winters-Hilt, S. Teoría del propagador unificado y una derivación no experimental para la constante de estructura fina. Estudios Avanzados en Física Teórica, vol. 12, 2018, núm. 5, 243-255.

[71] Wassily Hoeffding (1963) Desigualdades de probabilidad para sumas de variables aleatorias acotadas, *Revista de la Asociación Estadounidense de Estadística* , 58 (301), 13–30.

[72] Azuma, K. (1967). "Sumas ponderadas de determinadas variables aleatorias dependientes" (PDF). *Revista Matemática Tôhoku* . **19** (3): 357–367.

[73] Compton, Arthur H. (mayo de 1923). "Una teoría cuántica de la dispersión de rayos X por elementos ligeros". Revisión física . 21 (5): 483–502.

[74] Mason y Woodhouse. "Relatividad y electromagnetismo" (PDF). Consultado el 20 de febrero de 2021.

[75] Merzbach, Uta C .; Boyer, Carl B. (2011), *Una historia de las matemáticas* (3.ª ed.), John Wiley & Sons.

[76] Robinson, Abraham (1963), Introducción a la teoría de modelos y a las metamatemáticas del álgebra, Amsterdam: Holanda Septentrional, ISBN 978-0-7204-2222-1, MR 0153570

[77] Robinson, Abraham (1966), Análisis no estándar, Princeton Landmarks in Mathematics (2ª ed.), Princeton University Press, ISBN 978-0-691-04490-3, MR 0205854

[78] RD Richtmyer (1978), *Principios de Física Matemática Avanzada,* vol. 1 y 2, Springer-Verlag, Nueva York.

[79] Tufillaro , N., T. Abbott y D. Griffiths. Balanceando la máquina de Atwood. Revista americana de física, 52, 895–903, 1984.

[80] https://en.wikipedia.org/wiki/Logistic_map

[81] Winters-Hilt S. Temas sobre gravedad cuántica y teoría cuántica de campos en el espacio-tiempo curvo. Tesis doctoral de la UWM, 1997.

[82] Winters-Hilt S, IH Redmount y L. Parker, "Distinción física entre estados de vacío alternativos en geometrías espacio-temporales planas", Phys. Rev.D 60, 124017 (1999).

[83] Friedman JL, J. Louko y S. Winters-Hilt, "Formalismo espacial de fase reducida para geometría esféricamente simétrica con una capa de polvo masiva", Phys. Rev. D 56, 7674-7691 (1997).

[84] Louko J y S. Winters-Hilt, "Termodinámica hamiltoniana del agujero negro Reissner-Nordstrom-anti de Sitter", Phys. Rev.D 54, 2647-2663 (1996).

[85] Louko J, JZ Simon y S. Winters-Hilt, "Termodinámica hamiltoniana de un agujero negro Lovelock", Phys. Rev.D 55, 3525-3535 (1997).

[86] Amari, S. y H. Nagaoka. Métodos de geometría de la información. Prensa de la Universidad de Oxford. 2000.

[87] Winters-Hilt, S. Feynman-Cayley Path Integrals selecciona bi-sedeniones quirales con propagación espacio-temporal de 10 dimensiones. Estudios Avanzados en Física Teórica, vol. 9, 2015, núm. 14, 667-683.

[88] Winters-Hilt, S. Las 22 letras de la realidad: propiedades del bisedenion quiral para la máxima propagación de información. Estudios Avanzados en Física Teórica, vol. 12, 2018, núm. 7, 301-318.

[89] Winters-Hilt, S. Fiat Numero : Teoría de la emanación de Trigintaduonion y su relación con la constante de estructura fina α, la constante C de Feigenbaum $_\infty$y π. Estudios Avanzados en Física Teórica, vol. 15, 2021, núm. 2, 71-98.

[90] Winters-Hilt, S. La emanación quiral de trigintaduonión conduce al modelo estándar de física de partículas y a la materia cuántica. Estudios Avanzados en Física Teórica, vol. 16, 2022, núm. 3, 83-113.

[91] Robert L. Devaney. Introducción a los sistemas dinámicos caóticos. Addison-Wesley.

[92] Landau, Lev D .; Lifshitz, Evgeny M. (1971). *La teoría clásica de los campos* . vol. 2 (3ª ed.). Prensa de Pérgamo .

[93] Penrose, Roger (1965), "Colapso gravitacional y singularidades espacio-temporales", Phys. Rev. Lett., 14 (3): 57.

[94] Hawking, Stephen y Ellis, GFR (1973). La estructura a gran escala del espacio-tiempo. Cambridge: Prensa de la Universidad de Cambridge.

[95] Peebles, PJE (1980). Estructura a gran escala del universo. Prensa de la Universidad de Princeton.

[96] B. Abi y otros. Medición del momento magnético anómalo del muón positivo a 0,46 ppm
Física. Rev. Lett. 126, 141801 (2021).

[97] Einstein, A. "Sobre un punto de vista heurístico sobre la producción y transformación de la luz" (Ann. Phys., Lpz 17 132-148)

[98] Balmer, JJ (1885). " Noticia über die Spectrallinien des Wasserstoffs " [Nota sobre las líneas espectrales del hidrógeno]. Annalen der Physik und Chemie . 3.ª serie (en alemán). 25: 80–87.

[99] Bohr, N. (julio de 1913). "I. Sobre la constitución de átomos y moléculas". Revista filosófica y revista científica de Londres, Edimburgo y Dublín . 26 (151): 1–25. doi:10.1080/14786441308634955.

[100] Bohr, N. (septiembre de 1913). "XXXVII. Sobre la constitución de átomos y moléculas". Revista filosófica y revista científica de Londres, Edimburgo y Dublín. 26 (153): 476–502. Código bibliográfico: 1913PMag...26..476B. doi:10.1080/14786441308634993.

[101] Bohr, N. (1 de noviembre de 1913). "LXXIII. Sobre la constitución de átomos y moléculas". Revista filosófica y revista científica de Londres, Edimburgo y Dublín. 26 (155): 857–875. doi:10.1080/14786441308635031.

[102] Bohr, N. (octubre de 1913). "Los espectros del helio y el hidrógeno". Naturaleza. 92 (2295): 231–232.

[103] Max Planck. Sobre la Ley de Distribución de la Energía en el Espectro Normal. Annalen der Physik vol. 4, pág. 553 y siguientes (1901)

[104] Arthur H. Compton. Radiaciones secundarias producidas por los rayos X. Boletín del Consejo Nacional de Investigaciones., núm. 20 (v. 4, pt. 2) de octubre de 1922.

[105] Davisson, CJ; Germer, LH (1928). "Reflexión de electrones por un cristal de níquel". Actas de la Academia Nacional de Ciencias de los Estados Unidos de América. 14 (4): 317–322.

[106]Michael Eckert. Cómo Sommerfeld amplió el modelo atómico de Bohr (1913-1916). La revista física europea H.

[107] Max nacido; J.Robert Oppenheimer (1927). "Zur Quantentheorie der Molekeln " [Sobre la teoría cuántica de las moléculas]. Annalen der Physik (en alemán). 389 (20): 457–484.

[108] Dirac, PAM (1928). "La teoría cuántica del electrón" (PDF). Actas de la Royal Society A: Ciencias Matemáticas, Físicas y de Ingeniería. 117 (778): 610–624.

[109] Dirac, Paul AM (1933). "El Lagrangiano en la Mecánica Cuántica" (PDF). físico Zeitschrift der Sowjetunion . 3: 64–72.

[110] Feynman, Richard P. (1942). El principio de mínima acción en mecánica cuántica (PDF) (Doctor). Universidad de Princeton.

[111] Feynman, Richard P. (1948). "Enfoque espacio-temporal de la mecánica cuántica no relativista". Reseñas de Física Moderna. 20 (2): 367–387.

[112] Erdeyli , A. Expansiones asintóticas. 1956 Dover.

[113] Erdeyli , A. Expansiones asintóticas de ecuaciones diferenciales con puntos de inflexión. Revisión de la literatura. Informe Técnico 1, Contrato No-220(11). Numero de referencia. NR 043-121. Departamento de Matemáticas, Instituto de Tecnología de California, 1953.

[114] Carrier, GF, M. Crook y CE Pearson. Funciones de una variable compleja. 1983 Libros Hod.

[115] Van Vleck, JH (1928). "El principio de correspondencia en la interpretación estadística de la mecánica cuántica". Actas de la Academia Nacional de Ciencias de los Estados Unidos de América. 14 (2): 178–188.

[116] Chaichian , M.; Demichev , AP (2001). "Introducción". Integrales de ruta en física Volumen 1: proceso estocástico y mecánica cuántica. Taylor y Francisco. pag. 1 y sigs. ISBN 978-0-7503-0801-4.

[117] Vinokur, VM (27 de febrero de 2015). "Transición dinámica de Vortex Mott"

[118] Hawking, SW (1 de marzo de 1974). ¿Explosiones de agujeros negros? Naturaleza. 248 (5443): 30–31.

[119] Birrell, ND y Davies, PCW (1982) Campos cuánticos en el espacio curvo. Monografías de Cambridge sobre física matemática. Prensa de la Universidad de Cambridge, Cambridge.

[120] Maldacena, Juan (1998). "El límite de N grande de las teorías de campos superconformes y la supergravedad". Avances en Física Teórica y Matemática. 2 (4): 231–252.

[121] Witten, Edward (1998). "Espacio Anti-de Sitter y holografía". Avances en Física Teórica y Matemática. 2 (2): 253–291.

[122] Cuevas, Carlton M.; Fuchs, Christopher A.; Schack, Ruediger (20 de agosto de 2002). "Estados cuánticos desconocidos: la representación cuántica de Finetti ". Revista de Física Matemática. 43 (9): 4537–4559.

[123] Jackson, JD Electrodinámica clásica, 2ª edición. Wiley 1975.

[124] Lorentz, Hendrik Antoon (1899), "Teoría simplificada de los fenómenos eléctricos y ópticos en sistemas en movimiento" , *Actas de la Real Academia de Artes y Ciencias de los Países Bajos* , **1** : 427–442.

[125] Misner, Charles W., Thorne, KS y Wheeler, JA Gravitación. Prensa de la Universidad de Princeton, 2017. ISBN: 9780691177793.

[126] Penrose, R., W. Rindler (1984) Volumen 1: Cálculo de dos espinores y campos relativistas, Cambridge University Press, Reino Unido.

[127] Tolkien, JRR (1990). *Los monstruos y los críticos y otros ensayos* . Londres: HarperCollinsPublishers .

References

[1] Newton, Isaac. "Philosophiæ Naturalis Principia Mathematica. July 5, 1687 (three volumes in Latin). English version: "The Mathematical Principles of Natural Philosophy", Encyclopædia Britannica, London. (1687).

[2] Leibniz, Gottfried Wilhelm Freiherr von; Gerhardt, Carl Immanuel (trans.) (1920). The Early Mathematical Manuscripts of Leibniz. Open Court Publishing. p. 93. Retrieved 10 November 2013..

[3] Dirk Jan Struik, A Source Book in Mathematics (1969) pp. 282–28.

[4] Leibniz, Gottfried Wilhelm. Supplementum geometriae dimensoriae, seu generalissima omnium tetragonismorum effectio per motum: similiterque multiplex constructio lineae ex data tangentium conditione, Acta Euriditorum (Sep. 1693) pp. 385–392.

[5] Euler, Leonhard. Mechanica sive motus scientia analytice exposita; 1736.

[6] Laplace, P S (1774), "Mémoires de Mathématique et de Physique, Tome Sixième" [Memoir on the probability of causes of events.], Statistical Science, 1 (3): 366–367.

[7] D'Alembert, Jean Le Rond (1743). Traité de dynamique .

[8] Lagrange, J. L. , Mécanique analytique, Vol. 1 (1788), Vol. 2 (1789). Expanded republished Vol. 1 1811 and Vol. 2 1815.

[9] Lagrange, J. L. (1997). Analytical mechanics. Vol. 1 (2d ed.). English translation of the 1811 edition.

[10] William R. Hamilton. On a General Method in Dynamics; by which the Study of the Motions of all free Systems of attracting or repelling Points is reduced to the Search and Differentiation of one central Relation, or characteristic Function. Philosophical Transactions of the Royal Society (part II for 1834, pp. 247-308).

[11] William R. Hamilton. Second Essay on a General Method in Dynamics'. This was published in the Philosophical Transactions of the Royal Society (part I for 1835, pp. 95-144).

[12] Hamilton, W. (1833). "On a General Method of Expressing the Paths of Light, and of the Planets, by the Coefficients of a Characteristic Function" (PDF). Dublin University Review: 795–826.

[13] Hamilton, W. (1834). "On the Application to Dynamics of a General Mathematical Method previously Applied to Optics" (PDF). British Association Report: 513–518.

[14] W.R. Hamilton(1844 to 1850) On quaternions or a new system of imaginaries in algebra, Philosophical Magazine,

[15] Simon L. Altmann (1989). "Hamilton, Rodrigues and the quaternion scandal". Mathematics Magazine. Vol. 62, no. 5. pp. 291–308.

[16] Werner Heisenberg (1925). "Über quantentheoretische Umdeutung kinematischer und mechanischer Beziehungen". Zeitschrift für Physik (in German). 33 (1): 879–893. ("Quantum theoretical re-interpretation of kinematic and mechanical relations")

[17] Schrödinger, E. (1926). "An Undulatory Theory of the Mechanics of Atoms and Molecules" (PDF). Physical Review. 28 (6): 1049–1070.

[18] Dirac, Paul Adrien Maurice (1930). The Principles of Quantum Mechanics. Oxford: Clarendon Press.

[19] Feigenbaum, M. J. (1976). "Universality in complex discrete dynamics" (PDF). Los Alamos Theoretical Division Annual Report 1975–1976.

[20] Morse, Marston (1934). The Calculus of Variations in the Large. American Mathematical Society Colloquium Publication. Vol. 18. New York.

[21] Milnor, John (1963). Morse Theory. Princeton University Press. ISBN 0-691-08008-9.

[22] Fizeau, H. (1851). "Sur les hypothèses relatives à l'éther lumineux". Comptes Rendus. 33: 349–355.

[23] Shankland, R. S. (1963). "Conversations with Albert Einstein". American Journal of Physics. 31 (1): 47–57.

[24] Winters-Hilt, S. Informatics and Machine Learning: from Martingales to Metaheuristics. (2021) Wiley.

[25] Goldstein, Herbert (1980). Classical Mechanics (2nd ed.). Addison-Wesley.

[26] Neother, E. (1918). "Invariante Variationsprobleme". Nachrichten von der Gesellschaft der Wissenschaften zu Göttingen.Mathematisch-Physikalische Klasse.1918: 235-257.

[27] Landau, Lev D.; Lifshitz, Evgeny M. (1969). Mechanics. Vol. 1 (2nd ed.). Pergamon Press.

[28] Percival, I.C. and D. Richards. Introduction to Dynamics. (1983) Cambridge University Press.

[29] Fetter, A.L and J.D Walecka, Theoretical Mechanics of Particles and Continua, Dover (2003).

[30] Kapitza, P.L. "Dynamic stability of the pendulum with vibrating suspension point," Sov. Phys. JETP 21 (5), 588–597 (1951) (in Russian).

[31] Lyapunov, A.M. The general problem of the stability of motion. 1892. Kharkiv Mathematical Society, Kharkiv, 251p. (in Russian).

[32] Arnold, V.I. Ordinary Differential Equations. MIT Press. (1978).

[33] Longair, M.S. Theoretical Concepts in Physics: An Alternative View of Theoretical Reasoning in Physics. Cambridge University Press. 2nd edition: 2003.

[34] Baker, G.L and J. Gollub. Chaoric Dynamics: An Introduction. Cambridge University Press. 1990.

[35] Mandelbrot, Benoît (1982). The Fractal Geometry of Nature. W H Freeman & Co.

[36] P.J. Myrberg. Iteration der rellen Polynome zweiten Grades. III, Annales Acad. Sci Fenn A, U 336 (1963) n.3, 1-18, MR 27.

[37] Arnold, Vladimir I. (1989). Mathematical Methods of Classical Mechanics (2nd ed.). New York: Springer.

[38] Woodhouse, N.M.J. Introduction to Analytical Dynamics. Springer, 2nd Edition. 2009.

[39] Bender, C.M. and S.A. Orszag. Advanced Mathematical Methods for Scientists and Engineers: Asymptotic Methods and Perturbation Theory. Springer. 1999.

[40] Winters-Hilt, S. The Dynamics of Fields, Fluids, and Gauges. (Physics Series: "Physics from Maximal Information Emanation" Book 2.)

[41] Winters-Hilt, S. The Dynamics of Manifolds. (Physics Series: "Physics from Maximal Information Emanation" Book 3.)

[42] Winters-Hilt, S. Quantum Mechanics, Path Integrals, and Algebraic Reality. (Physics Series: "Physics from Maximal Information Emanation" Book 4.)

[43] Winters-Hilt, S. Quantum Field Theory and the Standard Model. (Physics Series: "Physics from Maximal Information Emanation" Book 5.)

[44] Winters-Hilt, S. Thermal & Statistical Mechanics, and Black Hole Thermodynamics. (Physics Series: "Physics from Maximal Information Emanation" Book 6.)

[45] Winters-Hilt, S. Emanation, Emergence, and Eucatastrophe. (Physics Series: "Physics from Maximal Information Emanation" Book 7.)

[46] Winters-Hilt, S. Classical Mechanics and Chaos. (Physics Series: "Physics from Maximal Information Emanation" Book 1.)

[47] Winters-Hilt, S. Data analytics, Bioinformatics, and Machine Learning. 2019.

[48] Feynman, R.P. and A.R. Hibbs. Quantum Mechanics and Path Integrals. McGraw-Hill College. 1965.

[49] Landau, L.D.; Lifshitz, E.M. (1935). "Theory of the dispersion of magnetic permeability in ferromagnetic bodies". Phys. Z. Sowjetunion. 8, 153.

[50] Landau, Lev D.; Lifshitz, Evgeny M. (1980). Statistical Physics. Vol. 5 (3rd ed.). Butterworth-Heinemann.

[51] Braginskii, V. B. Measurement of weak forces in physics experiments. (1977). University of Chicago Press.

[52] Drever, R. W. P.; Hall, J. L.; Kowalski, F. V.; Hough, J.; Ford, G. M.; Munley, A. J.; Ward, H. (June 1983). "Laser phase and frequency stabilization using an optical resonator" (PDF). Applied Physics B. 31 (2): 97–105.

[53] Bunimovich, V.I. Fluctuational processes in radioreceivers. Gostekhizdat, USSR. 1950.

[54] Stratonovich, R.L. Selected problems in the theory of fluctuations in radiotechnology. Soviet Radio, USSR.

[55] Papoulis, Athanasios; Pillai, S. Unnikrishna (2002). Probability, Random Variables and Stochastic Processes (4th ed.). Boston: McGraw Hill.

[56] Reed, M, and Simon, B. Methods of modern mathematical physics. III. Scattering theory. Elsevier, 1979.

[57] Rutherford, E. (1911). "LXXIX. The scattering of α and β particles by matter and the structure of the atom". The London, Edinburgh, and Dublin Philosophical Magazine and Journal of Science. 21 (125): 669–688.

[58] Sommerfeld, Arnold (1916). "Zur Quantentheorie der Spektrallinien". Annalen der Physik. 4 (51): 51–52.

[59] Hibbeler, R. Engineering Mechanics: Dynamics. 14th Edition. 2015.

[60] Hibbeler, R. Engineering Mechanics: Statics and Dynamics. 14th Edition. 2015.

[61] Layek, G.C. An Introduction to Dynamical Systems and Chaos 1st ed. 2015. Springer.

[62] Lemons, D.S. A Student's Guide to Dimensional Analysis. Cambridge University Press. 1st edition: 2017.

[63] Langhaar, H.L. Dimensional Analysis and Theory of Models, Wiley 1951.

[64] Feynman, R. P. (1948). The Character of Physical Law. MIT Press (1967).

[65] Ince, E. L. Ordinary Differential Equations. Dover 1956.

[66] Abromowitz, M. and I.A. Stegun. Handbook of Mathematical Functions. Dover 1965.

[67] Fuchs, L.I. On the theory of linear differential equations with variable coefficients. 1866.

[68] Jaynes, E. T. Probability Theory: The Logic of Science. Cambridge University Press, (2003).

[69] Karlin, S. and H.M. Taylor. A First Course in Stochastic Processes 2nd Ed. Academic Press. 1975.

[70] Winters-Hilt, S. Unified Propagator Theory and a non-experimental derivation for the fine-structure constant. Advanced Studies in Theoretical Physics, Vol. 12, 2018, no. 5, 243-255.

[71] Wassily Hoeffding (1963) Probability inequalities for sums of bounded random variables, *Journal of the American Statistical Association*, 58 (301), 13–30.

[72] Azuma, K. (1967). "Weighted Sums of Certain Dependent Random Variables" (PDF). *Tôhoku Mathematical Journal*. **19** (3): 357–367.

[73] Compton, Arthur H. (May 1923). "A Quantum Theory of the Scattering of X-Rays by Light Elements". Physical Review. 21 (5): 483–502.

[74] Mason and Woodhouse. "Relativity and Electromagnetism" (PDF). Retrieved 20 February 2021.

[75] Merzbach, Uta C.; Boyer, Carl B. (2011), *A History of Mathematics* (3rd ed.), John Wiley & Sons.

[76] Robinson, Abraham (1963), Introduction to model theory and to the metamathematics of algebra, Amsterdam: North-Holland, ISBN 978-0-7204-2222-1, MR 0153570

[77] Robinson, Abraham (1966), Non-standard analysis, Princeton Landmarks in Mathematics (2nd ed.), Princeton University Press, ISBN 978-0-691-04490-3, MR 0205854

[78] R. D. Richtmyer (1978), *Principles of Advanced Mathematical Physics* Vol. 1 & 2, Springer-Verlag, New York.

[79] Tufillaro, N., T. Abbott and D. Griffiths. Swinging Atwood's Machine. American Journal of Physics, 52, 895–903, 1984.

[80] https://en.wikipedia.org/wiki/Logistic_map

[81] Winters-Hilt S. Topics in Quantum Gravity and Quantum field Theory in Curved Spacetime. UWM PhD Dissertation, 1997.

[82] Winters-Hilt S, I. H. Redmount, and L. Parker, "Physical distinction among alternative vacuum states in flat spacetime geometries," Phys. Rev. D 60, 124017 (1999).

[83] Friedman J. L., J. Louko, and S. Winters-Hilt, "Reduced Phase space formalism for spherically symmetric geometry with a massive dust shell," Phys. Rev. D 56, 7674-7691 (1997).

[84] Louko J and S. Winters-Hilt, "Hamiltonian thermodynamics of the Reissner-Nordstrom-anti de Sitter black hole," Phys. Rev. D 54, 2647-2663 (1996).

[85] Louko J, J. Z. Simon, and S. Winters-Hilt, "Hamiltonian thermodynamics of a Lovelock black hole," Phys. Rev. D 55, 3525-3535 (1997).

[86] Amari, S. and H. Nagaoka. Methods of Information Geometry. Oxford University Press. 2000.

[87] Winters-Hilt, S. Feynman-Cayley Path Integrals select Chiral Bi-Sedenions with 10-dimensional space-time propagation. Advanced Studies in Theoretical Physics, Vol. 9, 2015, no. 14, 667-683.

[88] Winters-Hilt, S. The 22 letters of reality: chiral bisedenion properties for maximal information propagation. Advanced Studies in Theoretical Physics, Vol. 12, 2018, no. 7, 301-318.

[89] Winters-Hilt, S. Fiat Numero: Trigintaduonion Emanation Theory and its Relation to the Fine-Structure Constant α, the Feigenbaum Constant C_∞, and π. Advanced Studies in Theoretical Physics, Vol. 15, 2021, no. 2, 71-98.

[90] Winters-Hilt, S. Chiral Trigintaduonion Emanation Leads to the Standard Model of Particle Physics and to Quantum Matter. Advanced Studies in Theoretical Physics, Vol. 16, 2022, no. 3, 83-113.

[91] Robert L. Devaney. An Introduction to Chaotic Dynamical Systems. Addison -Wesley.

[92] Landau, Lev D.; Lifshitz, Evgeny M. (1971). *The Classical Theory of Fields*. Vol. 2 (3rd ed.). Pergamon Press.

[93] Penrose, Roger (1965), "Gravitational collapse and space-time singularities", Phys. Rev. Lett., 14 (3): 57.

[94] Hawking, Stephen & Ellis, G. F. R. (1973). The Large Scale Structure of Space-Time. Cambridge: Cambridge University Press.

[95] Peebles, P. J. E. (1980). Large-Scale Structure of the Universe. Princeton University Press.

[96] B. Abi et al. Measurement of the Positive Muon Anomalous Magnetic Moment to 0.46 ppm
Phys. Rev. Lett. 126, 141801 (2021).

[97] Einstein, A. "On a heuristic point of view concerning the production and transformation of light" (Ann. Phys., Lpz 17 132-148)

[98] Balmer, J. J. (1885). "Notiz über die Spectrallinien des Wasserstoffs" [Note on the spectral lines of hydrogen]. Annalen der Physik und Chemie. 3rd series (in German). 25: 80–87.

[99] Bohr, N. (July 1913). "I. On the constitution of atoms and molecules". The London, Edinburgh, and Dublin Philosophical Magazine

and Journal of Science. 26 (151): 1–
25. doi:10.1080/14786441308634955.

[100] Bohr, N. (September 1913). "XXXVII. On the constitution of atoms and molecules". The London, Edinburgh, and Dublin Philosophical Magazine and Journal of Science. 26 (153): 476–
502. Bibcode:1913PMag...26..476B. doi:10.1080/14786441308634993.

[101] Bohr, N. (1 November 1913). "LXXIII. On the constitution of atoms and molecules". The London, Edinburgh, and Dublin Philosophical Magazine and Journal of Science. 26 (155): 857–
875. doi:10.1080/14786441308635031.

[102] Bohr, N. (October 1913). "The Spectra of Helium and Hydrogen". Nature. 92 (2295): 231–232.

[103] Max Planck. On the Law of Distribution of Energy in the Normal Spectrum. Annalen der Physik vol. 4, p. 553 ff (1901)

[104] Arthur H. Compton. Secondary radiations produced by x-rays. Bulletin of the National Research Council., no. 20 (v. 4, pt. 2) Oct. 1922.

[105] Davisson, C. J.; Germer, L. H. (1928). "Reflection of Electrons by a Crystal of Nickel". Proceedings of the National Academy of Sciences of the United States of America. 14 (4): 317–322.

[106] Michael Eckert. How Sommerfeld extended Bohr's model of the atom (1913–1916). The European Physical Journal H.

[107] Max Born; J. Robert Oppenheimer (1927). "Zur Quantentheorie der Molekeln" [On the Quantum Theory of Molecules]. Annalen der Physik (in German). 389 (20): 457–484.

[108] Dirac, P. A. M. (1928). "The Quantum Theory of the Electron" (PDF). Proceedings of the Royal Society A: Mathematical, Physical and Engineering Sciences. 117 (778): 610–624.

[109] Dirac, Paul A. M. (1933). "The Lagrangian in Quantum Mechanics" (PDF). Physikalische Zeitschrift der Sowjetunion. 3: 64–72.

[110] Feynman, Richard P. (1942). The Principle of Least Action in Quantum Mechanics (PDF) (PhD). Princeton University.

[111] Feynman, Richard P. (1948). "Space-time approach to non-relativistic quantum mechanics". Reviews of Modern Physics. 20 (2): 367–387.

[112] Erdeyli, A. Asymptotic Expansions. 1956 Dover.

[113] Erdeyli, A. Asymptotic Expansions of differential equations with turning points. Review of the Literature. Technical Report 1, Contract Nonr-220(11). Reference no. NR 043-121. Department of Mathematics, California Institute of Technology, 1953.

[114] Carrier, G.F, M. Crook and C.E. Pearson. Functions of a complex variable. 1983 Hod Books.

[115] Van Vleck, J. H. (1928). "The correspondence principle in the statistical interpretation of quantum mechanics". Proceedings of the National Academy of Sciences of the United States of America. 14 (2): 178–188.

[116] Chaichian, M.; Demichev, A. P. (2001). "Introduction". Path Integrals in Physics Volume 1: Stochastic Process & Quantum Mechanics. Taylor & Francis. p. 1ff. ISBN 978-0-7503-0801-4.

[117] Vinokur, V. M. (2015-02-27). "Dynamic Vortex Mott Transition"

[118] Hawking, S. W. (1974-03-01). Black hole explosions? Nature. 248 (5443): 30–31.

[119] Birrell, N.D. and Davies, P.C.W. (1982) Quantum Fields in Curved Space. Cambridge Monographs on Mathematical Physics. Cambridge University Press, Cambridge.

[120] Maldacena, Juan (1998). "The Large N limit of superconformal field theories and supergravity". Advances in Theoretical and Mathematical Physics. 2 (4): 231–252.

[121] Witten, Edward (1998). "Anti-de Sitter space and holography". Advances in Theoretical and Mathematical Physics. 2 (2): 253–291.

[122] Caves, Carlton M.; Fuchs, Christopher A.; Schack, Ruediger (2002-08-20). "Unknown quantum states: The quantum de Finetti representation". Journal of Mathematical Physics. 43 (9): 4537–4559.

[123] Jackson, J.D. Classical Electrodynamics, 2nd Edition. Wiley 1975.

[124] Lorentz, Hendrik Antoon (1899), "Simplified Theory of Electrical and Optical Phenomena in Moving Systems" , *Proceedings of the Royal Netherlands Academy of Arts and Sciences*, **1**: 427–442.

[125] Misner, Charles W., Thorne, K. S., & Wheeler, J. A. Gravitation. Princeton University Press, 2017. ISBN: 9780691177793.

[126] Penrose, R., W. Rindler (1984) Volume 1: Two-Spinor Calculus and Relativistic Fields, Cambridge University Press, United Kingdom.

[127] Tolkien, J.R.R. (1990). *The Monsters and the Critics and Other Essays*. London: HarperCollinsPublishers.